U0251486

毛乌素沙地场景

新技术栽植的樟子松

沙地育苗场景

育苗试验

▲ 造林试验1

▶ 造林试验2

观测试验

沙地造林成效

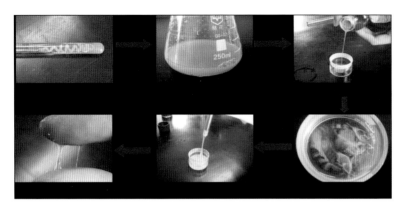

1.γ-聚谷氨酸的合成
2.合成的纳豆树脂
3.长根苗造林1
4.长根苗造林2
5.长根苗造林3
6.长根苗造林4

超长根育苗1

超长根育苗2

超长根育苗3

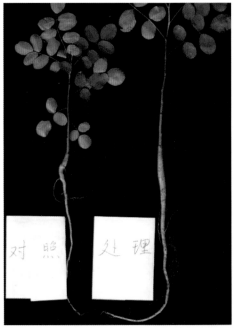

根系对照

超长根育苗4

毛乌素沙区
无灌溉植被恢复技术

主编　季志平　康永祥
　　　康博文　刘建军

西北农林科技大学出版社

内 容 简 介

本书以毛乌素沙地为研究对象,以植被重建、恢复为目的,是国家林业局 948 项目"沙质困难立地无灌溉植被恢复技术体系引进(2006－4－10)"的成果汇总,同时吸收和参考了有关毛乌素沙地植被恢复方面的著作。全书共分为八章,在充分论述毛乌素沙地的自然生态状况的基础上,就本地区植被恢复面临的重大科技问题和社会问题进行了讨论,重点介绍了项目研究成果和植被恢复技术,涉及毛乌素沙地土壤水分的空间分异及其动态,主要植物根系生长规律,合理充分利用土壤水分的沙地长根苗培育技术和造林技术,新型植物生长调节剂 ALA 育苗及造林技术,草炭与草炭造林技术,保水技术及其新型保水剂生产技术等。

图书在版编目(CIP)数据

毛乌素沙区无灌溉植被恢复技术/季志平,康博文,刘建军主编. －杨凌:西北农林科技大学出版社,2010

ISBN 978-7-81092-616-4

Ⅰ.①毛… Ⅱ.①季… ②康… ③刘… Ⅲ.①毛乌素沙地－植被－恢复－研究
Ⅳ.①Q948.15

中国版本图书馆 CIP 数据核字(2010)第 152469 号

毛乌素沙区无灌溉植被恢复技术

季志平　康博文　刘建军　主 编

出版发行	西北农林科技大学出版社
地　　址	陕西杨凌杨武路 3 号　　邮 编:712100
电　　话	总编室:029—87093105　发行部:87093302
电子邮箱	press0809@163.com
印　　刷	西安华新彩印有限责任公司
版　　次	2010 年 9 月第 1 版
印　　次	2010 年 9 月第 1 次
开　　本	787 mm×960 mm　1/16
印　　张	15.5
字　　数	249 千字

ISBN 978-7-81092-616-4

定价:58.00 元

本书如有印装质量问题,请与本社联系

编 著 人 名 单

季志平	西北农林科技大学
康永祥	西北农林科技大学
康博文	西北农林科技大学
刘建军	西北农林科技大学
李文华	西北农林科技大学
王乃江	西北农林科技大学
张治来	榆林市林业技术推广站
拓　飞	榆林市林业技术推广站
白玉明	榆林市林业技术推广站

序

　　"毛乌素"原来只是陕北一个普通村庄的名字,后来因为风沙带把鄂尔多斯高原和陕北长城沿线的沙地连成了一片而逐渐成为这个区域的代名词,一直沿用至今。在相当长的一个历史时期内,毛乌素地区由于严酷的自然环境和多种人为因素的作用,植被受到严重破坏,导致沙漠化土地面积不断扩大,严重影响了该地区和周边区域的生态环境和人民生活。新中国成立以来,我国政府对沙漠化土地的治理给予了很大的重视,几十年来,国家投入了大量的人力和物力开展大规模的整治工作,取得了举世瞩目的成就。但在治理的同时,由于组织管理和技术能力都还存在一定的差距,从而制约了这类生态环境脆弱地区的环境改善和植被恢复的进程。

　　《毛乌素沙区无灌溉植被恢复技术》一书正是在这一背景下,较全面地总结了近年来该地区在植被建设上取得的最新研究进展,它是西北农林科技大学与当地有关部门的科技人员在国家林业局"948"项目支持下,通过辛勤劳动取得的科技成果的总结和汇编。其中,特别是超长根育苗和造林技术、新型保水剂的研制等创新成果,对防治沙漠化、促进植被恢复、保护和改善生态环境、发展区域经济都具有积极的意义。

　　毛乌素沙地植被恢复是一个长期而艰巨的任务,需要几代人坚持不懈的工作和坚韧不拔的努力。希望一切致力于毛乌素生态环境建设的有志之士,通力合作,不断创新,把毛乌素沙地的植被恢复研究工作继续深入下去,并尽快将取得的科技成果示范推广,使其发挥出应有的价值和实际的效果。

　　当前,人类面临着严峻的环境挑战,我国作为一个发展中的世界大国,在沙漠化治理和植被建设理论和技术上取得的每一项成就和经验,都是对全球生态环境建设的贡献,也是对低碳社会建设的促进。诚然,毛乌素沙地的植被恢复不仅是一个单纯的技术问题,它还涉及政策、法规、民众意愿和行为等诸多方面。希望该书的出版能在沙区治理和植被恢复及持续发展方面、在构建生态文明和建设和谐社会中发挥积极的作用。

吴钦孝

前　言

　　毛乌素沙地位于我国沙漠地区的东南端,通常把鄂尔多斯高原东南部和陕北长城沿线的整片沙漠统称为"毛乌素沙地",其地理位置处于 37°27.5′~39°22.5′N,107°20′~111°30′E,总面积约 39 835 km²,处于干旱半干旱气候区。在过去很长一个时期,毛乌素地区的沙化面积就像毛乌素这个名字一样不断扩大。在这片广袤的土地上,干旱和沙漠化已经成为该地区最严重的生态环境问题,并很大程度上限制了该地区的经济发展。

　　我国政府一直都很重视毛乌素地区的生态环境建设,曾先后把毛乌素的生态建设纳入天然林保护、退耕还林、三北防护林体系建设等国家级重点工程中,投入了大量人力、财力和物力,经过半个多世纪的不懈努力,防沙治沙取得了巨大成就,但脆弱的生态系统和严酷的自然条件以及过度的人类经济活动,使防治沙化和植被恢复工作更加困难,一些亟需的技术问题也还没有解决,影响着植被恢复进程,土地沙化"局部好转,整体扩大"的趋势仍未从根本上改变。在这种情况下,研究毛乌素沙地无灌溉植被恢复技术就显得尤为重要。

　　十几年来,我们课题组在毛乌素沙地无灌溉植被恢复技术方面做了大量的试验研究,并于 2006 年开始承担国家林业局"948"项目"沙质困难立地无灌溉植被恢复技术体系引进(2006-4-10)",使得我们的研究工作更加深入、系统,并取得一些创新性成果。为了总结该项目成果及以往的研究结果,和广大同行交流,项目组有关研究人员编著了该书。

　　"948"项目实施过程中,分别在西北农林科技大学林学院教学实验苗圃、陕西省榆林市榆阳区建立了试验示范基地,得到了林学院教学实验苗圃郭军战副教授、榆林市林业技术推广站相关人员的大力支持,同时,西北农林科技大学林学院 2008 届硕士生孙建华,2007 届本科生屈远、白峰峰等参加了部分研究工作,在此一并感谢。

　　本书是对课题研究工作的总结,其中一些研究还在进行中,收集的数据还不够全面,有待于更新和补充。作者水平有限,加之时间仓促,书中存在一些分析不足和欠缺之处,敬请同行专家和广大读者批评指正。

编　者

2101 年 7 月

目　　录

第一章　毛乌素沙区的自然生态环境

毛乌素沙地起名源于陕北靖边县的毛乌素村。最初的毛乌素范围并不大,系指陕北定边孟家沙窝至靖边高家沟乡的沙带(小毛乌素沙带),而后人们把从神木到定边长城沿线的沙带称之为毛乌素沙带,最后,由于陕北长城沿线的风沙带与内蒙古伊盟南部的沙地连成了一片,所以,现在把鄂尔多斯高原东南部和陕北长城沿线的整片沙漠统称为"毛乌素沙漠"。由于毛乌素沙漠基本上位于干草原地带,自然条件与我国西北部的沙质荒漠完全不同,所以,通常采用"毛乌素沙区",而不采用"毛乌素沙漠"的名称。正因为如此,毛乌素沙区具有其独特的自然生态环境。

毛乌素沙化一直是国家关注的重大问题。尽管经过半个多世纪的不懈努力,防沙治沙取得了成绩,但是由于治理速度赶不上破坏速度,局部仍出现沙漠化逆转现象,土地沙化"局部好转,整体扩大"的趋势仍未改变。植被恢复是防止和治理毛乌素沙化的根本途径,了解毛乌素沙区的自然生态环境有助于毛乌素地区的植被恢复。

第一节　毛乌素沙区的地理位置与分布范围

毛乌素沙区是我国的十二大沙区(有的人称四大沙区)之一。位于我国沙漠地区的东南端,毛乌素沙区及其周边地区位于鄂尔多斯高原的南部和黄土高原的北部区域,地处北纬 $37°27.5'\sim39°22.5'$,东经 $107°20'\sim111°30'$。包括内蒙古自治区鄂尔多斯市的南部(伊金霍洛旗南部、乌审旗全部、鄂托克旗东南部),陕西榆林地区北部(神木、榆林、横山、靖边、定边五个县的一部分和佳县西北一小部分)以及宁夏回族自治区盐池县的东北部。全沙区的总面积为 39 835 km²,约占我国沙漠总面积的 3.6%(表 1-1)。

表 1-1　毛乌素沙区面积分布(平方公里)

省、区	沙区面积	旗、县	沙区面积	总面积
陕西 (北部)	14 431	神木 榆林 横山 靖边 定边 佳县	3 402 5 874 1 283 1 955 1 843 74	39 835
内蒙古 (鄂尔多斯市南部)	25 016	伊金霍洛旗 乌审旗 鄂托克旗	954 11 085 12 257	
宁夏	388	盐池县	388	

　　毛乌素沙区四周的界线大致如下:北界是敖伦淖—毫庆召—木肯淖—苏贝淖—巴汉淖一线;东北界是巴汉淖—通岗浪沟—红碱淖一线;东南和南面大致以长城为界,即从神木到榆林,然后沿榆溪河南下,直至鱼河堡,再向西沿无定河到芦河口,折向西南沿芦河至高家沟,再沿小毛乌素沙带南缘向西至定边孟家沙窝;西界为孟家沙窝—北大池—三段地东部再向东北。

　　郭坚等人(2008)和王玉华等人(2008)在研究毛乌素沙地荒漠化和覆被变化时也都认为毛乌素沙地的地理范围为 $37°30′\sim39°20′N,107°20′\sim111°30′E$,平均海拔 $1\ 300\sim1\ 600\ m$,涉及内蒙古、陕西、宁夏 3 省(区)的 16 个县域,面积约为 $4.0×10^4\ km^2$。(图 1-1)

图 1-1　毛乌素沙地的地理分布

第二节　毛乌素沙地的地质、地形、地貌特征

毛乌素沙地及周边地区从西北到东南呈现出明显的地域分异特征。毛乌素沙区大部分属鄂尔多斯高平原向陕北黄土高原过渡区。自西北向东南倾斜,海拔1 200～1 600 m。本区西北部包括从鄂尔多斯中西部高地向东南延伸出来的梁地,海拔多为1 100～1 300 m,西北部稍高,达1 400～1 500 m,东南部河谷低至950 m。西北部最高的梁地为大尔各图和小尔各图梁地,其高处海拔都在1 600 m上下。向东南延伸较远的有乌审旗的桃图梁、达不察克镇西面的西高梁和沙尔利格乡的大吴公梁,海拔多在1 300～1 500 m,这些梁地梁面平坦,由于遭受割切,梁间形成若干谷地,而呈自西向东南倾斜的平行湖积冲积平原,当地称之为滩地。形成"梁"、"滩"平行排列的相间地貌。

毛乌素沙区主要位于鄂尔多斯高原与黄土高原之间的湖积冲积平原凹地上。出露于沙区外围和伸入沙地境内的梁地主要由白垩纪紫红色和侏罗纪灰绿砂岩的水平岩层构成。岩层基本水平,梁地大部分顶面平坦。这些砂岩固结程度很差,极易风化,风化物再经搬运,各种第四纪沉积物以及残积物都具明显沙性,松散沙层经风力搬运形成易动流沙。流动沙丘、半固定沙丘和固定沙丘广泛分布在本区各处。

沙区东南部基岩构成的梁地前段常常分布着有第四纪沉积物构成的梁地。这种梁地高度远低于基岩构成的梁地,多由细沙和粉砂夹有大量碳酸钙固结物质和结核构成,称为软梁。沙区西南部黄土高原属内流区,切割程度较轻。

沙区向东南逐渐过渡为黄土高原,自洼地上升到黄土高原有100～200 m的相对高差,实际上毛乌素东南端处于黄土高原的北缘,主要分布着马兰期的沙黄土。地形切割的相对破碎,具有"梁"、"峁"丘陵外貌。

滩地广泛分布于全区。无论从发生上和形态上都是比较复杂的。梁间滩地多呈西北、东南向延伸分布,实际上是过去间歇河割切的谷底平原,属内流滩地。这种滩地中的沉积物大多为中细砂或夹杂粉砂,但是局部地段出现古牛轭湖、沼泽等沉积物。流灌本区东南部而排入黄河的几条大河,如无定河、榆溪河、秃尾河等的河滩地及其支流滩地面积都较大,其沉积物大多为细砂和粉砂,但是也有古

牛轭湖和沼泽沉积物,表层十几厘米下即为油黑色富含腐殖质的细沙和粉砂层,其下为白色粉泥层,层内富含硅钙结核,结核直径约为3～5 cm。

第三节　毛乌素沙地的风沙起因、演化与发展

1.风沙的起因

关于毛乌素沙地的起源与变迁问题的研究始于20世纪50年代,迄今大体上存在3种不尽一致的认识,一是地质时期成沙说;二是人类历史时期形成说;三是地质时期沉积的沙质地层,经历史时期人类活动的作用导致的沙质土壤裸露,受强烈西北风吹蚀而活化成沙漠。

吴薇(2001)对50年来毛乌素沙地的沙漠化过程研究后认为,毛乌素沙地的形成条件就是有着丰富的沙源以及当地特有的气候条件。广泛分布的砂岩,在干旱的气候条件下,经大风吹蚀,风化成沙砾物质,这是毛乌素沙地形成的决定性因素。邱国庆、徐道明提出了"就地起沙"学说,他们认为毛乌素沙区内部风成沙的来源有三处:(1)来自于紫红色白垩纪砂岩和灰绿色侏罗纪砂岩风化物;(2)来自于本区东南部萨拉乌素系;(3)来自于黄土和滩地河湖沉积物。就地起沙在本区有自然因素,也有人为破坏的因素。气候干旱、降水变率大和冬春季的起沙风是起沙的自然条件;人类活动,如不合理的连年开垦、过度放牧和采樵,破坏了植被,更加快了起沙的速度。

2.沙丘的类型、演化与移动

可以把毛乌素沙区的沙丘划分为四个类型:(1)流动沙丘;(2)半流动沙丘;(3)半固定沙丘;(4)固定沙丘。

流动沙丘几乎没有植被覆盖,或者只有稀疏的沙米和沙竹等,处于流动状态;当先锋植物进入,植被覆盖度增加,沙丘的流动速度就会减缓,处于半流动状态;当半流动沙丘上的植被覆盖度逐渐增大,但尚未达到40%,土壤开始发育(栗钙土型沙土,棕钙土型沙土或草甸土型沙土),沙丘向前移动的速度进一步减缓,籽蒿、牛心朴子、油蒿、柠条等植物相继生根,在多雨的夏季迅速繁衍,使沙丘暂时趋

于固定;当植被的覆盖度超过 40％,沙丘表层积累了腐殖质,土壤剖面初步发育,粗沙变紧,以沙蒿群系为主,局部地方还有臭柏和各种旱生灌丛在沙丘上发育成植被群落,沙丘基本上不发生流沙,变为固定沙丘。

实际上,沙丘的演化十分复杂。四类沙丘经常交错分布在一起,尤其是半固定沙丘和固定沙丘更容易相互演化。由于气候旱涝频发,在干旱年份,降水只有正常年份的 1/2 或 1/4 时,在强烈的蒸发作用下,一年生草本植物根本不能生长,固定沙丘就会变为流动沙丘。如连年干旱,植被覆盖度进一步降低,沙丘土壤剖面被吹蚀,半固定沙丘就会进一步变为流沙。相反,如若连年多雨,沙丘上的植被覆盖度增加,土壤剖面开始发育,流动沙丘就会变成固定沙丘,甚至成为固定沙丘。这一演化过程往往由于采樵、开荒、过度放牧等人为活动变得更加剧烈。毛乌素沙区具有长久的开垦历史,人口密度比其他沙区都大,人类的活动对沙丘的演化具有很大的影响。

毛乌素沙区的沙丘流动方向是自西北趋向东南。在全国各沙漠中属于中速移动类型。而且,沙丘流动的季节性变化也很大,各季节各不相同。冬季因为地面冻结而移动不大,春季地面解冻后,地表很快变得干燥,而此时的风速最大,固定沙丘移动加剧。夏季在东南风的作用下,在沙丘脊部经常会叠加上小的沙脊,其向风坡为东南方向,落沙坡为西北方向,与原来沙丘的向风坡和落沙坡正好相反,故称之为"反向沙帽"。当秋冬季盛行西北风时,沙脊上的沙帽被吹掉。如此年年往复,但沙丘总的移动方向是自西北趋向东南。

第四节　毛乌素沙地的土壤资源

1. 土壤分布规律

毛乌素沙区处于几个自然地带的交接地段,大部分位于淡栗钙土亚地带的西端,西与棕钙土亚地带接壤,向西北过渡为棕钙土半荒漠地带外,向西南到盐池一带过渡为灰钙土半荒漠地带,向东南过渡为黄土高原暖温带灰褐土(黑垆土)森林草原地带。南部为大部分位于淡栗钙土干草原亚地带,土壤表现出了过渡性的特点。

土壤的分布表现了东北—西南向排列的水平地带性的变化,淡栗钙土和棕钙土都呈上述方向的平行排列分布;南部和东南部的黑垆土的分布受局部地形和母质的影响未表现出这种排列的地带性规律,而是分布在黄土高原的沙黄土母质上。地带性土壤(栗钙土、棕钙土)和非地带性土壤(风沙土、盐碱土和草甸土)相间排列,以风沙土为主。

梁滩起伏的地形引起了地表水的重新分配和地下水的局部变化,因而也影响土壤的形成和发育,使沙区的土壤组合表现出多样性。在没有覆沙的梁地上为淡栗钙土和棕钙土,东南部黄土高原上分布着遭受严重侵蚀的黑垆土。滩地土壤的发育受潜水影响,主要类型为草甸土、沼泽土和盐土。在滩地范围内从边缘到中心,土壤的变化系列一般为草甸土→盐化草甸土→盐土。临时性或永久性积水的低洼地,则从边缘向中心依次为草甸土→草甸沼泽土→盐化草甸土。在内陆特别是西南部盐湖周围,自中心向外则常见盐土→ 草甸盐土→盐化草甸土呈平行带状分布。南部红柳河河谷割切深达 20~30 m,两岸沉积物厚度较大,潜水埋藏深(一般可达 10 m),且由两侧向河谷加深。自河岸向西侧土壤变化系列则为淡栗钙土→草甸钙土→盐化草甸土。

2.土壤的形成因素与形成过程

本区地带性土壤分布在梁地和南部的黄土丘陵,非地带性土壤(水成型)分布在滩地。土壤形成与土壤母质、排水、植被、气候等因素有关。构成沙区土壤母质多为松散砂粒,故土壤质地多砂质和砂壤质,土壤母质中亦富含碳酸钙和硅钙结核。滩地上源地势倾斜,排水良好,易发育成草甸土;滩地下游排水较差,易发育成渍化土壤。植被稀疏,给予土壤有机质极其有限,故土壤养分匮缺。夏季季风雨过分集中,且强度大,致使南部与东部黄土高原前端土壤侵蚀严重。

在上述土壤形成因素的作用下,土壤的形成过程也较为复杂。各个土类的基本形成过程缺乏典型性。有四种土壤形成过程比较常见:①草甸土形成过程;②碳酸钙的积累过程;③盐渍化和碱化过程;④沙化过程。

沙丘对本区土壤发育的影响很大。在梁坡上常分布着流动沙丘、半固定沙丘和固定沙丘,而且梁面上时常覆盖有薄层流沙,影响土壤的发育,一般土层薄,腐殖质含量低。尤其是淡栗钙土,受到的侵蚀和破坏极为严重。流沙对滩地各类草甸土和沼泽土的覆盖更甚,滩地土壤常有数层重叠剖面。只有滩地土壤受流沙覆盖较少地段,地下水丰富,土壤肥力高。

　　沙区土地利用类型较复杂,不同利用方式常交错分布在一起。农林牧用地的交错分布自东南向西北呈明显地域差异,东南部自然条件较优越,人为破坏严重,流沙比重大;西北部除有流沙分布外,还有成片的半固定、固定沙地分布。东部和南部地区农田高度集中于河谷阶地和滩地,向西北则农地减少,草场分布增多。现有农、牧、林用地利用不充分,经营粗放。

3. 土壤资源评价

　　以土壤腐殖质含量、全氮、全磷、速效磷、盐渍化程度、钙积层出现深度、土壤湿度、土壤机械组成为评价指标,可以将毛乌素沙区的土壤资源划分为四等(下表1-2),每等再根据微小差异(如排水良差、土层薄厚、盐渍化轻重、土壤干湿程度等差异)划分为二级(下表1-2,1-3)。

表 1-2　毛乌素沙区土壤资源评价指标

等级	项目			
	Ⅰ	Ⅱ	Ⅲ	Ⅳ
腐殖质(%)	>1.5	1.5~1.0	1.0~0.6	<0.6
全氮(g/m)	200	200~150	150~100	<100
全磷	>90	90~50	50~35	<35
速效性磷	>7	7~5	5~3.5	<3.5
盐渍度(%)	极轻	轻	中	重
60cm 土层含盐	0.00~0.03	0.1~0.2	0.3~0.5	0.8~9
钙积层出现深度	无或极深层出现	100~60cm	60~30cm	表层出现
土壤湿度	湿	较湿	较干或过湿	干或极湿
土壤机械组成	砂壤~轻壤	砂壤~紧砂	紧砂土~轻壤	松砂

表 1-3　毛乌素沙区土壤资源评价等级

土壤类型	所属土地类型	等级	目前利用状况
普通浅色草甸土	河谷阶地和滩地上塬	Ⅰ　1	固定耕地
草甸栗钙土	洪积扇	Ⅱ　2	部分为固定耕地
潜育草甸土和草甸潜育土	滩地		
极轻盐化草甸土	柳湾		
覆沙黑垆土(沙盖垆)	黄土丘陵		

续表

土壤类型	所属土地类型	等	级	目前利用状况
变质栗钙土	臭柏和黑格兰巴拉	Ⅱ	1	部分开垦为农田,已经起沙,有些过渡采樵
栗钙土(包括各土属)	梁地	Ⅱ	2	部分开垦为农田,不保护可能起沙
轻盐化浅色草甸土 极轻度苏打盐化草甸土	稀疏白刺堆(巴拉) 滩地,覆沙滩地			部分为农田
棕钙土 原始栗钙土(固定沙丘) 原始棕钙土(固定沙丘) 原始黑垆土(固定沙丘)	西部梁地 中部西部及东部巴拉	Ⅲ	1	牧场
苏打盐化浅色草甸土 草甸土型砂土(半固定沙丘) 盐化草甸土型砂土(半固定沙丘或固定沙丘)	湖积滩地 覆沙滩地 密集白刺堆(巴拉)	Ⅲ	1	牧场
强度苏打盐化草甸土	西部及中部滩地 湖滨阶地	Ⅲ	2	牧场
栗钙土型砂土(半固定沙丘) 棕钙土型砂土(半固定沙丘) 黑垆土型砂土(半固定沙丘)	中部及东部巴拉 西部巴拉 南部巴拉	Ⅲ	2	牧场
盐土	西南部盆地、西部湖滩地	Ⅳ	1	
湿润丘间 低地流沙	滩地流沙	Ⅳ	1	
干燥丘间 低地流沙		Ⅳ	2	

第五节 毛乌素沙地的植被及植物资源

1. 毛乌素沙地的植被分布特征

受地貌、气候、土壤等条件的影响,毛乌素沙地的植被由东部的草甸草原和灌丛植被逐渐向西部的荒漠草原植被过渡。沙生植物和草甸植被成为毛乌素沙地的主要植被类型。

北部边缘具有荒漠化草原向草原化荒漠过渡的特征,而中部和东部的大部分地区则属典型草原地带,其东南部边缘则具有典型草原向森林草原过渡的特征。

随着气候的干燥度自东南(1.5)向西北(2.0)逐渐增加,植被的类型和分布也发生相应变化。在本区的中部和东部属于典型草原(干草原),这是毛乌素沙区的主要部分,占面积90%以上;西部属于荒漠化草原,只包括沙区西部边缘部分,面积不到10%。

在未覆沙的干草原梁地上广泛分布着以长芒草、短花针茅、阿尔泰紫苑、小白蒿等真旱生植物为主的典型草原群落。在荒漠草原亚地带的梁地上分布着戈壁针茅、沙生针茅和小白蒿,期间还出现许多数量的超旱生的小灌木和半小灌木;狭叶锦鸡儿、猫头刺、拟芸香、兔唇花等。两个亚地带的差异,在各种隐域植被上也有所反应。就全区而言,绝大部分地面分布的是沙生植被、草甸植被、盐生植被和沼泽植被等隐域性植被。其中沙生植被构成毛乌素植被的主体,沙生植被之中的沙蒿群落和沙蒿—柠条群落分布最广,尤其在固定的和半固定沙丘上几乎主要发育着两种群落。在流动沙地的局部地方还出现沙米、沙竹、"鸡爪"芦苇,在固定沙地的个别地方还出现麻黄、臭柏等群落。

此外,本区内陆湖泊周围都分布着一定面积的盐渍土。西南部定边和盐池一带含盐较重,在这些盐土上分布着碱蓬、盐爪爪、白刺以及海蓬子等为主的盐生植被,在局部水边缘还出现许多沼泽植被。

在梁地上还有一些旱生灌木群落。这些灌木过去占面积最广,现在只在个别地方有片段残余,较重要的有黑格兰群系、沙樱桃群系、川青锦鸡儿群系、川青锦鸡儿—驼绒藜群系、沙冬青群系。黑格兰群系分布于干草梁地,其余四个群系都分布于荒漠草原亚地带。

本区原有天然牧场,优良牧草种类很多,其中小白蒿、针茅、羊草、老芒麦、治理黄芪、杨柴、驼绒藜等,是营养价值高、适口性好的优良牧草,除牧草外,可做资源利用的植物很多,毛乌素沙区没有天然乔木林,但天然灌木林分布很广,而且具有固沙或用材的多种用途。引进的固沙树种也很多。总之,毛乌素沙区无论在天然植物区系的丰富程度或人工引种的植物种类方面,在我国西北各沙区中无疑是居前列的。

2.植物区系和生态—生物学组成

2.1 植物种类和区系特点

毛乌素沙区的植物区系与同纬度的河北、山西北部相比较为贫乏,但在我国十二大沙区中,其野生植物种类相对丰富,这是由于毛乌素沙区水热条件较好,位置偏东南,临近黄土高原森林草原区和华北落叶阔叶林区。

根据毛乌素沙区自然条件及其改良利用提供的毛乌素植物调查结果,毛乌素沙区共有高等植物(包括蕨类植物)68科,224属,401种4个亚种11个变种(见表1-4)。

表 1-4　毛乌素沙区主要植物种类统计表(不完全统计)

科	属	种	亚种	变种	占总种数
菊科		57	2	1	14.4%
禾本科	28	50		1	12.3%
豆科	16	39		1	9.6%
藜科	13	29	1		7.2%
蔷薇科	6	14			
毛茛科	5	12		2	
莎草科	6	13			
百合科	5	13			
唇形科	9	11			
蓼科	4	9		1	
十字花科	5	8			
石竹科	5	8			

在植被中起作用的常是以建群或优势种出现的菊科的蒿属(*Artemisia*)(沙地、梁地);禾本科的针茅属(*Stipa*)(梁地)、隐子草属(*Cleistogenes*)(梁地)、沙竹属(*Psammochloa*)(沙地)、芨芨草属(*Achnatherum*)、碱茅属(*Puccinellia*)、拂子茅属(*Calamagrostis*)、赖草属(*Aneurolepidium*)和芦苇属(*Phragmites*)(滩地);豆科的锦鸡儿属(*Caragama*)、棘豆属(*Oxytropis*)、沙冬青属(*Ammopiptanthus*)、甘草属(*Glycyrrhiza*)、岩黄芪属(*Hedysarum*)、槐属(*Sophora*)(沙地、梁地和排水良好的平地);藜科的碱蓬属(*Suaeda*)、盐爪爪属(*Kalidium*);莎草科的苔属(*Carex*);鸢尾科的鸢尾属(*Iris*)(滩地)等。

从上面的植物种类组成可以看出,其组成植被基础的优势科是菊科、禾本科、豆科和藜科。这与周围区域有不同之处,反映出其特殊的植物区系特点。

2.2　植物生态—生物学组成

按照 Raunkiaer.C. 的生活型分类,毛乌素沙区植物的生活型可以划分为(见表 1-5):

绝大多数为地面芽植物,而缺乏大高位芽植物,少量的小高位芽植物,反映出明显的温湿草原植被特征。一定量的地下芽植物也反映出毛乌素广泛的覆沙,促生了隐芽植物的发展。

如果按生长型分类,毛乌素沙区的野生植物生长型谱是(见表 1-6):

表 1-5　毛乌素沙区植物的生活型

生活型	种、亚种、变种	占全区植物(%)
小高位芽植物(M)	12	2.9
矮高位芽植物(N)	22	5.3
地上芽植物(Ch)	32	7.7
地面芽植物(HK)	197	47.4
地下芽植物(K)	45	10.7
沼生植物(He)	26	6.4
水生植物(Hy)	13	3.1
一年生植物(T)	69	16.5
合计	416	100

表 1-6　毛乌素沙区的野生植物生长型谱

生长型	种、亚种、变种	占全区植物(%)
乔木	4	1.0
灌木	34	8.2
半灌木	4	1.0
小灌木	11	2.6
半小灌木	14	3.4
多年生草	277	66.5
一年生草	72	17.3
合计	416	100

毛乌素沙区有如此巨大数量的一年生植物,与人类的放牧、开垦等活动有关,带进了大量杂草和伴入植物。毛乌素沙地多样的自然条件和其自然地理区和植物地理区的过渡位置也造成了本区灌木数量的增多。

生态类群比生活型更能反映一个地区的生境条件,就对水分关系而言,毛乌素地区各种生态类群的构成和数量如下(见表 1-7):

真旱生植物(包括盐旱生和盐生植物)加上中旱生植物,旱生植物总共占

48.0％,几乎占到一半。旱生植物居主要位置是干旱半干旱地区沙漠和沙地的共同特点。毛乌素沙区虽然有 250～440 mm 的年降水量,但降雨集中,风大、蒸发强,造成了植物在生理和形态方面的旱生化特点:(1)沙地和梁地植物普遍具有远远超过地上部分的深而庞大的根系;(2)植物的叶面积缩小;(3)叶子多被蜡质或茸毛;(4)有些植物有着发射日光的光亮的白色表皮;(5)有很多叶子肉质化的植物。

表 1-7　毛乌素沙地各种生态类群的构成和数量

生态类群	种、亚种、变种	占全区植物(％)
超旱生	21	5.1
真旱生	153	36.8
中旱生	47	11.2
旱中生	48	11.5
真中生	87	21.0
湿中生	8	1.9
湿生	39	9.4
水生	13	3.1
合计	416	100

3. 毛乌素沙区的植物群落类型

　　毛乌素现有的植物群落可以归纳为七种植被类型,包括 54 个群系(不包括水生群落),见(表 1-8):

表 1-8　毛乌素沙区的植物群落类型

植被类型	植物群系	分布范围	面积(km²)	占沙区面积(％)
草原植被(前五个属于典型草原,后两个属于荒漠草原)	长芒草、兴安胡枝子群系	排水良好的未覆沙梁地	282.8	0.73
	百里香群系	北部和东北部边缘地区	15.8	0.04
	小白蒿群系	东部典型草原随处可见	445.8	1.15
	干草群系	西南部定边、盐池、鄂旗至大庙一带低缓梁地上	10.2	0.03
	茭蒿群系	东南部和南部边缘神木、榆林、横山一带黄土梁峁和覆盖黄土的石质山丘的阴坡和半阴坡	52.2	0.13
	戈壁针茅、小白蒿群系	鄂旗西部察汗淖经乌兰镇一带		
	猫头刺群系	鄂旗西部的剥蚀梁地	221.9	0.57

续表

植被类型	植物群系	分布范围	面积(km²)	占沙区面积(%)
草原和荒漠灌丛	黑格兰群系	残存于乌旗巴音什利梁、吴公梁、鄂旗昂素庙亚西里梁	33.8	0.08
	沙樱桃群系	鄂旗乌兰镇西梁的东南坡	5.0	
	川青锦鸡儿群系	仅见于极西部的边缘	88.0	0.22
沙生植被	先锋群聚	广泛出现在流动沙地		
	沙竹群系	出现在流动和固定沙丘、沙地		
	杠柳群系	南部缓起伏固定和半固定沙地		
	杨柴群系	普遍出现在北部和南部沙地		
	苦豆子群系	西南部,特别是定边附近		
	籽蒿群系	区内各地都有		
	沙蒿群系	除非沙质生境外普遍存在,面积大		31.2
	沙蒿、柠条群系	薄覆沙的岩基梁地和部分缓起伏的老固定沙地	397.0	1.03
	柠条群系	鄂旗、乌旗、榆林一带有基岩出露的梁坡	98.4	0.30
	麻黄群系	乌旗和鄂旗中南部广泛存在	89.2	0.23
	臭柏群系(唯一的针叶植物)	小片残存于伊旗图克、神木、榆林	261.7	0.68
	中旱生杂木林	片断残存于东部和东南少数地方		
草甸	寸草群系	内外滩都有,外滩面积更大	714.3	1.84
	碱茅群系	在滩地中广泛分布	225.4	0.58
	芨芨草群系	在滩地中广泛分布,尤其中西部	1177.2	3.04
	马蔺群系	主要在东部乌旗一带的滩地	133.5	0.34
	假苇拂子茅群系	各地沙丘边缘,丘间低地及滩地覆沙部分		
	赖草群系	面积小,分布零散		
	鸡爪芦苇群系	面积小,分布零散		
	披针叶黄华群系	面积小,分布零散		
	蓢萝蒿群系	面积小,分布零散		

续表

植被类型	植物群系	分布范围	面积(km²)	占沙区面积(%)
盐生植被	碱蓬群系	各地滩地湖滨都有分布	522.3	1.35
	盐爪爪群系	多出现在土壤盐分含量较高的湖滨地段	9.8	0.03
	白刺群系	东部多见,有时出现在盐碱滩和湖盆中	288.9	0.7
	灰绿碱蓬群系	盐渍化的埂畔、道旁、高地	面积小	
	海篷子群系	定边的沟池滨、库水沟沿岸	面积小	
沼泽性植被	沼针蔺群系	常见于东部各滩地		
	杉叶藻群系	北部乌审召一带较为普遍		
	荆三棱、镳草	叉沟河谷水边,丘间低地和淡水边缘		
	香蒲群系	多见于沙丘间积水地和滩地	面积不大	
	芦苇群系	各种水体边缘、积水洼地、丘间低地	15.2	
	乌柳群系	广泛存在于流沙带与滩地过渡地带,称之为"柳湾子"	1277.6	3.31
	沙柳、乌柳群系			
	酸刺、沙柳群系			
水生植被		内流淡碱湖中	304.3	0.78

4. 毛乌素沙区的植物动态演替

毛乌素沙地是次生起源——人类活动破坏植被,导致沙化而形成的。因此,沙区植被也主要是衍生而来的。

首先,自从毛乌素沙地形成后,区内气候干湿交替变化引起的植被交替变化。其次是人类活动对植被的破坏导致的种类贫乏、旱生化和盐生化(滩地)。

沙地植物群落的更替最为迅速明显。沙地植被的演替包括沙地植物丛生过程(顺行演替)和沙地植物群落因破坏而引起的退化过程(逆行演替)。

沙地植物丛生过程(顺行演替)相当迅速,往往在一个地区相距不远处就可以观察到植物丛生过程的不同阶段,大致可与划分为四个阶段:①一年生植物阶段;②根茎植物阶段;③小半灌木阶段;④灌木阶段。

以内蒙古鄂尔多斯市和陕北的榆林沙区为例,毛乌素沙地植物演替过程和关系可以用图 1-2 表达：

逆行演替(退化过程)情况比较复杂,还需要进一步观察研究,本图只表明几个比较明确的逆行演替过程。

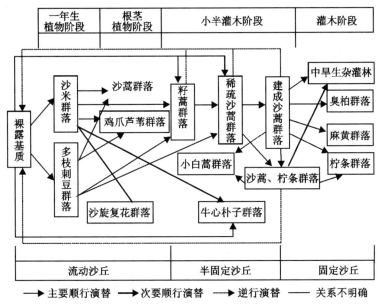

图 1-2 毛乌素沙地植物演替过程和关系

5.毛乌素沙区的资源植物

与黄土高原比较,毛乌素沙区的资源植物较为贫乏,但与其他沙区比较,可利用资源植物是居于前列的。

除了牧草之外,纤维素类 38 种,淀粉及糖类 20 种,油脂类 30 种,鞣料类 11 种,芳香类 18 种,树脂和树胶类 1 种,药用植物 195 种,土农药 6 种,色素类 1 种,维生素类 2 种,钾盐类 1 种以及其他用途植物共计 416 种(包括亚种、变种)植物。而且,很多植物都是一物多用。

其中,分布较广、价值较高、藏量丰富的当属药用植物中的麻黄、甘草、远志、黄芩、枸杞、列当、知母、手参等;纤维植物中的芨芨草、假苇拂子、芦苇、马蔺等;芳香植物中的百里香、甘草、香青兰、黄花蒿、茵陈蒿等。

本区原来就是天然牧场,有着丰富的优良牧草资源。其中小白蒿、针茅、羊草、老芒麦、智利黄芪、杨柴、驼绒藜等都是营养价值高、适口性好的优良牧草。

固沙植物对于毛乌素沙地有多种重要意义。其中,沙蒿、柠条种源丰富,适应性强、根系粗大、植株高大丛生,是十分优良的固沙植物。直播植苗造林都容易成活。沙柳、乌柳、酸刺等灌木在丘间低地上生长旺盛,有很强的阻挡流沙的作用,特别是沙柳不怕埋,越埋越旺盛,酸刺能改良土壤,与小叶杨混交,能促进小叶杨生长,在当地被广泛应用于造林实践中。

毛乌素沙区没有天然的乔木林,但天然灌木林广泛分布,最重要的成片分布的灌木林叫"柳湾子",是由乌柳、沙柳、酸刺组成的;另外还有黑格兰林、臭柏林和醉鱼木林。

此外,沙米、沙蒿富含淀粉,老鹳草富含鞣质,文冠果富含油脂,都是具有特殊用途的植物种类。

目前,毛乌素人工栽培的树种有十余种。在西部荒漠草原亚地带只有榆树、沙枣和桎柳三种,东部典型草原地带还有桑、复叶槭、刺槐、河北阳、梓、杂交杨以及桃、杏、枣、苹果等果树。近年来在陕北榆林和伊盟伊金霍洛旗一带,引种的油松、樟子松都已获得成功。

第六节　毛乌素沙地的气候状况

1. 一般气候特征

毛乌素沙区东南距海洋甚远,中间又有层层山脉和高原相隔,对夏季东南季风的长驱直入有一定阻挡作用,但东南季风仍可影响本区。西北方向亚欧大陆腹地,冬半年干燥寒冷空气可以迅速到达本区,这样的地理位置决定了本区具有季风气候的特征。特别盛夏季节,东南季风对本区夏季降水仍有决定意义。本区全年的大部分时间为西北季风控制,气候干燥寒冷。

毛乌素沙区位于鄂尔多斯高原的南部,海拔高度多在 1 100~1 300 m 之间,北部和西北部的鄂尔多斯高原,对入侵毛乌素沙区的寒潮或冷空气多少有些屏障作用。每逢冷空气滞留和积聚,气温低;而高原南侧,地势较低,即本区中部河东部,由于气流越过高原后的下沉增温作用,气温有一定程度增高。鄂尔多斯高原对东南季风前进的阻挡河高原迎东南季风坡的动力抬升致雨作用,使本区降水自东南向西北显著地减少。

由于地表植被稀疏、流沙广布、河地面干燥,因而,在强烈的日照之下,土壤、沙地和空气易热易凉,温度剧变。

毛乌素沙区大部分属温带半干旱区,湿润指数 0.50～0.65。年均温度 6.0～8.5 ℃,1 月份平均温度－9.5～12 ℃,7 月平均温度为 22～24 ℃;年均降水量东南部为 440 mm,向西减至 250 mm。全区最大降水量集中于 7～9 月,占全年降水量 60%～70%,尤以 8 月为最多,因此,水热条件配合有利于农牧业的发展。但是降水强度大,常集中于几天至十几天,并以暴雨形式出现,最大日降水量可达 100～200 mm。夏季除降暴雨外,又多雹灾。降水的年变率很大,多雨年可达少雨年的 2～4 倍,易造成旱涝灾害,但是旱灾远多于涝灾。全年蒸发量达 1800～2500 mm,比降水量大 4～10 倍。干燥度东南 1.5,向西北逐渐增加到 2.0。沙区盛行西北风,冬春两季风力强劲且频繁,年平均风速 2.1～3.3 m/s,年平均大风日数 10～40 d,最多达 95 d。气候干燥、冷热剧变、大风频繁、日照强烈是该地区的四大气候特征。

2.四季气候特点

毛乌素沙区地处中纬度西风带中,高空终年为西风环流所控制。本区冬季为西伯利亚冷高压(或蒙古冷高压)控制,夏季受印缅低压制约。冬季西伯利亚冷高压中心经常位于蒙古的西部或新疆的北部,本区在此天气系统控制之下,盛行由大陆吹向海洋的冬季风。由于西伯利亚高压特别强大,其他天气系统一到达本区,在单一的冷高压控制之下,天气晴朗,再加上本区地势较高,下垫面裸露,并多为沙子覆盖,辐射冷却强烈。因而加强了寒冷的高气压,冬季十分严寒而漫长,冬季长达一百六、七十天左右。同时,在单一的冷高压控制下,空气比较稳定,很少有水汽输送进来,空气特别干燥,降雪稀少。冬季冷空气活动频繁,沙子随大风向偏南风向飞扬。冬季气候特点可归纳为:冬长严寒,降雪稀少,气候特别干燥。空气比较稳定,多晴朗天气。但频繁活动的冷空气常伴随大风而后低温,对牲畜越冬和南部一些地区的作物越冬等农牧业生产活动带来一定困难。

春季陆地表面受热逐渐增多,西伯利亚高压开始减弱并向西北撤退,北太平洋副热带高压逐渐扩张,海洋气团开始侵入我国东南沿海大陆。毛乌素沙区处在两高压之间的相对气压较低的区域。这里南北气流经常辐合,低压不断出现,锋面经常南北移动、天气多变。裸露干燥的沙面气温回升快,但由于冷空气活动频繁,时有温度骤然下降,晚春作物处在幼苗生成期,低温引起冻害。春季南来的温湿气流甚弱,降水条件仍不具备,降水不多。初期由于气压活动中心位置很不稳定,天气系统频繁过境。锋面过境常伴有偏北大风,为大风最多的季节。有一春季本区温度回升快和多大风,使干燥的地表面更干燥,因此,沙子随风飞扬,风沙十分猖獗。沙柳向偏南方向猛烈侵袭,吹打、掩埋或翻起作物幼苗(或种子),毁坏牧场,造成很大的经济损失。

春季气候特点可归纳为:天气多变,气温回升很快,但是有气温骤降。降水虽比冬季稍有增加,但升温快和风多风大,地表更为干燥,气候干旱异常,有"十年九旱"之说。风大沙多和忽冷忽热的天气,再加上牲畜饲料不足,是牧业生产最为不利的季节,牧民有"夏长、秋肥、冬瘦、春死"之说。春季持续时间在八九十天左右。

夏季大陆强烈增温,印缅低压达最盛,而北太平洋副热带高压也达最强,并向西移到西经150°和北纬40°的海面上,这时我国大部分地区处在印缅低压的东河东偏北部并且在副热带高压的西侧。湿热的海洋气团涌向我国,形成夏季风。只有二三千米厚度的东南季风翻山越岭,到本区实力已不强盛,沿途水汽消耗甚多。夏季亚欧大陆中心形成的干热的大陆气团也经常东移到此。本区是这两种气团争夺的过渡地带。东南季风到达本区并持续时间长的年份则降水多,反之,热带大陆气团到达本区并持续时间长的年份则干燥异常。夏季的前期,东南季风虽已前锋至此,但不强盛,并时进时退,而本区多处在偏北方向来的变性气团控制之下,故仍然干旱少雨。七月初开始,本区才处在东南季风控制之下。在北来小股冷空气的动力抬升、地形的抬升和下垫面强烈受热的热力抬升作用下,才使本区降水显著增加。但降水时间持续不长,只有两个月左右。一旦西藏高压在本区上空停留时间延长,就会出现严重的夏旱,威胁农牧业生产。夏季降水虽以锋面降水居多,但雷阵雨不少。高原上的雷阵雨常伴有冰雹,这也会带来雹灾。毛乌素沙区海拔较高,气温水平一般较低。但沙性地面白天受热增温剧烈,最高气温不低。晚上辐射冷却强烈,气温日变化大。

夏季持续时间很短,只三四十天左右。夏季气候特点可归纳为:前期仍然干旱,7、8月尾雨季,但雨季来去之迟早,西藏高压对本区控制时间之长短,决定着本区雨季之长短和雨水之丰欠。本区夏季降水具有阵性、变率大和保证率低等特点。气温日变化大,尽管温度水平较低,但最高温度不低,能满足一般作物生长的热量要求。

秋季和春季相反,地面迅速冷却,印缅低压南退并减至很弱,而西伯利亚高压又逐渐加强,北太平洋副热带高压减弱并向北太平洋东南撤退。季风环流上表现出由夏季风向冬季风过度。由于下垫面迅速冷却,低层空气很快降温,而高层空气反而比较温暖,形成空气下冷上暖的稳定天气。由于冬季风来势很猛,秋季持续时间比春季短,只七八十天左右。秋季在东南季风退却之际,我国东南海面上移动性高压又逐渐加强。这种高压常有暖湿的气流吹送到大陆上来。它被北来的冷空气抬升形成部分降水。

秋季气候特点是:降温迅速,秋温低于春温。秋霜冻虽不及春霜冻严重,但正值作物成熟季节,危害大于春霜冻。秋雨多于春雨。秋天天气风和日暖。

3. 热量资源

3.1 日照

毛乌素沙区日照丰富,年日照时数由南部的 2 700～2 800 h 向北增加到 3 000～3 100 h。比东部华北平原的同纬度地区高出 200～300 h。日照百分率由南部的 62% 向北增加到 71%。秋冬季节日照百分率高达 70%～80%。

本区太阳辐射强度大、总量多。太阳辐射年总量大致从 577 kJ/cm² 增大到 632 kJ/cm²。与华北平原同纬度地区比较,年总辐射高出 42～84 kJ/cm²;与新疆塔里木盆地同纬度地区相近。

年内总辐射量以 6 月为最大,12 月最小。7,8,9,10 月值相应地高出 5,4,3,2 月值。

3.2 气温

毛乌素沙区的气温地理分布是,自东南向西北递减,东部递减迅速,西部递减缓慢,变化为 6～8.6 ℃。与华北平原同纬度地区比较,平均气温低 5～6 ℃;与新疆塔里木盆地同纬度地区也低 4 ℃左右。

气温年较差以东部和西部较大,高达 33 ℃以上,神木高达 34.1 ℃。但西部较小,定边只有 31 ℃。气温变化情况详见表 1-9 至 1-11。

综上所述,本区气温变化上,东南部比较温暖,东北部和西北部比较温凉;在时间上是冬长而寒,夏短而热,寒暑剧变,大陆性气候特征显著。

3.3 霜冻

毛乌素沙区为冷空气活动通道,加之地势较高,气温变化剧烈,故秋霜来得早,春霜结束晚,霜冻严重,无霜期短。

霜冻对农林业生产影响较大,以秋霜危害最大。北部和西部霜冻较重,其他地区较轻。霜冻危害受局部地形影响很大,在低洼地霜冻来得早且严重,而高地、平地、河流、水浇地来得晚,且较轻。

表 1-9　各地各月平均气温

	1	2	3	4	5	6	7	8	9	10	11	12	年均	年较差
神木	−10.0	−5.7	2.7	10.9	18.1	22.5	24.1	22.2	16.2	9.6	0.2	−8.2	8.6	34.1
榆林	−9.9	−5.6	2.3	10.1	16.9	21.1	23.2	21.3	15.3	9.0	−0.3	−8.3	7.9	33.1
横山	−8.7	−4.9	3.0	10.5	17.5	21.6	23.6	21.5	15.6	9.6	0.6	−7.2	8.6	32.3
定边	−8.8	−5.8	2.5	9.9	16.6	20.7	22.2	20.5	14.5	8.6	−0.1	−7.0	7.8	31.0
盐池	−9.0	−6.1	2.0	9.5	16.3	20.2	22.1	20.3	14.3	8.2	−0.6	−7.3	7.5	31.1
新街	−11.5	−8.3	0.5	7.9	15.2	19.8	21.4	19.8	13.7	7.0	−10.1		6.1	32.9
乌旗	−10.7	−7.2	0.8	8.4	15.5	19.7	21.6	19.8	13.8	7.5	−1.8	−9.3	6.5	32.3
鄂旗	−11.4	−8.0	0.4	8.2	15.6	19.9	21.8	20.0	13.8	7.1	−2.3	−10.0	6.3	33.2

表 1-10　全年日最高气温≥30℃及≥35℃出现天数

	神木	榆林	横山	定边	盐池	新街	鄂旗
≥30℃	53.7	38.3	42.7	26.4	29.4	16.5	24.8
≥35℃	4.1	1.5	1.7	0.6	0.6	0.4	0.4

表 1-11　全年日最低气温≤−10℃,≤−20℃,≤−30℃出现天数

	神木	榆林	横山	定边	盐池	新街	鄂旗
≤−10℃	53.7	38.3	42.7	26.4	29.4	16.5	24.8
≤−20℃	4.1	1.5	1.7	0.6	0.6	0.4	0.4
≤−30℃		0.1					

3.4　土壤温度

毛乌素沙区地面多为固定、半固定沙丘和流沙,表面土壤干燥,因而热容量和导热率也小。土壤温度年平均值高于气温,土壤表面温度高于气温 2～3 ℃。

由于冬半年土壤温度很低,土壤有发生冻结现象。土壤冻结始于 10 月中旬,结束于 4 月中上旬。年最大冻土深度为 128～150 cm。

4. 降水资源

毛乌素沙区各地降水由东南部的神木向西北逐渐减少,其降水量与同纬度的其他沙区比较还算"丰富"。但降水集中、强度大、变率大、降水保证率低。

等降水量线基本上呈东北—西南走向,但从靖边—鄂旗一线往东,等值线呈一舌状向西北伸出。降水总量在 468～276 mm 之间。有限的降水量高度集中在生长季节,而且相当大的部分降水量集中于少数几天降落。各月平均降水量见表1-12。

表 1-12　毛乌素沙区各地月平均降雨量(mm)

	1月	2月	3月	4月	5月	6月	7月	8月	9月	10月	11月	12月	全年
神木	2.0	2.8	9.8	24.5	28.6	32.7	107.0	162.4	59.2	28.2	9.7	1.2	468.0
榆林	2.1	3.5	8.8	28.2	29.9	29.6	105.2	138.9	63.7	28.2	11.9	1.3	451.2
横山	1.9	2.1	14.8	25.5	31.5	27.1	89.9	111.4	68.3	29.4	12.8	0.8	415.5
定边	0.9	2.6	7.0	19.8	34.0	26.2	71.0	89.2	60.9	29.5	13.8	0.7	355.6
盐池	1.1	3.1	6.3	23.8	28.5	25.3	66.8	92.2	51.3	24.3	12.0	0.5	335.2
新街	1.4	2.1	6.0	30.6	28.7	30.1	112.9	111.9	43.5	30.7	5.1	0.8	403.7
乌旗	1.0	1.8	6.4	22.9	32.5	26.8	90.5	110.4	47.4	23.3	6.5	0.7	370.2
鄂旗	1.6	1.4	6.2	16.9	25.0	24.1	58.9	82.3	30.7	21.3	7.2	0.3	275.8

5. 干旱与湿润状况

本区的湿润状况是东部优于西部,除8月份水分收入等于或大于支出外,其他月份都支不付出。气候一般呈现半干旱,西部呈现干旱。

张宝等根据中国具体情况,用 0.16 倍≥10 ℃ 积温与同期降水比值来表示一个地区的湿润程度和干燥程度(称为干燥度 K)。毛乌素各地区的干燥度和湿润度见表1-13。

6. 风和风沙

毛乌素沙区的冬季风强盛且维持时间长,夏季风弱且维持时间短。各地全年盛行风向差别很大,东北部(神木、新街、乌旗)为西北风,东南部(榆林、横山)为西南风,西南部西风(但定边有西风和南风两个盛行风向),西北部为北风。

毛乌素沙区的风速一般较大,年平均风速以北部较大,西南次之,东南较小。各风向的平均风速一般以盛行风的风速及其附近的风向风最大,即东部偏北风风速大,西部以偏西北风风速大。

毛乌素沙区不仅平均风速大,而且容易形成沙暴。各地沙暴的时空变化有所不同,榆林、定边、新街等地沙暴日数多于大风日,其他地方大风日数多于沙暴日数。这是由于各地下垫面的性质不同所致。一般地,植被覆盖度高,地表湿润,即使风大风多,沙暴却少;反之则多。

表1-13　毛乌素各地区的干燥度和湿润度

干湿状况	地点	湿润度					年干燥度
		5月	6月	7月	8月	9月	
平均值	神木	0.32	0.3	0.89	1.47	0.76	1.32
	榆林	0.36	0.29	0.92	1.32	0.87	1.32
	横山	0.36	0.26	0.77	1.06	0.91	1.51
	定边	0.41	0.26	0.66	0.88	0.88	1.7
	盐池	0.35	0.26	0.61	0.92	0.75	1.83
	新街	0.38	0.32	1.08	1.14	0.66	1.36
	乌旗	0.42	0.28	0.85	1.12	0.71	1.45
	鄂旗	0.32	0.25	0.54	0.83	0.46	2.08
最小值	神木	0.02	0.02	0.15	0.14	0.05	0.75
	榆林	0.06	0.06	0.24	0.26	0.17	0.85
	横山	0.08	0.02	0.13	0.21	0.2	0.85
	定边	0.03	0.04	0.2	0.09	0.27	1
	盐池	0.04	0.06	0.12	0.07	0.21	0.92
	新街	0.05	0.07	0.36	0.24	0.34	0.69
	乌旗	0.04	0.06	0.16	0.08	0.18	1.12
	鄂旗	0	0.06	0.19	0.07	0.04	1.3
最大值	神木	0.93	0.63	2.04	4	1.75	11.3
	榆林	0.94	0.52	1.49	3.03	2.27	5.3
	横山	0.92	0.78	1.61	2.04	2.27	5.2
	定边	1.14	0.86	1.67	2.56	1.37	4.2
	盐池	0.83	0.83	2.02	2.56	1.39	5.4
	新街	1.11	0.61	2.44	2.71	1.67	3.4
	乌旗	1.12	0.7	1.54	2.56	1.92	8.3
	鄂旗	0.87	0.51	0.84	2.57	1.32	7.6

7. 冰雹

冰雹是毛乌素沙区暖温季出现的一种自然灾害。本区冰雹数每年平均至少有一天。以东北部的新街最多,由此向东、南、西三面减少。冰雹多源于伊盟的桌子山和杭锦旗的库布齐沙漠,在向东或东南方向一定是逐渐加强。移动路线多沿川沟、丘陵走向和冷空气移动方向一致,多为西北向东南方向运行。

冰雹虽然呈带状分布,打的是一条线,每年出现的次数并不多,但它出现在生长季节,特别是农作物抽穗、开花、结实期时,就会有毁灭性灾害。所以群众说:"春怕冰冻秋怕霜,冰雹打了干净光"。

第七节 毛乌素沙区的水资源状况

1.毛乌素沙区的一般水文特征

与其他沙区比较,毛乌素沙区的水分条件较好。"毛乌素"一词起源于陕北靖边的毛乌素村,蒙语的意思是"不好的水",系指这里的水质矿化度较高而且含有多种寄生虫而言。最初的毛乌素范围并不大,系指陕北定边孟家沙窝至靖边高家沟乡的沙带(小毛乌素沙带),而后人们把从神木到定边长城沿线的沙带称之为毛乌素沙带,最后,由于陕北长城沿线的风沙带与内蒙古伊盟南部的沙地连成了一片,所以现在把鄂尔多斯高原东南部和陕北长城沿线的正片沙漠统称为毛乌素沙漠。随着"毛乌素"一词外延和内涵的变化,"毛乌素"一词并不能够全面准确地反映该地区的水质和水文状况。

按地表水系,可以将毛乌素沙区分为内流区、外流区和过渡区。

内流区分布于本区的西部、西北部、中部。短小的溪流分别注入苟池、北大池、敖包池、波罗池等盐池中,或尖灭于流沙中,由于地形闭塞,径流很不通畅,潜水主要消耗于蒸发,地下水矿化度较高。内流区的面积约占总面积的60%。

外流区主要分布于东部及东南部。有无定河,秃尾河及窟野河等。西北部有都思兔河及其支流苦水沟,均排入黄河。无定河上游为红柳河,发源于黄土高原,向北至巴士湾附近折向东,至鱼河堡附近又折向东南。其左侧支流有纳林河、白城子河及榆溪河等,其右侧支流有芦河、黑河等;秃尾河位于本区东部,其上源为圪求河、宫泊沟;窟野河在本区最东部边缘,属于本区的流域面积不大,主要切入黄土。

这些外流河的面积约占全区总面积40%,大都在老的河湖冲积物的基础上发育的。当它流经黄土地区时,成为 30~50 m 的深切河谷,切入黄土及基岩。无定河左侧支流的上源为切入滩地的小沟,河谷形态不甚明显,越向下游,河谷越加深,阶地数目增多,宽度增大。

同时,外流河由于受本区气候和地质条件的影响。除东部地区外,河系均不发育。东部降水较多,地层由黄土状物质构成,抗蚀能力较差,所以流经这里的窟野河,沟谷比较发育,河网较密。向西雨量逐渐减少,地层属侏罗系、白垩系砂岩,上覆厚层的风化残积沙和现代活动沙丘,渗透能力很强,因而发源于这里的河流,河系均不发育,如榆溪河支流很少,且全部集中于左岸,而西部的海流图河、纳林河,几乎没有一条支流。再往西和西北,逐渐过渡到内流区,并向北延伸于鄂尔多斯高原中部内陆无流区相接。

总之,毛乌素沙区属内、外流区域过渡地带,因地势平坦,起伏不大,加之流沙覆盖,分水界线很不明显,成为本区水文分析计算的主要问题之一。

毛乌素沙区在我国西北部不但降水较多,而且地表水和地下水也比较丰富,地表径流量达 14 亿 m³,东南有若干河流排入黄河,属外流区。据初步统计,可利用的水量约为 4 亿 m³。同时沙地的内流区分布着大小不等的湖泊 170 余个。(虽然地下水一般埋深 1 m 左右,个别只有 0.5 m,水质良好。除西部内陆的盐湖的湖滨积岩或由于残积古岩层的影响,矿化程度较高、水质较差外,绝大部分地下水的矿化度在 1 g/L 以下或 0.5 g/L。这些特点说明毛乌素沙区水热配合较好,而水分条件也是全国各沙漠中较为优越的。

2.毛乌素沙区地表水资源

2.1 河流水量与补给来源

从毛乌素沙区集中降水来说十分有利于地表水的形成。但由于地表大部分为流沙,半固定及固定沙丘或白垩纪砂质风化物,梁滩相间分布的地形,地势平坦,起伏不大,内外流交界地段植被比较繁茂,因此,实际上有利于地下水而不利于地表水的形成。除去滩地能形成少量地表径流直接补给河流外,其余广大地区均不能或很少能形成地表径流。就是能形成一些地表径流,也由于沙丘的阻隔,不能直接进入河道,而是下渗补给地下水,抬高地下水位,然后再经过漫长而曲折的地下通道,源源不断地补给河流。所以,毛乌素沙区的外流河,都是以地下水补给为主。经过径流分割计算,一些发源于沙漠,流域几乎全被沙漠覆盖的"沙漠性河流",地下水补给占绝对优势。如榆溪河榆林站的地下水补给量,占年总径流量的 86.7%,而海流图河竟达 90% 以上。一些流域大部分为沙漠覆盖的"半沙漠性河流",地下水补给也占有较明显的优势。如无定河赵石窑站、芦河横山站、秃尾河上、中游流域地下水补给量都超过了 50%,黄土地区下渗较弱,沙黄土有一定保水能力,降水过多,超过土壤保水能力则形成地表径流汇于河床下泄,所以流经黄土地区,流域沙丘面积比重较小的河流,如窟野河和芦河上游,地下水补给所占的比重已失去明显的优势,变得与降水补给相当(表 1-14)。

如果由东到西把窟野河、秃尾河、榆溪河、海流图河所流经地区的下垫面情况,与它们的地下水补给量进行比较,不难发现,流域土质河降水的变化,与河流地下水补给多寡间有十分密切的关系。毛乌素沙区由东到西土质河降水量,都逐渐改变,东部为黄土状特质,向西黄土状物质分布面积越来越小,而流沙的面积越来越大,而且降水量从东到西逐渐减少,其渗透性由弱到强,而地下水补给比重也将由小到大,由窟野河的 45% 左右到海流图河增至 91%。

降雨补给的季节,各河均在夏秋两季(7,8,9 月),而且雨量过分集中,所以在这个季节各河都可观测到有雨水形成的陡涨的锯齿形洪峰,一年中最大流量均在这个时期出现。

毛乌素沙区冬季固体降水极微。从河流的径流过程线看,各河春季水量虽然有所增加,却不能认为完全是融雪补给,而应当是融雪、降雨和河冰融化混合补给的结果(见表 1-14)。

表 1-14 毛乌素沙区外流补给来源表

河流	测站	补给来源(%)		
		融雪	降雨	地下水
窟野河	神木	11.8	43.7	44.5
芦河	靖边	2.6	40.4	57.0
芦河	横山	2.3	40.4	72.5
无定河	赵石窑	6.5	18.3	75.2
秃尾河	高家川	3.0	18.7	78.3
榆溪河	榆林	—	13.4	86.7
海流图河	韩家峁	—	9.1	90.9

2.2 内流区湖泊水资源
毛乌素沙区西部河北部内流区,湖泊甚多,面积在 1 平方公里以上的共有 30

余个。一般分布于梁间低洼处,各湖均很平浅,深度不大。据我们实测,本区最大湖泊红碱淖的最大深度仅 8.5 m,西部的察汗淖深仅 3~5 m。

本区由于降雨变率很大,蒸发强烈,所以各湖水位的年际变化幅度亦很大。如红碱淖在 120~130 年前,湖面高程与 1963 年近似。在 1906 年至 1929 年的 23 年间,水位急剧下降,并数次干枯,湖底到处可以跑马行车。近 30 余年来,水位又逐渐上升,湖面扩大,特别是 1961 年上升最大。1961 年的最高水位高于 1963 年 8 月实测时 0.55 m,而 1959 年的最低水位低于施测时 2.7 m,两年间水位变化达 3.25 m。

从零星的访问资料及 1957 年航摄照片与 1963 年野外考察情况对比,其他湖泊亦有类似变化的迹象。

目前从湖泊的利用情况来看,大体可以分为三类:(1)盐湖:分布于沙区西南部,如苟池、北大池等。所产的盐为青盐,含氯化钠 96% 以上。青盐是本区的重要资源。(2)碱湖:分布于沙区西北部,如察汗淖、乌尔杜淖等,所产的碱品质优良,为重要的化工原料。(3)碱化湖:分布于沙区东南部,如红碱淖、合同察汗淖、大淖等。这类湖仅在大旱年湖水干涸时转变成碱湖时才能产碱。

以上各类湖水含盐、含碱浓度过高,均不能用于灌溉和人畜饮用。

3. 毛乌素沙区地下水资源

本区东南部潜水补给条件较好,而西部及西北部潜水补给来源缺乏。东部及东南部广大地区属于溶滤潜水带,而西部及西北部则为大陆盐渍化潜水带。因而本区降水不均对地下水形成和储量有很大影响。根据地下水位和水化学成分动态观测分析,说明本区潜水动态成因属于典型的"雨水型"。但同时,毛乌素沙区特殊的地形、地貌也影响着该区地表水、潜水的径流条件和排泄条件,进而影响地下水的水质与流向。而地质条件则是影响地下水储量的最直接因素。毛乌素西北部主要为基岩梁地,而中部及东南部则广泛分布着各种不同类型的第四系底层。其中东南部的萨拉乌素组是良好的潜水含水层。广泛分布的风成沙,不仅有利于吸收大气降水、抑制潜水蒸发,而且其本身与下伏地层构成统一的含水层。巨厚的中生界砂岩有若干含水层,某些含水层还具有自流条件。

总的来说,毛乌素沙区地下水虽然不是十分丰富,但分布广泛,水质一般良好。

4.水资源评价及其开发利用

4.1　地表水资源评价及其利用

本区东南部地表水资源共有 14 亿 m³,在我国各沙漠的水利资源中是比较丰富的。但是本区往往由于河谷深切,河流两岸又常是由高大沙丘阻隔,增加了引水的困难。一般说来,只有河漫滩和部分岸边干滩才具有较好的自流引水条件。

本区夏秋两季虽然水量较多,但降水过分集中,春末夏初(5,6 月)相对枯水。而 5,6 月份农业需水较多,尤其是南部流经黄土区的河流,更感缺水。因此,为了保证本区的农业生产。仍需修建水库,调蓄径流,防洪灌溉。

本区各河均有数处基岩出露地点,河谷狭窄,部分还具有较大落差,是建坝的良好地址。如白河的石峁,榆溪的孟家湾、红石峡,秃尾河的瑶镇、跌水崖、红柳河的巴图湾,纳林河的排水湾,海流图的红石桥等处,都是建坝和修筑小型水电站的良好地址。本区总径流量约为 14 亿 m³,水资源有相当大的潜力,初步估计尚可利用的水量还有 4 亿~5 亿 m³ 左右。

本区河川径流的多年变化,具有明显的丰、枯水周期特点,每个完整的周期平均约为 60 年,枯水期的尾部经常出现连续特枯阶段。20 世纪 70 年代初,似有从丰水期向枯水期过渡的趋势,1970 年以后的 30 余年进入枯水期,这种自然现象应当引起高度重视。

本区蒸发量很大,为 1 800~2 500 mm,水库的蒸发损耗是相当可观的,尤其是宽浅的河源滩地水库,蒸发损耗更加严重。如白河河口水库,总库容为 1.1 亿 m³,但可用于灌溉的水量仅有 3 500 万 m³。水库以最低水位计算,水面面积亦在 13 km² 以上,如水面实际蒸发量为口径 20 cm 蒸发器观测值得 85 ,则每年损耗于蒸发的水量可在 2 000 万 m³ 以上。由此可见,在干旱和半干旱地区蒸发问题是一个重要的问题,应当重视和研究它,并采取措施加以抑制,以保护宝贵的水资源和正确计算水库可能利用的水量。另外,水库尽量避免在平浅的河源滩地上,缩小水面,减少蒸发损失。

本区渠道均穿行于沙地上,渗漏损失极大,但是目前并未引起重视,虽然渠道渗漏在一定程度上可以改善两侧沙地的水分条件,有利于植被的恢复,但从经济合理性观点来看,则是不应该的,今后应加强渠道的防渗处理,减少渗漏损失。对需水的沙地林木,可引水灌溉,以提高水的有效利用系数。

4.2 地下水资源评价及其利用

关于毛乌素沙区的水文地质条件,有过完全相反的提法。20世纪50年代出版的区域水文地质著作中,往往把毛乌素沙区或鄂尔多斯高原一起被列为水文地质条件较差的地区。但也有人认为毛乌素沙区是鄂尔多斯地区中比较富水的地段。但是如果认为整个毛乌素沙区的水文地质条件优越,也是不够确切的。应当根据含水层的富水程度,水质、水量和开采难易程度来综合评价。

毛乌素沙区在鄂尔多斯自流水盆地中,目前已在它的西北部、北部、东北部,南部以及中部都打出了优质自流水。埋藏深度为$100\sim500$ m。除南部安边附近水质较差外,一般均为矿化度小于1 g/L的HCO_3—SO_4—Na或SO_4—HCO_3—Na型淡水。最大自流用水量可达838 t/昼夜,是量大、质优的地下水源。

总的说来,毛乌素沙区潜水分布普遍,在深处有优质自流水。牧业用水可以得到很好的保证。但是水量一般都不大。除中生界自流含水层及萨拉乌苏层可用于中小型农业灌溉外、很难利用地下水作大型农业供水水源。

第八节 毛乌素沙地的土地及其利用情况

1. 土地类型及分布

本区内部的土地类型是比较复杂的,既存在由于水热气候条件引起的东西南北土类和植被型的差异,也存在着地貌起伏、地面组成物质、潜水条件(潜水位高低和流动性程度)、流沙固定程度所引起的差别。梁滩起伏、干湿滩地交错分布,部分地方河谷下切等是本区下伏地貌分异的主要因素。本区所有地貌部位都可以覆盖流沙河巴拉。正是地势起伏河流沙、巴拉的分布重新分配了本区的一般地带性水热条件,使得相应于一定地貌部位和沙地的固定程度常有一定的土壤和植被种类出现,地貌、土壤和植被之间的这种相互关系是划分本区土地类型的主要根据。各种土地类型的现有特点(例如,植被覆盖度、沙化程度、土壤盐渍化程度等)经常与人类的利用有密切关系。人类的土地利用情况,必然在土地类型的现有自然特点上有所反映。以这些自然特点为根据的土地分类,也必然反映了人类对自然地作用情况。

在毛乌素沙区,起源于蒙语的传统土地类型名称主要有十利(梁)、采登(滩)、芒哈(流沙)、巴拉(半固定固定沙地)、科对(老固定河缓沙地)、陶勒盖(残丘)、淖尔(湖泊)等。起源于汉语的传统土地类型名称,有柳湾(生长柳丛的湿滩地流沙河巴拉)、寸草滩(生长寸草的沙质草甸)、芨芨草滩(生长芨芨草的壤质草甸)、壕(无河床浅谷地)、涧(黄土平底谷)、明沙(大片流沙)、面沙(小片沙盖黄土)等。这些当地土地类型名称不仅反映了该种土地的自然特点,而且在一定程度上,也反映了不同的土地利用特点。

根据上述原则,从治沙着眼,首先分出沙地和非沙地两类,沙地再按固定程度分为三类,但柳湾沙地独立出来作为专门一类。沙地的进一步分类,主要根据下伏地貌和固沙植物的差别。非沙地按地貌类型也再分为三类(梁地、滩地、河谷)。另外,湖泊也作为独立的一类划分出来。对于梁地着重考虑影响农业生产的地带性条件和基质、地形切割情况等进行进一步分类,其中对侵蚀严重、基岩裸露的剥蚀残丘,由于其农业利用已极为有限,因此把其作为独立的小类划分出来。滩地和河谷的进一步划分以土壤、植被分异与农牧业的关系为根据。若是潜水较深,发育草甸栗钙土和草甸棕钙土的滩地都划归于滩地。湿滩地根据生长植被种类和土壤盐碱化程度进行细分。河谷主要根据下切程度进行划分;具有超河漫滩阶地的下切河谷列为一类;没有超河漫滩地的浅切割河谷另列一类,见表1-15。

类型的命名尽可能引用当地的传统土地类型名称,但做了适当的调整和合并。有些当地名称,没有反映在我们的分类单位中,例如,壕是滩地的一种,我们根据它具体的干湿情况或生长植物的差别,合并到一定的滩地类型中。

进行这种划分的目的是确定土地的自然类型,同时考虑到农业生产发展的要求,以便于在生产实际中应用。全区一共划分出8类,27个小类,其系统如下:

1.1　流沙:面积 14 408 km²

(1)梁地流沙

(2)黄土梁流沙

(3)干滩地流沙

(4)湿滩地密集流沙

(5)湿滩地稀疏流沙

1.2　柳湾:面积 1 813 km²

(6)流沙柳湾

表 1-15　毛乌素沙区范围内各旗县土地类型统计

编号	县 神木县	榆林县	横山县	靖边县	定边县	佳县	盐县	伊县	乌旗	鄂旗	Σ
(1)	195	177	221	155	30		12	79	510	665	2044
(2)	300	205	94	38		38		>1	3	8	687
(3)	425	1206	331	741	195		15	50	828	1331	5122
(4)	294	1615	23	79	90			68	1488	903	4560
(5)	155	240	24	13	55			122	956	430	1995
(6)	16	94	3		2			7	408	118	648
(7)	21	108	4	4	11			22	413	582	1165
(8)	127	3	19	5	9		24	7	94	254	542
(9)	183	419	6	112	21		23	3	899	668	2334
(10)	92	177	28	23	86		6	20	395	410	1237
(11)	295	33		7	74		79	115	804	1240	2677
(12)		10									10
(13)	123	27							44		194
(14)	142	216	<1	35	66		10	49	1970	2452	4971
(15)	123	107		13	24			189	836	1052	2344
(16)					81		53			143	277
(17)	35			26	89		96	53	263	387	949
(18)					3		8		7	75	93
(19)	9	65	87	145	12				5	>1	324
(20)	378	316	261	63	3	19				2	1012
(21)	3	2			108		17	9	68	299	506
(22)	22	72		15	175			2	919	795	2000
(23)	196	377	12	41	21			63	441	134	1285
(24)	27	38	14	361	674		44	27	228	243	1656
(25)	172	159	115	43		17			56	5	567
(26)	30	159	40	33				31	51		344
(27)	39	19		3	14		<1	7	119	60	262
Σ	3402	5874	1955	1955	1843	74	388	954	11805	12257	39835

(7) 巴拉柳湾

1.3　半固定巴拉(主要生长沙蒿):面积 4 113 km²

(8)梁地半固定巴拉主要生长沙蒿

(9)干滩地半固定巴拉

(10)湿滩地半固定巴拉

1.4　固定巴拉:面积 10 473 km²

(11)梁地固定巴拉(主要生长沙蒿)

(12)黑格兰巴拉

(13)臭柏巴拉

(14)干滩地固定巴拉(主要生长沙蒿)

(15)湿滩地固定巴拉(主要生长沙蒿)

(16)白刺堆巴拉

1.5　梁地:面积 2 408 km²

(17)栗钙土梁地

(18)棕钙土梁地

(19)残丘

(20)黄土丘陵

1.6　滩地:面积 5 447 km²

(21)盐生植被滩地

(22)芨芨草滩

(23)寸草滩

(24)干滩地

1.7　河谷:面积 911 km²

(25)下切河谷

(26)寸草滩河谷

1.8　湖泊:面积 262 km²

(27)湖泊

本区不仅土地类型分异复杂,而且彼此镶嵌交错分布,有利于多种经营,综合发展。大部分土地类型更适于牧业利用。部分土地类型(如河谷阶地,部分滩地,东部部分有防风措施的壤质上梁地等),也有发展农业的条件。此外,区内还分布有一定面积的天然灌丛(柳湾、臭柏群落、黑格兰群落等)和各种湖泊,是从事多种副业经营的有利条件。

各种土地类型在分布上的相互结合,不仅有利于农林牧生产的综合发展,而且有利于牧业的倒场放牧,还可以适当减轻和消除旱涝灾害。

2.土地等级与评价

土地等级的划分根据是:土地的天然生产潜力——主要根据土地的水土条件特点,结合现有利用状况进行综合评价,有时考虑到水利改良措施的可能性。例如在已建水利工程(水库、灌渠等)的附近,具有进行灌溉的可能性等等,总共划分为五等地。

一等地:总面积为 2 369 km²,占全区土地面积的 5.95%。主要集中分布于本区这类土地水土条件良好,目前是当地的主要农业基地。包括东南部的外流河谷的阶地河滩地,具有农业开垦条件的寸草滩和引灌条件的干滩地(例如,八里河灌区,靖边红柳河和卢河两岸的干滩地),以及少数可能井灌的梁地河干滩地(例如乌审旗乌兰陶勒盖公社巴音十利的梁地水浇地)。

二等地:总面积 3 277 km²,占全区土地面积的 8.23%。这类土地土壤条件较好,但水分不足或者过多,目前为本区的优良牧场,部分为可开垦土地。包括未覆沙的梁地、冷蒿巴拉、马兰寸草滩、柳湾、东部的草甸淡栗钙土干滩地等。

三等地:总面积 14 371 km²,占全区土地面积的 36.1%。这类土地土壤肥力不足,或有一定的盐渍化。目前主要为本区牧场,部分开垦为耕地。包括芨芨草滩,一般的干滩地,各种固定巴拉,白刺巴拉以及具有一定修建水利条件的黄土丘陵。

四等地:总面积 7 012 km²,占全区土地面积的 17.6%。这类土地水土条件都较差,目前为本区的次要牧场。包括半固定巴拉,湿滩地稀疏流沙,半固定白刺巴拉和密集的固定白刺巴拉、残秋、盐生植被滩地,侵蚀严重的黄土丘陵。

五等地:总面积 12 544 km²,占全区土地面积的 31.5%。这类土地受流沙和盐碱危害。包括梁地流沙、湿滩地密集流沙,以及盐碱光板地、严重风蚀地面,裸露河床等。

综上所述,毛乌素沙区的自然条件分区差别较大。本区东南部比较湿润,植被中草原种属多,而西北部较干旱,植被中以半小灌木为主,但东南部流动沙丘密集成片,且甚高大,西北流动沙丘反而较少,个别沙丘多已固定。这和东南部农业开垦历史较久,长期不合理的利用土地,破坏植被有关。本区植物种类多(其中优良牧草和可作资源利用的植物种类多)。梁地多为牧场、滩地(特别是东南部滩地以及河谷滩地)水分条件优良,可发展农牧业。但本区多风,又处于半干旱气候区,并且广泛分布着白垩纪和侏罗纪砂岩风化的疏松土层,因此,潜伏着流沙发生的可能。加之,人为滥垦、滥伐等原因必然导致大面积流动沙丘的形成。流动沙丘在本区的分布和自然地带的变化是不甚相适应的。

参考文献

[1]　郭坚,王涛,韩邦帅,孙军喜,李新泉.近30 a来毛乌素沙地及其周边地区沙漠化动态变化过程研究[J].中国沙漠,2008,28(6):1017-1021

[2]　王玉华,杨景荣,丁勇,宁争平,张宏林.近年来毛乌素沙地土地覆被变化特征[J].水土保持通报,2008,28(6):53-57

[3]　刘侏生,靳鹤龄.150 ka以来毛乌素沙地的堆积与变迁过程[M].中国科学,1982,2(1):89-90

[4]　高国雄.毛乌素沙地能源开发对植被与环境的影响[J].水土保持通报,2005,4(2):106-107

[5]　吴　薇.近50年来毛乌素沙地的沙漠化过程研究[J].中国沙漠,2001,6(2):166-167

[6]　赵延宁,丁国栋,王秀茹等.中国防沙治沙主要模式[J].水土保持研究,2003,9(3):118

[7]　朱震达,陈广庭.中国土地沙质沙漠化[M].北京:科学出版社,1994:188-198

[8]　北京大学地理系,中科院综合考察委员会,中科院兰州沙漠所,中科院兰州冻土所,毛乌素沙区自然条件及其改良利用[M].北京:科学出版社,1983:8-10

第二章　毛乌素沙地土壤水分的
空间分异及其动态特征研究

　　水分是生态系统生存和发展的主要限制因子,土壤水分是气候、植被、地形及土壤因素等自然条件的综合反映,土壤水分条件的优劣是植被生产力的重要标志,也是毛乌素沙地植被演替过程中的关键因子。毛乌素沙地土壤土壤水分具有明显的时空分异现象和动态变化规律。很多学者从不同的角度对毛乌素荒漠化地区的土壤水分状况进行了研究。认为毛乌素沙地过渡地带沙地生态系统土壤湿度随着地貌部位不同而变化,沙丘迎风坡基质流动、背风坡沙埋沙压和丘间低地潜水埋深等控制着沙地土壤水分分布规律和沙生植物分布模式。毛乌素沙地的地貌以各种大小不一的流动沙丘、半固定沙丘和固定沙丘为主。不同沙丘类型以及沙地微地形对沙地土壤水分运动影响很大。固定程度不同的沙丘,植被的生长状况不同,对水分的消耗不同,使不同类型沙丘的土壤水分存在明显的差异,从而造成景观异质性变大。

　　研究和掌握不同立地条件下沙地土壤水分的时空分布规律和变化规律对于正确实施沙地植被恢复措施有十分重要的指导意义,也有助于揭示毛乌素沙地生态景观的空间结构与演变规律。

　　毛乌素沙地土壤水分不仅在空间分布上存在异质性,也在时间变化上存在异质性。认识沙地土壤水分分布规律和沙地植物利用土壤水分的特点对沙生沙丘固定和沙生植物群落的恢复和重建具有重要的意义。他人研究表明,毛乌素沙地土壤的水分不仅在空间分布上存在异质性,也在时间变化上存在异质性。沙丘迎风坡基质流动、背风坡沙埋沙压和丘间低地潜水埋深等控制着沙地土壤水分分布规律(土壤湿度模式)和沙地植物利用土壤水分的特点(沙生植物分布模式)。沙生植物的水分利用的机制主要体现在如下两个方面:地上部分的生理生态过程和生物量;地下部分根系分布及其土壤承载环境容量。在沙丘从流动变为固定的过程中,固沙林形成后的土壤水分动态和灌木林群落实际蒸腾蒸发规律的关系反映不同植被覆盖、不同密度、同年份和不同季节水分平衡状况,借以确定合理的土壤水分消耗模式,维持固沙群群落的稳定和良性演替。为了提高沙生植物水分利用效率,一是从沙生植物本身的生理、生态、遗传特性进行分析研究,筛选出耐旱和抗水分胁迫强的品种。乡土灌木树种能有效地使个体和群落恢复,但也应注重引种。另一方面则是利用各种抗旱保水新材料最大限度地保存和利用固沙林地的水分以满足植物,特别是在春旱期间根系的恢复与生长需要,即以吸水剂、保水剂、水分表面活化剂、菌根剂和土壤生物制剂(例如细菌肥料)等为原材料的新型抗旱造群技术;三是依据沙地水环境容量,合理确定各种灌木林的造林密度及其与沙丘发育阶段相应的种群配置格式。

第一节　毛乌素沙地土壤水分的基本特征研究

1.研究区自然概况和研究方法

1.1　研究区自然概况

试验在陕西省榆林市榆阳区巴拉素林场进行,该区位于毛乌素沙地南缘,北纬$37°48'15''\sim38°55'14''$,东经$108°56'09''\sim110°24'03''$之间。属于中温带大陆性季风气候,年均气温$7.6\sim8.6$ ℃,极端最高气温40.1 ℃,极端最低气温-32.7 ℃,年降水量$316\sim450$ mm,年蒸发量$2\,092\sim2\,506$ mm,是降雨量的$5\sim6$倍;无霜期平均$134\sim169$ d,最短仅有102 d;气温日较差大,年平均日较差$11.4\sim13.9$ ℃;日照充足,光能资源丰富,年日照$2\,594\sim2\,914$ h。土壤为风沙土,地带性植被属于干草原,主要植物有沙蓬(*Agriophyllum squarrosum*)、刺沙蓬(*Salsola ruthenica*)、沙竹(*Psammchloa villosa*)、寸草(*Carex sthenophylla*)、冰草(*Agropyron cristatum*)、苦马豆(*Swainsonia salsula*)、黑沙蒿(*Artemisia ordosica*)、白沙蒿(*Artemisia sphaero-cephala*)、沙柳(*Salix cheilonhila*)、沙棘(*Hippophae fhamnoides*)、小叶锦鸡儿(*Caragana microphylla*)、花棒(*Hedysarum scoparium*)等。

1.2　研究方法

1.2.1　试验布设及环境特征

选择固定沙丘、半固定沙丘和流动沙丘等3种不同的沙地类型各一个,分别在各沙丘的迎风面的底部(T1)、中部(T2)、背风面的底部(T4)、中部(T5)和顶部(T3)布设测定点(如图2-1所示),并在测定点埋置长度为200 cm、内径为50 mm的PVC管,用于长期定时土壤水分测定。沙地植物沙根系形态和分布规律的研究,以典型的沙生植物黑沙蒿为试验材料,选择和土壤水分测点相对应的位置设置样点,采取根样。

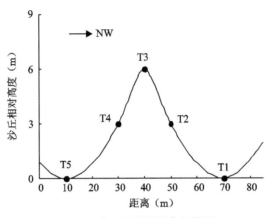

图 2-1　沙丘剖面及测点位置图

　　沙丘相对高度都在 6 m 左右,土壤均为风沙土,质地均一,容重 1.4～1.6 g·cm^{-3},其中固定沙丘植被以黑沙蒿和人工栽植的旱柳为主,盖度约为50%,表面有结皮现象;半固定沙丘以黑沙蒿和白沙蒿为主,盖度约为30%,表面有微弱结皮;流动沙丘仅在顶部有几株低矮、小冠幅的白沙蒿(如表2-1)。

表 2-1　试验样地概况

样地	植被平均高度(cm)	盖度(%)	主要植物	伴生植物
固定沙丘	45	50	黑沙蒿(*Artemisia ordosica*),旱柳(*Salix matsudana*)	苦马豆(*Swainsonia salsula*),冰草(*Agropyron cristatum*),沙打旺(*Astragalus huangheensis*),沙竹(*Psammochloa villosa*)等
半固定沙丘	55	30	白沙蒿(*Artemisia sphaerocephala*),黑沙蒿(*Artemisia ordosica*)	冰草(*Agropyron cristatum*),沙竹(*Psammochloa villosa*)等
流动沙丘	60	1	白沙蒿(*Artemisia sphaerocephala*)	沙蓬(*Agriophyllum squarrosum*)

1.2.2　土壤水分测定

采用中子仪(DR , CNC503B)野外长期定位观测和烘干法室内测定相结合的方法。从 2006 年 7 月 5 日开始,分别在 7 月、8 月、9 月、10 月、11 月和 2007 年 5 月份利用中子仪每隔 10 天对土壤水分进行 1 次测量,如有降雨,则从雨后第二天起对土壤水分进行连续 5 天的测量,测量从地表向下,每隔 20 cm 为一层,一直到 200 cm 深度。用室内烘干法对中子仪进行标定,在距测点 20 cm 处挖 200 cm 深的土壤剖面,每 20 cm 为一层,用环刀取土样,带回实验室用烘干法测定土壤容重和土壤含水量。求得沙地土壤重量含水量,然后将其换算成容积含水量并与中子仪读数相对应。采用一元回归方法求得回归方程为: $y = 22.526x + 6.9043$

其中 y 为土壤容积含水量, x 为中子仪计数率比,回归方程进行检验, $F = 399.63 > F_{0.05}(1,32) = 4.15$,所以回归方程显著。

2. 研究结果

2.1　沙地土壤水分的空间变异

2.1.1　土壤水分随沙地深度变化特征

沙地土壤含水量的分布随土层深度的变化存在着很大的差异。由表 2-2 可知,在 0~200 cm 的土层深度范围内,固定沙丘平均土壤含水量变化在 7.46%~8.60% 之间,半固定沙丘平均土壤含水量的变化在 7.28%~8.68% 之间,而流动沙丘平均土壤含水量的变幅最大,土壤水分在 7.27%~8.79% 之间变化。

表 2-2　不同沙地类型土壤含水量

深度 cm	固定沙丘	半固定沙丘	流动沙丘
0~20	7.46	7.28	7.27
20~40	8.16	8.12	8.29
40~60	8.48	8.60	8.69
60~80	8.50	8.68	8.71
80~100	8.60	8.63	8.79
100~120	8.57	8.57	8.79
120~140	8.55	8.64	8.81
140~160	8.52	8.54	8.57
160~180	8.51	8.45	8.45
180~200	8.51	8.48	8.37

　　试验结果(如图 2-2)表明,不同类型沙地的土壤含水量随深度而变化,表现为明显的层次性特征,一般表层土壤含水量均偏低,随着土壤深度的增加,土壤含水量逐渐增大,但在一定深度层后又逐渐减小,在垂直方向上呈现出表层干沙层、剧烈变化层和相对稳定层的土壤水分变化特征。其中,流动沙丘土壤含水量＞半固定沙丘＞固定沙丘。在 0～60 cm 的土壤层由于易受表层温度和湿度的影响,土壤水分极其活跃,土壤含水量的变化幅度较大,含水量随土层深度的增加而增大;在 60～140 cm 土层范围内,土壤水分受地面因素干扰较小,土壤含水量相对稳定,固定、半固定和流动沙丘土壤含水量的最大值均出现在这一区间,其最大值分别为 8.60％,8.68％和 8.79％。在 140～200 cm 深度,随着外界水分补给的减少,土壤含水量随土层深度的增加而逐渐减少。

　　对不同类型的沙丘进行了 t 检验,在 0～60 cm 深时土壤水分分布差异不显著,而在 60 cm 以下深度时土壤水分分布差异显著,尤其是在 60～140 cm 深度范围内差异极显著。

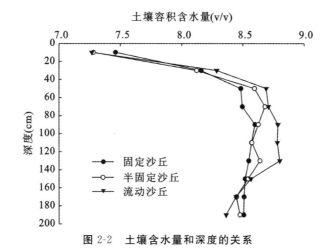

图 2-2　土壤含水量和深度的关系

2.1.2　土壤水分随坡向、坡位变化特征

　　土壤水分随沙丘坡向、坡位的不同存在着很大差异。由表 2-3,图 2-3 可知:在固定沙丘中,迎风面下部、中部、沙丘顶部、背风面中部、和下部土壤含水量的变化幅度分别为 3.95％,0.89％,1.28％,1.65％,8.27％,其平均土壤含水量分别为 8.93％,8.27％,8.42％,8.46％,10.37％。试验结果表明,坡下部土壤含水量的变化幅度较大,随着坡位的升高变化幅度在逐渐减小,背风坡的变幅大于与之

对应的迎风面的变幅,而且土壤含水量背风坡的也大于与之对应的迎风坡。在流动沙丘上,迎风面下部、中部、沙丘顶部、背风面中部和下部土壤含水量的变化幅度分别为 7.54%,1.31%,1.36%,1.83%,1.40%,其平均含水量分别为 9.6%,8.26%,8.33%,8.61%,8.36%。土壤水分除迎风面下部变幅较大外,其他坡位的都很接近,整体而言,流动沙丘迎风面土壤含水量高于背风面。在半固定沙丘上,迎风面下部、中部、沙丘顶部、背风面中部和下部土壤含水量的变化幅度分别为 11.57%,1.43%,1.76%,1.60%,10.35%,其平均土壤含水量分别为 12.09%,8.33%,8.66%,8.43%,12.77%。半固定沙丘土壤含水量分布特征与固定沙丘较为相似。

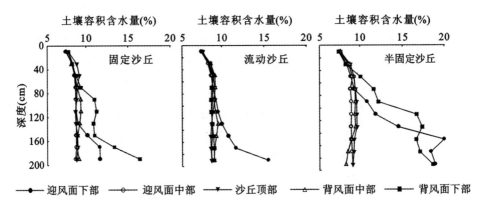

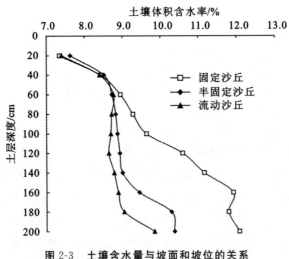

图 2-3 土壤含水量与坡面和坡位的关系

表 2-3　不同坡面、坡位的土壤含水量

沙丘类型	深度 cm	迎风面下部	迎风面中部	沙丘顶部	背风面中部	背风面下部
固定沙丘	0～20	7.23	7.54	7.52	7.33	7.53
	20～40	7.98	8.04	8.52	7.91	7.96
	40～60	8.23	8.36	8.80	8.30	8.42
	60～80	8.35	8.39	8.54	8.55	8.97
	80～100	8.37	8.37	8.49	8.95	10.52
	100～120	8.43	8.40	8.33	8.98	10.78
	120～140	8.63	8.43	8.38	8.84	10.40
	140～160	9.71	8.43	8.57	8.56	10.51
	160～180	11.14	8.43	8.60	8.51	12.86
	180～200	11.18	8.34	8.46	8.73	15.80
	平均	8.93	8.27	8.42	8.46	10.37
流动沙丘	0～20	7.33	7.17	7.39	7.28	7.26
	20～40	7.95	7.98	8.10	8.28	8.25
	40～60	8.33	8.46	8.57	8.76	8.63
	60～80	8.52	8.51	8.75	8.79	8.38
	80～100	8.88	8.48	8.75	8.65	8.33
	100～120	9.13	8.38	8.51	8.83	8.35
	120～140	9.58	8.45	8.36	9.11	8.45
	140～160	10.31	8.46	8.25	8.91	8.59
	160～180	11.16	8.33	8.30	8.71	8.66
	180～200	14.87	8.40	8.36	8.67	8.66
	平均	9.61	8.26	8.33	8.60	8.36
半固定沙丘	0～20	7.14	7.18	7.31	7.31	7.11
	20～40	7.96	8.18	8.37	8.32	7.87
	40～60	8.41	8.58	8.73	8.76	9.45
	60～80	8.75	8.38	8.90	8.86	10.91
	80～100	10.18	8.47	9.03	8.88	11.42
	100～120	11.13	8.46	9.06	8.84	15.63
	120～140	13.65	8.44	9.07	8.91	16.26
	140～160	18.71	8.47	8.77	8.46	15.59
	160～180	17.26	8.54	8.73	8.07	16.01
	180～200	17.72	8.61	8.61	7.88	17.46
	平均	12.09	8.33	8.66	8.43	12.77

由图2-3,表2-3可知:半固定沙丘和固定沙丘大部分背风面的含水量比迎风面的含水量高,沙丘坡下部土壤含水量＞中部含水量＞上部含水量,土壤含水量随着坡位的升高而减小;且在沙丘下部的丘间部位含水量均明显比丘顶高。在流动沙丘上,迎风面的含水量明显比背风面的含水量高。

2.2　沙地土壤水分的时间变异

气候条件随季节变化呈周期变化,沙地水分也具有明显的时间变化规律。由表2-4,图2-4可知:在固定沙丘中,5～11月沙地土壤含水量的变幅分别为3.69%,2.97%,2.86%,3.28%,3.11%,3.19%,其平均土壤含水量分别为9.37%,8.55%,8.53%,9.21%,9.10%,9.02%。在半固定沙丘中,5～11月土壤含水量变幅分别为5.93%,4.53%,4.52%,5.43%,5.75%,5.06%,其平均含水量分别为10.74%,9.72%,9.58%,10.48%,10.36%,9.92%。在流动定沙丘中,5～11月土壤含水量变幅分别为2.70%,2.55%,2.52%,2.59%,2.43%,2.46%,其平均含水量分别为9.17%,8.57%,8.53%,8.71%,8.70%,8.60%。

试验结果(如图2-4,表2-4,2-5)表明:在固定、半固定、流动三种不同的沙丘类型中,流动沙丘土壤含水量变幅最小,其次为半固定、固定沙丘。5月,9月～10月沙地土壤含水量较大见表2-4,这与该地区降雨多集中于春秋季节有关,说明降雨是沙地土壤水分的主要补给方式。而7,8月份土壤含水量较小,这是由于这一时期降雨量较小,而气温较高,蒸发量较大,造成土壤水分的散失量大,而又不能及时有效补给的缘故。

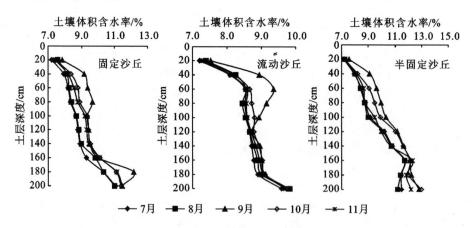

图2-4　3种沙丘类型不同季节土壤的水分状况

表 2-4 不同月份土壤含水量

沙丘	类型 深度 cm	5 月	7 月	8 月	9 月	10 月	11 月
固定沙丘	0~20	7.61	7.19	7.30	7.75	7.45	7.44
	20~40	8.31	7.81	7.80	8.23	8.32	8.18
	40~60	8.63	8.09	8.07	8.60	8.73	8.50
	60~80	8.82	8.21	8.20	8.87	8.79	8.69
	80~100	8.91	8.52	8.48	9.24	9.27	9.09
	100~120	9.25	8.62	8.59	9.29	9.24	9.13
	120~140	9.73	8.58	8.58	9.23	9.16	9.07
	140~160	10.22	8.76	8.73	9.46	9.44	9.35
	160~180	10.90	9.59	9.39	10.35	10.09	10.15
	180~200	11.30	10.16	10.16	11.03	10.56	10.63
	平均	9.37	8.55	8.53	9.21	9.10	9.02
流动沙丘	0~20	7.67	7.20	7.21	7.28	7.39	7.32
	20~40	8.21	8.06	7.92	8.25	8.19	8.10
	40~60	8.60	8.52	8.41	8.70	8.58	8.53
	60~80	8.95	8.52	8.46	8.72	8.66	8.49
	80~100	9.06	8.57	8.54	8.69	8.69	8.49
	100~120	9.08	8.63	8.58	8.65	8.69	8.60
	120~140	9.40	8.71	8.71	8.86	8.86	8.76
	140~160	10.07	8.79	8.82	9.02	8.98	8.88
	160~180	10.37	8.95	8.94	9.09	9.09	9.07
	180~200	10.29	9.75	9.73	9.87	9.82	9.78
	平均	9.17	8.57	8.53	8.71	8.70	8.60
半固定沙丘	0~20	7.26	7.18	7.18	7.25	7.22	7.24
	20~40	8.20	7.95	7.94	8.42	8.22	8.11
	40~60	8.80	8.50	8.44	9.08	9.07	8.66
	60~80	9.23	8.80	8.76	9.63	9.48	8.78
	80~100	10.33	9.15	9.08	10.15	9.91	9.47
	100~120	11.64	10.19	10.10	11.35	11.00	9.96
	120~140	12.44	10.78	10.74	12.11	11.58	10.67
	140~160	13.34	11.71	11.70	12.26	12.12	12.30
	160~180	12.99	11.43	11.35	11.91	12.01	11.82
	180~200	13.19	11.46	10.57	12.68	12.97	12.18
	平均	10.74	9.72	9.58	10.48	10.36	9.92

表 2-5 不同类型沙丘土壤水分含量变化

	部位		土层深度 cm									
			0—20	20—40	40—60	60—80	80—100	100—120	120—140	140—160	160—180	180—200
固定沙丘	迎风面	下	7.03	7.85	8.21	8.34	8.21	8.31	8.53	9.51	11.04	11.00
		中	7.39	7.98	8.14	8.14	8.11	8.14	8.21	8.14	8.24	8.21
		上	7.39	8.24	8.53	8.37	8.34	8.14	8.24	8.37	8.31	8.21
	背风面	中	6.95	7.20	7.49	7.69	7.95	7.95	7.79	7.53	7.43	7.40
		下	7.33	8.21	8.31	9.08	9.57	9.67	10.39	11.30	13.09	16.57
半固定沙丘	迎风面	下	7.17	7.88	8.37	8.56	9.80	10.42	12.86	18.56	16.77	16.41
		中	7.17	7.98	8.37	8.17	8.31	8.34	8.27	8.17	8.31	8.37
		上	7.26	8.24	8.34	8.56	8.73	8.53	8.50	8.56	8.66	8.53
	背风面	中	7.20	7.88	8.14	8.50	8.37	8.21	8.11	8.01	7.95	7.81
		下	7.10	7.75	9.35	10.29	10.78	15.50	16.41	15.24	15.69	16.09
流动沙丘	迎风面	下	7.10	7.78	8.31	8.56	8.63	8.53	8.40	8.24	8.31	8.37
		中	7.17	8.14	8.53	8.56	8.37	8.37	8.47	8.56	8.56	8.40
		上	7.23	8.04	8.44	8.60	9.18	9.28	9.45	10.16	10.91	14.72
	背风面	中	7.30	8.27	8.60	8.63	8.50	8.79	8.82	8.53	8.56	8.40
		下	7.20	8.21	8.69	8.34	8.14	8.17	8.40	8.53	8.56	8.63
固定沙丘	迎风面	下	7.03	7.85	8.21	8.34	8.17	8.27	8.30	9.45	11.04	10.97
		中	7.43	7.98	8.11	8.21	8.14	8.24	8.24	8.21	8.11	8.17
		上	7.43	8.34	8.53	8.34	8.21	8.21	8.11	8.37	8.34	8.17
	背风面	中	7.39	8.24	8.34	9.12	9.67	10.39	11.50	13.22	16.57	15.92
		下	7.13	7.65	7.85	8.14	8.40	8.50	8.24	8.01	7.81	7.85

续表

沙丘类型	坡面	部位	\多\深\ 土层深度 cm 0—20	20—40	40—60	60—80	80—100	100—120	120—140	140—160	160—180	180—200
半固定沙丘	迎风面	下	7.17	7.91	8.27	8.56	9.70	10.45	12.61	18.49	16.73	16.54
		中	7.17	8.01	8.37	8.14	8.27	8.31	8.17	8.27	8.27	8.40
		上	7.23	8.24	8.27	8.53	8.63	8.47	8.56	8.56	8.66	8.53
	背风面	中	7.26	7.85	8.08	8.40	8.44	8.14	8.08	7.95	7.88	7.81
		下	7.07	7.75	9.45	10.26	10.49	15.53	16.25	15.33	15.40	16.15
流动沙丘	迎风面	下	7.23	7.98	8.50	8.56	9.15	9.31	9.48	10.19	11.00	15.01
		中	7.20	8.11	8.53	8.47	8.37	8.34	8.56	8.44	8.37	8.44
		上	7.10	7.72	8.34	8.53	8.63	8.47	8.37	8.31	8.37	8.40
	背风面	中	7.33	8.17	8.63	8.63	8.60	8.79	8.86	8.44	8.37	8.44
		下	7.20	8.14	8.66	8.31	8.14	8.21	8.31	8.47	8.53	8.66
固定沙丘	迎风面	下	7.23	7.88	8.21	8.31	8.24	8.34	8.60	9.45	11.00	10.97
		中	7.52	7.98	8.14	8.21	8.14	8.24	8.17	8.14	8.14	8.17
		上	7.46	8.24	8.47	8.37	8.27	8.14	8.24	8.31	8.34	8.27
	背风面	中	7.33	8.27	8.37	9.12	9.64	10.29	11.27	12.60	16.41	15.89
		下	7.03	7.23	7.75	8.01	8.21	8.34	8.47	8.11	7.91	7.88
半固定沙丘	迎风面	下	7.10	7.88	8.34	8.60	9.64	10.39	13.02	18.56	16.47	7.44
		中	7.17	8.01	8.40	8.11	8.24	8.24	8.21	8.24	8.34	8.37
		上	7.26	8.01	8.24	8.50	8.50	8.47	8.47	8.60	8.60	8.53
	背风面	中	7.26	8.11	8.24	8.44	8.47	8.11	8.06	8.01	7.91	7.88
		下	7.10	7.72	9.05	10.39	10.62	15.53	16.15	15.17	15.50	16.18

续表

沙丘类型	坡面	部位	|土层深度 cm 0—20	20—40	40—60	60—80	80—100	100—120	120—140	140—160	160—180	180—200
流动沙丘	迎风面	下	7.23	8.01	8.34	8.56	9.12	9.18	9.54	10.16	11.13	14.88
		中	7.26	8.24	8.47	8.47	8.47	8.37	8.40	8.53	8.31	8.40
		上	7.03	7.00	7.98	8.37	8.60	8.47	8.50	8.31	8.34	8.39
	背风面	中	7.33	8.04	8.53	8.60	8.47	8.69	8.76	8.56	8.47	8.44
		下	7.23	8.01	8.50	8.24	8.21	8.27	8.47	8.56	8.66	8.60
流动沙丘	迎风面	下	7.56	8.17	8.17	8.27	8.21	8.37	8.63	9.45	10.78	10.75
		中	8.24	8.22	8.17	8.17	8.17	8.17	8.17	8.24	8.14	8.17
		上	7.98	8.40	8.40	8.31	8.17	8.11	8.40	8.21	8.19	8.22
	背风面	中	8.27	8.31	8.90	9.45	10.06	11.00	12.21	16.31	15.92	15.91
		下	7.75	7.95	7.98	8.08	8.40	8.31	8.14	7.91	7.81	7.85
半固定沙丘	迎风面	下	7.23	8.21	8.34	8.53	9.57	10.29	12.21	18.52	16.64	16.15
		中	7.33	8.11	8.31	8.11	8.21	8.27	8.21	8.17	8.34	8.34
		上	7.39	7.95	8.11	8.47	8.50	8.44	8.53	8.47	8.60	8.50
	背风面	中	7.46	8.37	8.17	8.37	8.34	8.11	8.08	8.01	7.88	7.85
		下	7.10	7.75	9.02	10.16	10.36	15.33	16.28	15.11	15.63	16.21
流动沙丘	迎风面	下	7.36	8.21	8.37	8.47	9.05	9.15	9.41	10.03	10.91	14.91
		中	7.43	8.53	8.63	8.44	8.37	8.37	8.37	8.44	8.40	8.47
		上	7.49	7.91	8.27	8.50	8.37	8.34	8.31	8.27	8.34	8.34
	背风面	中	7.52	8.17	8.53	8.60	8.47	8.79	8.79	8.56	8.44	8.47
		下	7.59	8.53	8.82	8.31	8.21	8.21	8.47	8.56	8.60	8.73

续表

部位			土层深度 cm									
			0—20	20—40	40—60	60—80	80—100	100—120	120—140	140—160	160—180	180—200
固定沙丘	迎风面	下	7.45	7.92	8.16	8.26	8.19	8.37	8.61	9.30	10.78	10.73
		中	8.22	8.19	8.17	8.17	8.17	8.17	8.17	8.23	8.11	8.14
		上	7.97	8.38	8.25	8.31	8.17	8.07	8.39	8.20	8.20	8.21
	背风面	中	8.17	8.27	8.52	9.12	10.05	10.96	11.81	15.48	16.16	15.89
		下	7.71	7.91	7.85	8.01	8.40	8.34	8.15	8.01	7.86	7.86
半固定沙丘	迎风面	下	7.22	8.20	8.33	8.53	9.56	10.29	12.21	18.52	16.63	16.14
		中	7.32	8.10	8.30	8.11	8.20	8.26	8.20	8.17	8.33	8.34
		上	7.40	7.94	8.10	8.46	8.50	8.44	8.53	8.46	8.59	8.49
	背风面	中	7.45	8.36	8.17	8.35	8.33	8.10	8.08	8.00	7.87	7.85
		下	7.07	7.75	9.03	10.16	10.35	15.34	16.28	15.12	15.63	16.20
流动沙丘	迎风面	下	7.35	8.19	8.36	8.46	9.04	9.15	9.41	10.03	10.89	14.91
		中	7.42	8.53	8.63	8.43	8.36	8.36	8.37	8.44	8.39	8.46
		上	7.49	7.90	8.26	8.49	8.37	8.33	8.30	8.26	8.34	8.33
	背风面	中	7.51	8.17	8.53	8.59	8.46	8.79	8.78	8.56	8.44	8.46
		下	7.58	8.53	8.82	8.31	8.20	8.21	8.46	8.55	8.60	8.73
固定沙丘	迎风面	下	7.39	8.11	8.17	8.21	8.17	8.31	8.56	9.45	10.68	10.81
		中	8.04	8.44	8.24	8.17	8.14	8.14	8.17	8.14	8.08	8.14
		上	7.85	8.31	8.37	8.27	8.24	8.14	8.17	8.27	8.21	8.17
	背风面	中	7.49	8.34	8.27	8.89	9.48	10.16	10.94	12.14	16.64	15.99
		下	7.59	7.85	7.95	8.14	8.40	8.31	8.11	7.91	7.85	7.91

续表

沙丘类型	部位		土层深度 cm									
			0—20	20—40	40—60	60—80	80—100	100—120	120—140	140—160	160—180	180—200
半固定沙丘	迎风面	下	7.20	8.27	8.40	8.63	9.51	10.26	12.67	18.52	16.80	16.09
		中	7.30	8.10	8.37	8.11	8.22	8.25	8.21	8.20	8.34	8.36
		上	7.36	7.97	8.17	8.45	8.50	8.44	8.56	8.53	8.60	8.53
	背风面	中	7.45	8.37	8.21	8.35	8.36	8.10	8.09	8.01	7.88	7.89
		下	7.08	7.74	9.03	10.36	10.43	15.39	16.26	15.16	15.57	16.18
流动沙丘	迎风面	下	7.33	8.11	8.34	8.50	8.99	9.12	9.38	10.16	10.91	14.88
		中	7.49	8.60	8.66	8.44	8.37	8.34	8.37	8.47	8.37	8.44
		上	7.52	7.95	8.24	8.50	8.47	8.34	8.31	8.27	8.34	8.37
	背风面	中	7.49	8.21	8.53	8.53	8.53	8.79	8.86	8.53	8.47	8.40
		下	7.59	8.60	8.99	8.31	8.14	8.24	8.44	8.56	8.66	8.69
固定沙丘	迎风面	下	7.41	8.11	8.18	8.21	8.18	8.33	8.57	9.40	10.73	10.77
		中	7.97	8.35	8.21	8.17	8.14	8.13	8.17	8.14	8.08	8.14
		上	7.90	8.34	8.47	8.33	8.21	8.14	8.14	8.31	8.20	8.17
	背风面	中	7.40	8.32	8.23	8.98	9.43	10.15	10.94	12.05	16.69	16.34
		下	7.55	7.84	7.95	8.14	8.39	8.31	8.12	7.90	7.84	7.91
半固定沙丘	迎风面	下	7.19	8.14	8.40	8.60	9.52	10.29	12.51	18.53	16.74	16.11
		中	7.26	8.08	8.38	8.13	8.23	8.19	8.22	8.22	8.35	8.35
		上	7.33	7.91	8.17	8.42	8.51	8.44	8.49	8.45	8.60	8.47
	背风面	中	7.42	8.27	8.17	8.32	8.34	7.99	8.08	8.02	7.89	7.90
		下	7.07	7.73	9.08	10.24	10.38	15.39	16.45	15.14	15.52	16.24

续表

	部位		土层深度 cm									
			0—20	20—40	40—60	60—80	80—100	100—120	120—140	140—160	160—180	180—200
流动沙丘	迎风面	下	7.31	8.12	8.35	8.52	8.98	9.13	9.38	10.10	10.92	14.83
		中	7.40	8.56	8.58	8.45	8.40	8.37	8.38	8.49	8.37	8.44
		上	7.37	7.90	8.20	8.49	8.42	8.33	8.31	8.29	8.39	8.38
	背风面	中	7.00	8.14	8.53	8.63	8.49	8.72	8.83	8.54	8.46	8.39
		下	7.52	8.57	8.89	8.31	8.19	8.19	8.45	8.56	8.65	8.66
固定沙丘	迎风面	下	7.31	8.01	8.19	8.26	8.19	8.31	8.58	9.43	10.75	10.79
		中	7.99	8.35	8.22	8.19	8.14	8.14	8.17	8.14	8.08	8.14
		上	7.95	8.38	8.43	8.35	8.20	8.12	8.22	8.27	8.20	8.23
	背风面	中	7.43	8.31	8.21	9.05	9.45	10.13	10.94	11.98	16.73	15.86
		下	7.49	7.81	7.95	8.14	8.37	8.34	8.14	7.88	7.81	7.91
半固定沙丘	迎风面	下	7.17	8.11	8.40	8.53	9.54	10.32	12.34	18.56	16.47	16.15
		中	7.20	8.04	8.40	8.17	8.24	8.17	8.24	8.27	8.37	8.34
		上	7.23	7.88	8.14	8.37	8.53	8.44	8.40	8.47	8.60	8.47
	背风面	中	7.39	8.04	8.14	8.27	8.31	7.91	8.08	8.04	7.91	7.91
		下	7.07	7.68	9.12	10.22	10.32	15.40	16.44	15.11	15.43	15.95
流动沙丘	迎风面	下	7.26	8.14	8.37	8.53	8.95	9.15	9.41	10.09	11.02	14.65
		中	7.36	8.44	8.56	8.47	8.44	8.40	8.40	8.53	8.37	8.44
		上	7.30	7.81	8.17	8.50	8.37	8.34	8.34	8.34	8.31	8.40
	背风面	中	7.26	8.04	8.53	8.66	8.47	8.69	8.73	8.53	8.47	8.37
		下	7.39	8.44	8.82	8.31	8.17	8.14	8.47	8.56	8.63	8.60

毛乌素沙区无灌溉植被恢复技术

续表

	部位		土层深度 cm									
			0—20	20—40	40—60	60—80	80—100	100—120	120—140	140—160	160—180	180—200
固定沙丘	迎风面	下	7.26	7.78	8.11	8.14	8.14	8.31	8.53	9.38	10.65	10.75
		中	7.49	8.04	8.11	8.14	8.08	8.17	8.14	8.14	8.04	8.14
		上	7.43	8.11	8.34	8.27	8.24	8.11	8.14	8.27	8.21	8.24
	背风面	中	7.30	8.04	8.24	8.95	9.54	10.06	10.97	11.59	15.96	15.89
		下	7.36	7.78	7.91	8.08	8.31	8.31	8.11	7.95	7.85	7.91
半固定沙丘	迎风面	下	7.13	7.84	8.36	8.52	9.61	10.32	12.41	18.53	16.46	16.18
		中	7.18	8.02	8.40	8.17	8.24	8.21	8.22	8.22	8.33	8.31
		上	7.23	7.97	8.09	8.39	8.50	8.44	8.47	8.58	8.60	8.49
	背风面	中	7.29	8.08	8.16	8.34	8.44	7.94	8.08	8.02	7.88	7.90
		下	7.04	7.71	9.08	10.20	10.52	15.39	16.29	15.10	15.39	16.42
流动沙丘	迎风面	下	7.22	7.98	8.35	8.55	9.08	9.22	9.47	10.16	10.93	14.82
		中	7.24	8.23	8.52	8.48	8.40	8.37	8.43	8.53	8.29	8.39
		上	7.03	7.46	8.07	8.49	8.37	8.37	8.34	8.31	8.32	8.40
	背风面	中	7.27	8.07	8.53	8.59	8.51	8.69	8.74	8.53	8.41	8.35
		下	7.22	8.19	8.79	8.27	8.17	8.21	8.46	8.52	8.58	8.62
固定沙丘	迎风面	下	7.36	8.17	8.40	8.50	8.60	8.56	8.86	10.13	11.56	11.33
		中	7.78	8.47	8.53	8.60	8.56	8.66	8.82	8.89	9.02	8.44
		上	7.72	8.86	9.08	8.66	8.66	8.56	8.66	9.02	9.12	8.92
	背风面	中	7.49	8.66	8.89	9.67	11.06	11.92	13.97	16.96	16.51	16.51
		下	7.40	7.86	8.15	8.36	8.67	8.67	8.47	8.30	7.86	7.88

续表

		部位		土层深度 cm									
			0—20	20—40	40—60	60—80	80—100	100—120	120—140	140—160	160—180	180—200
半固定沙丘	迎风面	下	7.17	8.31	8.63	9.08	11.07	12.44	15.14	18.78	17.51	20.02
		中	7.23	8.50	8.89	8.73	8.92	8.89	9.15	9.08	8.86	8.85
	背风面	上	7.39	8.73	9.12	9.38	9.87	9.87	9.74	8.79	8.60	8.47
		中	7.46	8.66	9.31	9.22	9.41	9.83	10.45	8.86	7.98	7.91
		下	7.32	8.08	9.99	12.18	12.77	16.96	17.06	16.12	16.67	17.14
流动沙丘	迎风面	下	7.33	8.19	8.53	8.63	8.95	9.15	9.87	10.71	11.92	15.11
		中	7.41	8.35	8.99	8.86	8.79	8.40	8.22	8.18	8.19	8.35
	背风面	上	7.52	8.60	8.99	9.25	8.99	8.40	8.17	8.17	8.21	8.34
		中	7.23	8.47	8.99	9.05	8.73	9.11	9.70	9.45	9.08	9.02
		下	7.17	8.34	8.89	8.66	8.40	8.47	8.56	8.73	8.79	8.92
固定沙丘	迎风面	下	7.40	8.22	8.36	8.49	8.62	8.58	8.63	9.68	11.92	11.32
		中	7.56	7.56	8.34	8.50	8.50	8.50	8.60	8.60	8.60	8.47
	背风面	上	7.52	8.63	8.92	8.60	8.50	8.40	8.44	8.60	8.69	8.53
		中	7.92	9.03	9.24	10.65	12.03	12.99	14.98	18.40	17.35	17.43
		下	7.52	8.34	8.82	8.99	9.12	9.15	9.18	8.31	7.85	7.88
半固定沙丘	迎风面	下	7.10	8.17	8.40	8.98	10.42	11.09	14.52	18.60	17.64	19.89
		中	7.20	8.39	8.63	8.34	8.53	8.45	8.56	8.73	8.76	8.82
	背风面	上	7.33	8.67	8.99	9.19	9.22	9.31	9.51	8.74	8.63	8.56
		中	7.30	8.63	9.05	9.01	9.02	9.66	9.87	8.70	8.24	7.91
		下	7.07	8.09	9.74	12.17	12.27	16.98	17.10	16.16	16.16	19.24

续表

沙丘类型	坡面	部位	0—20	20—40	40—60	60—80	80—100	100—120	120—140	140—160	160—180	180—200
流动沙丘	迎风面	下	7.20	7.98	8.34	8.56	8.69	8.99	9.61	10.39	11.07	14.82
		中	7.03	7.46	8.24	8.31	8.40	8.40	8.58	8.50	8.21	8.47
		上	7.43	8.16	8.79	8.82	8.89	8.31	8.14	8.16	8.21	8.37
	背风面	中	7.21	8.31	8.78	8.81	8.67	8.79	9.22	9.20	8.58	8.69
		下	7.26	8.63	8.44	8.27	8.40	8.47	8.56	8.73	8.70	8.63
固定沙丘	迎风面	下	7.62	8.86	9.25	9.08	8.66	8.27	8.86	9.61	11.04	11.20
		中	8.63	9.38	9.38	9.12	8.50	8.44	8.50	8.60	8.60	8.47
		上	8.17	10.26	10.29	8.79	8.40	8.37	8.37	8.50	8.63	8.47
	背风面	中	7.65	9.45	10.13	10.81	10.97	11.07	11.95	13.64	17.19	16.64
		下	7.49	9.45	9.61	9.90	9.12	8.92	8.63	8.34	8.00	7.88
半固定沙丘	迎风面	下	8.22	8.86	9.24	10.03	10.49	12.01	15.09	18.85	19.21	19.89
		中	7.40	9.70	9.49	8.60	8.60	8.60	8.60	8.53	8.68	8.79
		上	7.87	9.90	9.22	8.99	9.12	9.41	8.53	8.53	8.68	8.50
	背风面	中	7.54	9.99	9.27	8.95	8.98	9.09	9.02	8.99	8.27	7.85
		下	7.91	8.76	12.21	13.99	14.99	16.57	16.13	15.43	17.10	19.41
流动沙丘	迎风面	下	7.87	8.86	9.51	9.57	9.70	9.25	9.89	10.32	11.23	14.98
		中	7.17	8.14	8.63	9.05	8.63	8.56	8.69	8.58	8.47	8.50
		上	8.24	9.74	9.22	8.92	8.89	8.38	8.21	8.17	8.31	8.40
	背风面	中	7.49	9.66	10.29	9.48	9.20	8.89	9.35	9.17	8.68	8.86
		下	7.46	9.22	10.26	9.53	9.02	8.56	8.53	8.50	8.63	8.63

土层深度 cm

续表

	部位		土层深度 cm									
			0—20	20—40	40—60	60—80	80—100	100—120	120—140	140—160	160—180	180—200
固定沙丘	迎风面	下	7.62	8.85	9.24	9.08	8.67	8.30	8.89	9.66	11.04	11.22
		中	8.63	9.35	9.37	9.11	8.49	8.43	8.50	8.61	8.60	8.47
		上	8.18	10.27	10.30	8.80	8.40	8.38	8.36	8.49	8.63	8.58
	背风面	中	7.64	9.44	10.12	10.80	10.96	11.06	11.95	13.64	17.19	16.67
		下	7.48	9.45	9.62	9.91	9.10	8.94	8.63	8.35	8.01	7.91
半固定沙丘	迎风面	下	8.11	8.85	9.24	9.98	10.47	11.95	15.08	18.83	19.19	19.86
		中	7.36	9.69	9.48	8.58	8.59	8.56	8.53	8.53	8.65	8.76
		上	7.85	9.88	9.17	8.97	9.10	9.39	8.50	8.52	8.65	8.47
	背风面	中	7.53	9.97	9.22	8.95	8.95	9.04	8.98	8.97	8.26	7.85
		下	7.89	8.72	12.17	14.03	14.94	16.45	16.08	15.12	17.08	19.38
流动沙丘	迎风面	下	7.86	8.87	9.52	9.56	9.68	9.25	9.90	10.32	11.24	15.00
		中	7.16	8.15	8.62	9.06	8.58	8.55	8.70	8.58	8.49	8.51
		上	8.23	9.75	9.17	8.94	8.90	8.35	8.22	8.18	8.32	8.41
	背风面	中	7.48	9.65	10.28	9.47	9.22	8.90	9.35	9.20	8.69	8.87
		下	7.45	9.61	10.14	9.35	8.92	8.43	9.07	8.38	8.60	8.67
固定沙丘	迎风面	下	7.61	8.84	9.23	9.07	8.67	8.30	8.88	9.65	11.06	11.22
		中	8.62	9.36	9.37	9.12	8.49	8.43	8.50	8.61	8.61	8.48
		上	8.17	10.27	10.29	8.80	8.39	8.36	8.35	8.48	8.63	8.58
	背风面	中	7.63	9.43	10.11	10.79	10.97	11.06	11.95	13.63	17.18	16.64
		下	7.51	9.45	9.61	9.90	9.08	8.94	8.62	8.36	8.01	7.92

续表

	部位		土层深度 cm									
			0—20	20—40	40—60	60—80	80—100	100—120	120—140	140—160	160—180	180—200
半固定沙丘	迎风面	下	8.12	8.83	9.24	10.02	10.46	12.00	15.05	18.89	19.15	19.88
		中	7.36	9.62	9.46	8.56	8.55	8.58	8.54	8.38	8.64	8.72
		上	7.81	9.75	9.11	8.92	8.99	9.33	8.48	8.49	8.62	8.43
	背风面	中	7.48	9.92	9.08	8.89	8.97	9.02	8.97	9.03	8.25	7.82
		下	7.82	8.64	12.18	13.91	14.97	16.42	16.00	15.24	17.02	19.25
流动沙丘	迎风面	下	8.20	8.85	9.51	9.52	9.67	9.25	9.88	10.30	11.25	15.02
		中	7.14	8.14	8.12	9.07	8.59	8.54	8.69	8.60	8.47	8.53
		上	8.21	9.73	9.17	8.97	8.90	8.36	8.21	8.17	8.33	8.39
	背风面	中	7.67	9.63	10.24	9.49	9.24	8.92	9.35	9.21	8.67	8.89
		下	7.40	9.55	10.12	9.33	8.87	8.53	8.49	8.43	8.54	8.63
固定沙丘	迎风面	下	7.59	8.83	9.22	9.08	8.67	8.31	8.87	9.64	11.05	11.22
		中	8.61	9.35	9.36	9.12	8.50	8.44	8.49	8.63	8.62	8.49
		上	8.17	10.26	10.28	8.79	8.40	8.37	8.35	8.49	8.63	8.58
	背风面	中	7.59	9.34	10.07	10.69	10.30	11.01	11.87	13.60	17.10	16.59
		下	7.47	9.43	9.55	9.89	9.07	8.92	8.42	8.35	7.99	7.91
半固定沙丘	迎风面	下	8.17	8.79	9.20	10.00	10.39	11.94	15.06	18.84	19.16	19.92
		中	7.31	9.58	9.45	8.50	8.52	8.57	8.52	8.34	8.60	8.71
		上	7.80	9.73	9.12	8.85	9.03	9.27	8.47	8.51	8.60	8.42
	背风面	中	7.45	9.85	9.12	8.88	8.92	9.02	8.95	8.99	8.18	7.90
		下	7.72	8.62	11.98	13.98	14.89	16.47	15.99	15.27	16.96	18.69

续表

	部位	0—20	20—40	40—60	60—80	80—100	100—120	120—140	140—160	160—180	180—200
流动沙丘 迎风面	下	7.81	8.85	9.50	9.53	9.67	9.24	9.87	10.29	11.23	15.02
	中	7.12	8.13	8.12	9.05	8.58	8.55	8.65	8.62	8.48	8.54
	上	8.18	9.71	9.10	8.98	8.90	8.35	8.21	8.17	8.35	8.42
背风面	中	7.64	9.56	10.26	9.49	9.25	8.93	9.37	9.22	8.69	8.92
	下	7.41	9.19	10.15	9.41	8.99	8.53	8.54	8.45	8.57	8.62
固定沙丘 迎风面	下	7.58	8.82	9.22	9.08	8.67	8.30	8.88	9.64	56.10	11.19
	中	8.58	9.34	9.35	9.11	8.51	8.44	8.49	8.63	8.63	8.49
	上	8.16	10.24	10.27	8.78	8.39	8.38	8.35	8.49	8.63	8.58
背风面	中	7.55	9.29	10.07	10.78	10.34	11.05	11.91	13.61	17.12	16.63
	下	7.44	9.41	9.54	9.89	9.05	8.91	8.63	8.36	8.01	7.92
半固定沙丘 迎风面	下	8.14	8.82	9.20	10.01	10.40	12.00	15.08	18.81	19.15	19.88
	中	7.32	9.56	9.43	8.47	8.47	8.54	8.44	8.40	8.63	8.71
	上	7.66	9.69	9.08	8.92	9.07	9.31	8.49	8.49	8.58	8.44
背风面	中	7.44	9.82	9.24	8.91	8.89	8.99	8.96	8.98	8.22	7.88
	下	7.26	8.60	12.12	14.03	14.60	15.93	16.02	15.30	16.93	19.02
流动沙丘 迎风面	下	7.81	8.84	9.49	9.52	9.65	9.22	9.85	10.30	11.25	15.03
	中	7.07	8.10	8.08	9.03	8.57	8.53	8.66	8.63	8.49	8.55
	上	8.09	9.69	9.07	8.96	8.88	8.30	8.25	8.18	8.35	8.42
背风面	中	7.63	9.56	10.25	9.50	9.25	8.94	9.35	9.24	8.70	8.91
	下	7.40	9.17	10.20	9.34	8.97	8.52	8.51	8.49	8.61	8.56

土层深度 cm

续表

		部位	0—20	20—40	40—60	60—80	80—100	100—120	120—140	140—160	160—180	180—200
固定沙丘	迎风面	下	7.26	8.22	8.34	8.49	8.53	8.61	8.69	10.18	10.97	11.30
		中	7.44	8.18	9.14	8.63	8.50	8.53	8.49	8.60	8.56	8.43
	背风面	上	7.62	8.90	9.41	8.76	8.86	8.49	8.60	8.67	8.95	8.66
		中	7.73	9.21	9.63	10.15	10.89	11.11	12.21	13.90	17.51	16.50
		下	7.43	8.31	8.76	9.38	11.13	11.40	10.91	11.10	14.07	16.57
半固定沙丘	迎风面	下	7.13	7.95	8.53	8.86	10.55	11.82	14.16	19.01	17.78	20.25
		中	7.20	8.31	8.82	8.56	8.60	8.60	8.47	8.53	8.66	8.79
	背风面	上	7.36	8.63	9.28	9.25	9.31	9.57	9.51	8.99	8.82	8.69
		中	7.39	8.69	9.31	9.41	9.35	9.15	9.15	8.79	8.24	7.88
		下	7.07	7.88	9.93	11.82	12.21	16.41	16.87	15.46	16.15	19.37
流动沙丘	迎风面	下	7.85	7.95	8.36	8.56	8.72	9.28	9.78	10.42	11.11	14.91
		中	7.08	7.93	8.30	8.63	8.81	8.43	8.52	8.54	8.54	8.43
	背风面	上	7.90	8.79	8.80	8.89	8.88	8.66	8.62	8.31	8.31	8.37
		中	7.41	8.92	9.25	9.17	9.07	8.79	9.16	9.19	8.65	8.70
		下	7.28	8.68	8.80	8.73	8.99	8.52	8.53	8.71	8.67	8.61
固定沙丘	迎风面	下	7.21	8.18	8.31	8.40	8.53	8.59	8.69	10.11	11.01	11.33
		中	7.59	8.11	8.44	8.63	8.63	8.56	8.66	8.60	8.53	8.44
	背风面	上	7.56	8.76	9.12	8.82	8.73	8.50	8.56	8.89	8.82	8.56
		中	7.33	8.31	8.73	9.48	10.39	11.10	12.27	14.82	17.16	16.80
		下	7.43	8.31	8.76	9.05	9.41	9.28	9.18	8.60	7.95	7.88

土层深度 cm

续表

沙丘类型	坡向	部位	\(0-20\)	\(20-40\)	\(40-60\)	\(60-80\)	\(80-100\)	\(100-120\)	\(120-140\)	\(140-160\)	\(160-180\)	\(180-200\)
半固定沙丘	迎风面	下	7.17	7.91	8.53	8.85	10.51	11.36	14.12	18.93	17.72	20.19
		中	7.18	8.37	8.79	8.57	8.58	8.59	8.43	8.49	8.65	8.76
		上	7.30	8.51	9.24	9.25	9.31	9.53	9.40	8.90	8.79	8.63
	背风面	中	7.31	8.63	9.27	9.30	9.39	9.10	9.06	8.72	8.20	7.83
		下	7.03	7.83	9.57	11.33	11.79	16.29	16.20	15.41	16.05	19.04
流动沙丘	迎风面	下	7.60	7.76	7.97	8.49	8.64	9.04	9.66	10.29	11.22	14.87
		中	7.07	7.49	8.31	8.47	8.47	8.38	8.49	8.57	8.30	8.43
		上	7.56	8.60	8.89	8.95	8.82	8.60	8.34	8.24	8.27	8.24
	背风面	中	7.23	8.27	8.82	8.89	8.79	8.92	9.31	9.18	9.05	8.89
		下	7.33	8.11	8.53	8.41	8.34	8.40	8.50	8.56	8.89	8.73
固定沙丘	迎风面	下	7.26	7.85	8.11	8.31	8.37	8.34	8.56	9.64	11.04	11.36
		中	7.59	8.08	8.31	8.40	8.53	8.53	8.53	8.50	8.60	8.50
		上	7.59	8.60	8.89	8.66	8.56	8.44	8.50	8.69	8.63	8.60
	背风面	中	7.39	8.31	8.66	9.28	10.42	11.00	12.05	14.52	17.42	16.57
		下	7.46	8.21	8.82	8.92	9.18	9.18	8.99	8.82	8.08	7.91
半固定沙丘	迎风面	下	7.17	7.95	8.34	8.79	10.29	11.51	13.84	18.78	17.78	20.28
		中	7.20	8.14	8.63	8.47	8.53	8.56	8.47	8.56	8.63	8.73
		上	7.39	8.40	8.95	8.95	9.15	9.28	9.31	9.02	8.95	8.82
	背风面	中	7.36	8.34	9.05	9.02	9.02	9.05	9.15	8.82	8.24	7.91
		下	7.03	7.78	9.74	11.76	12.01	16.18	17.51	15.37	17.51	19.44

土层深度 cm

续表

沙丘类型	部位	位置	土层深度 cm									
			0—20	20—40	40—60	60—80	80—100	100—120	120—140	140—160	160—180	180—200
流动沙丘	迎风面	下	7.20	7.85	8.27	8.37	8.66	8.95	9.51	10.32	11.04	14.82
		中	7.13	7.91	8.31	8.47	8.44	8.40	8.40	8.44	8.44	8.40
		上	7.59	8.40	8.79	83.79	8.86	8.66	8.37	8.24	8.34	8.37
	背风面	中	7.23	8.14	8.79	8.86	8.66	8.92	9.31	9.02	9.05	8.86
		下	7.36	8.11	8.50	8.27	8.27	8.40	8.44	8.63	8.73	8.69
固定沙丘	迎风面	下	7.23	7.78	8.08	8.24	8.34	8.40	8.56	9.61	11.20	11.43
		中	7.59	8.08	8.31	8.47	8.47	8.47	8.47	8.44	8.44	8.40
		上	7.46	8.53	8.73	8.60	8.50	8.34	8.31	8.53	8.56	8.44
	背风面	中	7.36	8.17	8.66	9.38	10.42	11.10	12.14	14.95	17.48	16.73
		下	7.56	8.21	8.63	8.92	9.08	9.02	9.02	8.89	8.27	8.11
半固定沙丘	迎风面	下	7.13	7.85	8.37	8.73	10.19	11.50	13.77	18.88	17.74	19.96
		中	7.17	8.04	8.53	8.50	8.47	8.47	8.44	8.44	8.56	8.66
		上	7.36	8.27	8.82	9.02	9.05	9.12	9.25	8.92	8.99	8.86
	背风面	中	7.30	8.31	9.02	8.95	8.89	9.18	9.12	8.73	8.24	7.91
		下	7.26	8.08	8.56	8.69	10.75	11.56	12.77	16.51	15.56	15.50
流动沙丘	迎风面	下	7.20	7.81	8.24	8.31	8.60	8.86	9.48	10.29	11.23	14.75
		中	7.13	7.91	8.37	8.37	8.34	8.37	8.44	8.37	8.34	8.34
		上	7.62	8.50	8.76	8.82	8.79	8.63	8.34	8.27	8.31	8.34
	背风面	中	7.30	8.17	8.73	8.69	8.53	8.79	9.25	9.02	8.92	8.92
		下	7.36	8.08	8.53	8.27	8.21	8.37	8.31	8.44	8.53	8.53

第二节　毛乌素沙地土壤水分特征
曲线和入渗性能研究

1. 研究地概况和研究方法

1.1　试验区自然概况

毛乌素沙地处于半干旱地区,气候为温带大陆性气候,年平均气温 6.4 ℃,年日照时数 2 900 h,年太阳辐射 6 568 MJ·m^{-2},年平均降水量 360.8 mm,分布不均,7～9 月降水量占全年降水量的 69.5%,且多以暴雨形式在数天内降落,冬季降雪量小于年降水量的 2%,降量年变量达 250 mm,干旱年份出现率为28.6%,年蒸发量 2 300 mm,湿润度 0.3,平均风速 3.3 m·s^{-1},大风多出现在4～5月间,以西北风为主,夏季盛行东南风。

试验地设在毛乌素沙地南缘,位于宁夏盐池县(99°11′～99°21′E,39°43′～39°47′N)灌木园一块面积为 1 250 m^2 的人工柠条(*Caragana intermedia* Kuang et H. C. Fu)林内,柠条株、行距为 1.5 m×2 m,其下有覆盖度不同的油蒿(*Artemisia ordosica Kraseh.*)群落。

1.2　试验方法

1.2.1　低吸力段土壤水分特征曲线

用自制铁桶(高 20 cm,直径 30 cm)取原状土,由桶底供水,使土样充分湿润至饱和,然后插入张力计,并将 TDR 探头埋入相同深度处,平衡一昼夜后放置于通风处,让其蒸发脱水,每天观察张力计读数变化和 TDR 测定土壤含水率。张力计读数即为土壤水吸力值,土壤水吸力与基质势数值相等,符号相反,由此得出低吸力段土壤水分特征曲线。

1.2.2　土壤入渗水量的测定

用大环刀(高 20 cm,直径 10 cm)取原状土,从上部加水至水层为 5 cm,并立一根直尺以便观察水层厚度,开始计时,定时观察水层下降高度(根据大环刀面积换算出入渗水量),而后继续加水至 5 cm 高,同时测量水温,待入渗稳定(本试验大约在 80 cm)后结束实验。

2.研究结果

2.1 土壤水分特征曲线(低吸力段 0~0.1 MPa)

土壤水分特征曲线是指土壤水的基质势或土壤水吸力随土壤含水率变化的关系曲线,它表示土壤水的能量和数量间的关系,是研究土壤水分的保持和运动所用到的反映土壤持水特性的曲线。实验采用如下方程进行拟合:

$$\theta = a\psi^{-b}$$

式中:θ 为土壤容积含水量,ψ 为土壤水吸力,a,b 为系数。拟合结果见表 2-6。

表 2-6　土壤低吸力段水分特征曲线方程及相关系数

土壤层次/cm	水分特征曲线	相关系数 R
0~20	$\theta = 2.563\varphi^{-0.812}$	0.977
20~40	$\theta = 3.712\varphi^{-0.696}$	0.986
40~60	$\theta = 3.944\varphi^{-0.711}$	0.984

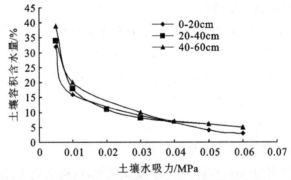

图 2-5　低吸力段土壤水分特征曲线(脱水曲线)

土壤水分特征曲线(图 2-5)的高低反映了土壤持水能力的强弱,即曲线越高,持水能力越强;曲线越低,持水能力越弱。从图 2-5 可以看出:3 个土层中 40~60 cm 的土壤持水能力最强,而土壤含水率随水势降低的速度最慢;0~20 cm 的土壤持水能力最弱,而土壤含水率随水势降低的速度最快;20~40 cm 的土壤介于二者之间,但更接近 40~60 cm 的土壤,说明与 40~60 cm 的土壤在物理性质方面较为相似。从图 2-6 还可以看出,在同一吸力条件下,土壤各个层次所保持的土壤水分的数量是不同的,40~60 cm 的土壤保持的土壤水分的数量最大,0~20 cm的土壤保持的土壤水分的数量最少。土壤剖面观察可以清楚地看到柠条和沙蒿的根系在 20~60 cm 的分布相对较多,这对其抗旱相当有利。但土壤水分数量的多少并不一定代表土壤水分有效性的高低,还要借助土壤比水容量来加以衡量。过去,人们根据实践经验,把土壤有效水的范围限定在"田间持水量"与"凋萎含水率"之间,现在通常将 0.033 MPa 作为一般壤质土有效水的上限,而砂质土则约为 0.01 MPa。由图 2-6 可以看出,该沙地的田间持水量约为 110 g/kg,远远小于甘肃几种旱地壤土的 232 g/kg(平均值),但当土壤含水量处于田间持水量时,土壤水吸力降低 0.01 MPa 后,沙地土壤可以释放出接近 50 g/kg 的水量,而甘肃几种旱地壤土只释放出约 20 g/kg 的水量。由此看出,该沙地土壤虽然持水能力较差,但在一定范围内的供水能力是很强的。

2.2　沙地土壤的比水容量

土壤水分特征曲线的斜率即比水容量。根据土壤含水量(θ)与基模势(ψ)的函数关系,进行复合函数求导,得出:$C(\theta) = d\theta/d\psi$

式中 $C(\theta)$ 即为比水容量,单位为 mL·MPa^{-1}·g^{-1},它标志着当土壤吸力发生变化时土壤能释出或吸入的水量,它是与土壤水贮量和水分对植物有效程度有关的一个重要特性,可以作为土壤抗旱性的指标。由于土壤水分特征曲线是非线形的,所以不同土壤吸力范围内的比水容量也是不相等的。一般是在低吸力情况下,土壤释出的水量比较多,植物吸水的耗能量也较少;在高吸力情况下,土壤释出的水量减少,植物吸收同样多的水量就要消耗比较多的能量。因此,水分对植物来说是不等效的。将试验区低吸力段水分特征曲线求导,所得各个层次的比水容量见表 2-7。

表 2-7　试验区不同层次土壤的比水容量(mL·MPa^{-1}·g^{-1})

土壤层次/cm	土壤吸力/MPa							
	0.01	0.02	0.03	0.04	0.05	0.06	0.07	0.08
0~20	39.5	11.3	5.41	3.22	2.15	1.54	1.17	9.17×10^{-1}
20~40	19.7	6.13	3.10	1.91	1.31	9.65×10^{-1}	7.45×10^{-1}	5.95×10^{-1}
40~60	21.3	6.59	3.32	2.04	1.40	1.03	7.92×10^{-1}	6.32×10^{-1}

由于植物根系吸水和表土蒸发毛管悬着水逐渐减少,较粗的毛管首先排空,使毛管中的水分失去连续性,从而毛管水的运动中断,此时的土壤含水量称为生长阻滞点。土壤含水量低于此值,作物吸水困难,生长受到阻滞,其值约为田间持水量的 60%~70%,可作为植物适宜湿度的下限。由表 2-7 可以看出:在低吸力

段,土壤比水容量是随着吸力增大而逐渐降低的,说明即使在最有效的田间持水量到生长阻滞点这一区间内,水分的有效程度也不相等。同时还表明,假如植物以相同的吸力从不同土壤中吸取水分时,由于比水容量的差异,在该吸力下所能取得的水量也不可能是相等的。庄季屏、吴文强等人认为各种土壤在低吸力段的比水容量大致可分为 1 mL·MPa^{-1}·g^{-1}和 10 mL·MPa^{-1}·g^{-1}这两个数量级,当达到 10^{-1}级时,基本上标志水分已处于或大致相当于生长阻滞点到凋萎湿度这一区间,由于其活动性低,植物利用已较困难。由表2-7可见,当达到10^{-1}级时的土壤吸力分别为:0～20 cm 为 0.08 MPa;20～40 cm 为 0.06 MPa;40～60 cm 为 0.07 MPa。说明当土壤吸力为0.06～0.08 MPa时,植物从土壤中吸收的水分相当少了,可以认为此时植物已受到水分的严重制约,如果这种情况长时间延续下去,植物就有可能因缺水而影响其生长、凋萎甚至死亡。

2.3　土壤各层次垂直入渗率

在毛乌素沙地降雨量小,无地表径流现象,所有降水除经过地表和植物表面蒸发外,全部迅速地入渗到地下。水分在垂直入渗时,其动力是基质势和重力势之和,对此常采用如下方程拟合:$Q/A = l = Mt^{1/2} + Nt + D$

式中 Q/A 和,为累积入渗量,t 为时间,$M, N/D$ 为系数;求导得水分入渗率:

$$I = 1/2Mt^{1/2} + N$$

将具有柠条灌木,且其下有覆盖度不同的油蒿的试验地与无植被沙地,对照区上 5 个层次的土壤入渗拟合,并对比分析,结果见表2-8:

降水透过地面向下渗入土壤中的过程叫入渗。在降雨开始时,土壤前期含水量小,加之表土疏松,裂隙,孔隙大,水力坡降大,下渗强度很大,此时的入渗速率称为初始入渗率。当降雨持续时,随着土壤水分不断增加,土壤结构的破坏和胶体的膨胀,土壤湿润厚度的增加而使水力坡降减小,下渗强度则逐渐减少,而在土壤水分达饱和后,下渗强度则降至接近不变的常数,此时的入渗速率称为稳定入渗率。在某一时段内,通过单位土壤表面所渗入的总水量(cm^3·cm^{-2})称为累积入渗量。入渗率(I)随时间而降低的现象是普遍存在的,开始时入渗速率较快,随着时间推移而逐渐变慢,当土体被水分充分饱和后,入渗率将趋于一个稳定的入渗速率,这一稳定入渗速率接近土壤的饱和导水率,从表2-8看出:相关系数较大,模拟效果较好;除0～20 cm 土层外,试验区各个土层的稳定入渗率均比对照区的稳定入渗率大;在相同时间内试验区内土壤的累积入渗量比对照区的大。这是因为在试验区内有比较大的根系和土壤动物的孔道,这些孔道直接导致了稳定入渗率和累积入渗量的增大。

表 2-8　土体各层次入渗率拟合方程

地点	土壤层次/cm	拟合方程	相关系数 R	入渗率 i 方程
	$0\sim20$	$I=8.51t^{1/2}+0.88t+7.232$	0.9990	$i=4.25t^{-1/2}+0.88$
	$20\sim40$	$I=6.41t^{1/2}+1.86t+23.316$	0.9990	$i=3.21t^{-1/2}+1.86$
试验区	$40\sim60$	$I=7.32t^{1/2}+1.97t+24.288$	0.9994	$i=3.66t^{-1/2}+1.97$
	$60\sim80$	$I=10.42t^{1/2}+2.05t+15.263$	0.9996	$i=5.21t^{-1/2}+2.05$
	$80\sim100$	$I=8.60t^{1/2}+1.66t+17.182$	0.9981	$i=4.30t^{-1/2}+1.66$
	$0\sim20$	$I=3.27t^{1/2}+1.14t+10.381$	0.9992	$i=1.64t^{-1/2}+1.14$
	$20\sim40$	$I=2.65t^{1/2}+1.20t+7.447$	0.9990	$i=1.32t^{-1/2}+1.20$
对照区	$40\sim60$	$I=3.97t^{1/2}+1.35t+14.384$	0.9990	$i=1.97t^{-1/2}+1.35$
	$60\sim80$	$I=7.38t^{1/2}+1.01t+14.084$	0.9991	$i=3.69t^{-1/2}+1.01$
	$80\sim100$	$I=7.57t^{1/2}+1.16t+9.711$	0.9997	$i=3.79t^{-1/2}+1.16$

从表 2-8 还看出:试验区表层土壤的稳定入渗率最小,仅为 0.88,这是因为土壤表层有死亡或新生的藓类生物覆盖,产生了结皮现象,这些结皮很大程度上阻碍了水分的入渗。试验区与对照区各层土壤水分入渗率和时间的关系曲线见图2-6,图 2-7。对比可见:试验区各个层次土壤的初始入渗速率都比对照区的高。这是因为试验区内土壤含水率比较低的缘故,张万儒等也作出过相同的结论。经实验测得:试验区内土壤的平均容积含水率为 4.17%,而对照区内土壤的平均容积含水率为 7.26%,这可能是由于对照区没有植被消耗土壤水分及地表的干沙层对土壤蒸发起到了一定的阻碍作用造成的。此外,试验地上存在的根系孔道和虫孔也是导致初始入渗率加大的原因之一。由表 2-8 可知,除 $0\sim20$ cm 外,试验区的稳定入渗率在 $1.66\sim2.05$ mm·min^{-1} 之间,按照蒋定生对黄土高原土壤入渗率的划分,本地区属于高入渗速率区。

由模拟方程可以算出试验区各层前 30 min 的累积入渗量分别为 80.333, 114.330,123.559,133.720,114.800 mm,与陈丽华在晋西黄土地区水土保持林地的实验结果比较,本地区入渗性能较好。由图 2-6 和 2-7 可知:试验区的入渗速率在前 10 min 随时间而降低的幅度比较大,10 min 之后变化则相当平缓。周择福对不同林地所做的相关实验表明:30 min 后进入缓慢入渗阶段,从而再次表明了本地区具有良好的入渗性能,即使有较大的降雨量也不会发生地表径流,雨水会迅速入渗补充到地下水。

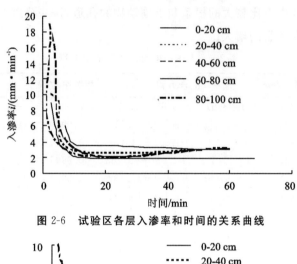

图 2-6 试验区各层入渗率和时间的关系曲线

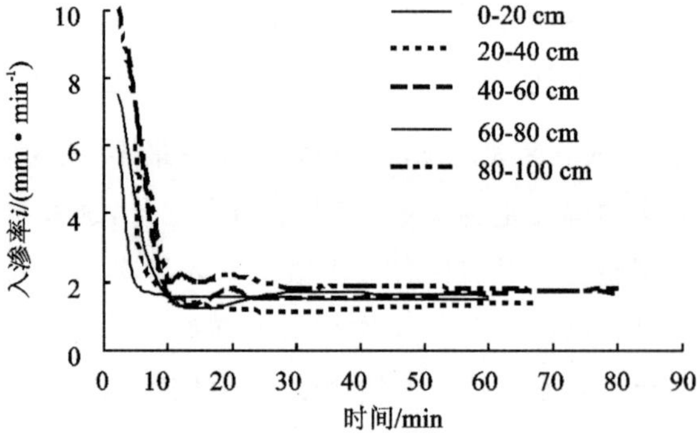

图 2-7 对照区各层入渗率和时间的关系曲线

第三节 毛乌素沙地土壤水分影响因素分析

1. 降水

降水是毛乌素沙地土壤水分的主要补给来源。因毛乌素沙地冬季降雪量少，且大风频繁，降雪仅残存于部分背风地段，对局部地域土壤水分有影响，因此，降水量中主要以降雨的影响为主。据测定，毛乌素沙地土壤饱和下渗速度为 0.8～1.1 cm/s。流沙地几乎无地表径流，降雨全部下落到土壤中。而降雨对沙层湿润的深度与降雨的强度和土壤原含水量的多少有关。

降雨对沙层的湿润深度与一次性降雨多少成正比。据测定：降雨 3.1 mm，可湿润 4.5 cm 的干沙层(降雨 11.1 mm,可湿润 10 cm 的干沙层和含水量为 2%~3% 的沙层 50~60 cm)。原有土壤含水量高,降雨的湿润深度深,反之则浅。这在有植被的地段,土壤水分严重亏缺时,与含水量相对较高的流动沙丘对比,表现得尤为突出。据测定:降雨 88.0 mm 的条件下,原土壤含水量为 1%~2% 的杨柴(Hedysarum fruticosum var. mongolicum)人工植被区与原土壤含水量 2%~3% 的流动沙丘相比。降雨湿润深度分别为 1.15 m 和 2.0 m 以下。然而,降雨后土壤高含水量,因沙地渗透性强而不能维持很长时间。降雨 88.0 mm 之后 24 h 测得流动沙丘上层土壤含水量为 4%~6%,72 h 后测得为 3%~4%。

　　毛乌素沙地降雨多以暴雨形式集中于数日内降落,大部分降雨通过裸露沙地土壤"过滤"后补给了地下水。降雨的季节分布影响到沙地土壤含水量的季节性波动。土壤的干、湿季与气候的干、湿季同步。

2. 地下水

　　毛乌素沙地地下水资源十分丰富,埋藏浅,滩地一般埋深 50~100 cm。但地下水对沙丘土壤水分影响范围较小,仅限于距地下水面以上 1 m 的范围内。随着距离地下水位面高度的增加,沙丘土壤含水量呈指数式减少(图 2-8)。可见,地下水对土壤水分的影响仅局限于丘间滩地和丘脚部分,而对于大面积的沙丘来说,其影响甚微。

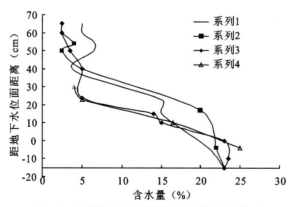

图 2-8　土壤含水量与地下水位面距离的关系

3.温度梯度与蒸发

土壤温度梯度是造成土壤气态水运动的主要因素之一(见图 2-9)。水汽沿高温度向低温度方向运动。地表与大气之间的温度梯度是造成土壤表层水分蒸发和凝结的主要因素之一。地表蒸发量取决于干沙层的厚度和地温的高低。地表温度上升,蒸发速度相应增加。夜间地表温度下降,大气液态水向地表凝结,增加土壤表层含水量。这对于沙地浅根性一年生或短命植物十分有利。干沙层在形成初期,土壤表层水分蒸发速度很大。当干沙层达到一定厚度时,便可以抑制其下部土壤水分的继续蒸发。这对于保证沙地湿沙层稳定湿度的存在具有重要作用。

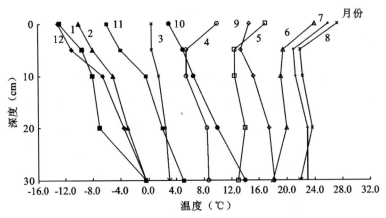

图 2-9　毛乌素沙地土壤剖面温度垂直变化

4.植被蒸腾

植被对沙丘土壤水分的影响是十分剧烈的。一方面,由于植物蒸腾耗水的影响,造成植被覆盖区土壤水分大部分被消耗蒸散于大气中,导致土壤水分的严重亏缺(图 2-10)。可以看出,干旱期间,在沙地人工杨柴植被条件下,因杨柴强烈的蒸腾作用,使得 2.0 m 之内土壤水分含量下降到 0.7 左右,接近凋萎点。而无植被覆盖的流动沙丘,其土壤含水量仍保持在 2%～3% 。据不同盖度天然油蒿群落下土壤水分的研究结果表明,随着植被盖度的增加,土壤水分亏缺的深度随之加深,水分亏缺期持续时间也随之延长。因此,建立沙地人工植被时,控制适宜的植被盖度和选择抗旱植物种是成功的关键。另一方面,沙地植被水平分布的根系层对于降雨有一定的"阻渗"作用(图 2-11)。在降雨 88.0 mm 条件下,在人工杨柴植被覆盖区和无植被流动沙丘上,对雨水渗透的对比测定结果显示:在杨柴植被区,降雨被阻截于杨柴根系分布层以上,根层下部仍维持雨前的水分状态(图 2-10)。而流动沙丘上,降雨一直下渗到 2.0 m 以下,且上层土壤水分也显著低于植被区。这种"阻渗"作用既有利于沙地植被充分地利用有限的天然降雨,同时也减少了降雨对地下水的补给量。因此,对于大范围的沙地(如整个毛乌素沙地)来讲,控制一个合理的植被覆盖率,绿化时留有一定比例的流动沙丘,对于维持沙地地下水资源的平衡具有十分重大的意义。

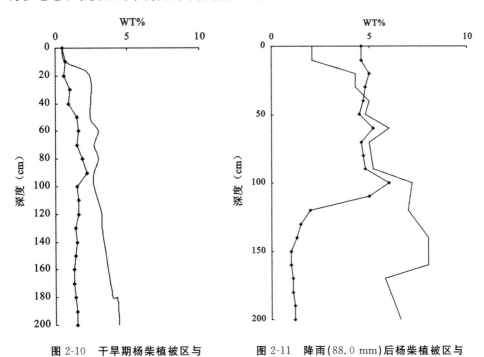

图 2-10　干旱期杨柴植被区与　　　图 2-11　降雨(88.0 mm)后杨柴植被区与
　　　流动沙地土壤水分分布　　　　　　流动沙地土壤水分分布

参考文献

[1]　孙建华,刘建军,康博文,黄海,孙尚华. 陕北毛乌素沙地土壤水分时空变异规律研究[J]. 干旱地区农业研究,2009,27(2):244-247

[2]　冯起,程国栋.我国沙地水分分布状况及意义[J].土壤学报,1999,36(2):225-236

[3]　吕贻忠,胡克林,李保国.毛乌素沙地不同沙丘土壤水分的时空变异[J].土壤学报,2006,

43(1):152-154

[4] 何志斌,赵文智.半干旱地区流动沙地土壤湿度变异及其对降水的依赖[J].中国沙漠,
2002,22(4):359-362

[5] 张强,孙向阳,黄利江,王涵,张广才.毛乌素沙地土壤水分特征曲线和入渗性能的研究
[J].林业科学研究,2004,(17)增刊:9-14

[6] 中国科学院南京土壤研究所土壤物理研究室.土壤物理性质测定法[M].北京:科学出版
社,1978:141-148

[7] 张文军,胡小龙,阿腾格,樊文颖.毛乌素沙地土壤水分的影响因素及消长规律[J].内蒙
古林业科技,1996,NO.3,4:27-31

[8] 邱扬,傅伯杰,王军,等.土壤水分时空变异及其与环境因子的关系[J].生态学杂志,
2007,26(1):100-107

第三章　毛乌素沙地主要
植物根系生长规律研究

　　根系不仅是植物固定和机械支撑的器官,也是植物直接与土壤接触并从中吸收水分和养分的营养器官,直接参与土壤中各物质及能量的交换过程,与林木地上部分的生长有密切关系,是植物生物量的重要组成部分。森林生产力研究早期多集中在地上部分,根系生产力研究极少。据估计,森林生态系统中地下部分主要是细根的年生物量要大于地上部分,尤其是在土壤贫瘠的森林立地。对于根在森林生态系统生物地球化学循环研究中一直未能受到重视的原因,Persons 归纳了 4 个方面,第一,缺乏好的方法。可以非常精确地测得地上部分的生物量,但地下部分要做到这一点则很不容易。第二,对根的处理需要消耗大量的时间,与地上部分相比,对根的处理需要更专业的技术,因此,即使有人想做,在一系列困难面前,也不得不退却。第三,在人们的主观意识中,通常假定根对碳氮循环过程的贡献要小于地上部分,因此,对根的忽略想必无碍大局。显然,这一假定是出于前两个方面的原因,因此,与其说是出于科学的推测,倒不如说是"酸葡萄"的效应。第四,人们也确实意识到,森林生态系统本身实在太复杂了,这种复杂性使得清楚描述地上部分都几乎不可能,更不要说地下部分了。则认为主要原因是对树木根系生态学作用认识不够以及根系研究上的困难。

　　众所周知,生态学工作者在研究根系时多以农作物或草本植物为对象,因而所得出的结论对于树木就未必合适。早期的森林生产力研究中,地下部生物量的数据主要是通过将全部或部分根系挖掘称重的方法获得,并通过用生物量除以根的平均年龄的方法求得根系生产力。Bray 等于 1959 年把一个圆形筒土芯掘取器用大锤砸入土壤以取其样品,从中将根系分离出来,并确定单位面积林地树木的根系生物量。随后,Ovington 以及 Wein 和 Bliss 等先后应用此方法对森林树木根系生产力进行了研究(Lieth 和 Whittaker,1984)。

　　1968 年，Lieth 等用挖掘法对树木根系生物量进行了研究，并绘制了根量分布图。Whittaker 以及 Marks 在美国大烟山进行的有关灌木和乔木的工作中是手持铁锹和铁瓦刀并以极大的耐心才掘到相当完整的根。Whittaker 等（1974）等人采用挖掘法结合冲洗对哈巴德流域落叶林根系生物量进行了研究，并由一组样根计算出关于根的干重对于根系断面直径的回归方程。根据土壤样方中取出的根可以直接得出单位面积的根量。然而，更普遍的是根据植物个体根系与枝干的干重比来求得。从 Moller 的早期工作以来，比值 0.2 就一直作为林木该比值的中间值。Ovington 等的研究结果表明，对于很多林木，地下地上生物量比的范围是实生苗稍大于 0.4，幼树为 0.2～0.3，大树则在 0.2 以下。Bray，Whittaker 和 Harris 等的研究结果表明，对于一定的树种，此比值随年龄的增加而递减，随着环境干旱程度的增加而增加。Whittaker 等通过周密的调查研究，确定垂直分布带阔叶林群落中的平均值接近于 0.2(0.18～0.21)，对于适应火烧的哈巴德布鲁克森林群落的平均值则高达 0.59。

　　根系生产力的精确测定，一直是个困扰研究人员的问题。这是由于在大多数情况下，根系生产力很难在野外直接测定。Whittaker 按照地上部分生物量与生产力之比，结合根系现存量数据对一些树木根系生产力进行了估算。其后，Newbould，Kira 和 Ogawa 等对根系生产力的研究均是以这种方法进行估测的。Reichle 在田纳西州对橡树岭山区的鹅掌楸群落的研究中，根系生长量及其季节变化是通过挖掘法所取得的根结合土壤钻取样法而获得的。测定结果表明，根系有一个 760 g·m^{-2}·a^{-1} 的增量，它约为地上部分和根茎各组织增量值的 80%。这说明用 0.2 作为森林生产量的地下地上比可能是一个过低的估计。因为在以上的研究中，根系的枯死、凋落物量与被采食量几乎是未知的。

　　细根(fine root)在森林生产力研究中受到重视是近十几年来的事情。选择不同的树种、林龄及所统计的细根的直径标准不一样，所得细根生物量有较大的差异，根据大量的研究资料，细根生物量的变化在 46～2 805 g·m^{-2}，部分在 100～1 000 g·m^{-2} 之间，细根生物量分别占地下部分总生物量和林分总生物量的比例为 1.1%～74.7% 和 0.1%～32.2%，大部分在 3%～30% 和 0.5%～10%。细根生物量之所以差异较大，与不同作者选择不同的树种、林龄、所统计的细根的直径标准及是否区分活、死根有关。另外，由于不同气候、森林类型、土壤类型和立地质量等导致细根生物量变异性大，平均值不能反映影响细根生物量变化的因子。

细根生物量通常随年龄增加而增加,在一定时期达到最大值,然后逐渐下降并趋于稳定。众多报道认为天然林皆伐后的自然更新过程中细根生物量可很快恢复到伐前水平,但也有一些报道认为至少得需要 20 a 以上才能达到伐前的水平,而对天然林皆伐后营造与天然林中占优势树种相同的人工林的细根生物量恢复报道却较少。细根生物量 1 a 中常出现 1 个或 2 个峰值或变化不明显;峰值出现时间在春季展叶期前后、晚夏或者秋季等,但受树种特性及外界环境条件(如降水量、土壤温度、养分有效性等)综合影响,细根生物量动态会有一定程度的波动。早春细根的旺盛生长可能与土温回升、含水量升高、雨季开始和碳水化合物供应充足,地上部分尚未进入旺盛生长期,而前一个生长季节所储存的碳水化合物首先供给地下部分生长有关。杨玉盛通过研究杉木人工林活细根生物量认为,在初秋出现另一个峰值可能与夏季高温干旱出现生长间歇期有关。

从土壤中吸收水分和养分是植物根系重要的功能之一。植物对土壤养分和水分的吸收能力很大程度上取决于根系的形态。Dr. Noboru Karizumi 将根系形态分为垂下根型、斜出根型和水平根型。垂下根型分为浅根型、中间型和深根型;水平根系分为分散型、中间型和集中型。向师庆等人将北京西山地区主要造林树种的根系分布形态划分为 5 个基本类型:水平根型、垂直根型、斜生根型、复合根型和变态根型,认为变态根型是受特殊外在条件影响而形成的,这种根型分类方法基本上适用于插条和埋干造林生长起来的林木。他们还在造林树种根系研究中,根据根的着生部位及其在土壤中的伸展情况,将根划分为水平根、主根、副主根、下垂根、斜根、心状根和根基等。宋朝枢等人初步将根系划分为直根、支柱根、水平支柱根和垂直支柱根 4 类。

林木根系分布特征及其对干旱的抗御能力是林分生长和稳定的主要决定因素,尤其在干旱、半干旱地区,根系空间分布直接影响植物的水分吸收和利用,它反映了土壤的物质和能量被利用的可能性以及生产,一方面根系不断地从土壤中获得养分和水分以满足植物生长发育;另一方面根系(无论活根或死根)又直接参与土壤中物质循环和能量流动两大生态过程,对土壤的结构改善、肥力的发展和土壤生产力的发挥起着重要的作用。在干旱荒漠化地区,深根性植物还可以通过根系的提水作用在一定程度上对土壤水分进行再分配,从而改善植物的微生境。国内外的研究表明,根系的分布状况直接影响到对土壤水分的吸收利用,也由于其影响到植物拥有营养空间的大小和对土壤水分及养分的利用,故成为制约植物生长和发育的关键因素之一。

林木根系的形态与分布首先是由树木本身的遗传特性所决定的,同时受土壤生态环境条件,尤其是水分、通气状况的强烈影响。张国盛等人对毛乌素沙地臭柏根系分布及根量研究发现,臭柏根量和直径分布特征依立地条件及土层深度的不同而异。赵忠等人(2000)研究证实,黄土高原不同立地条件对刺槐根系分布特征有明显的影响,林地土壤水分状况的差异是造成这种影响的关键所在。根系具有很大的可塑性,在肥沃深厚的土壤上具有直根系,在黏重土壤上则发育出很长的侧根和较短的主根,而在石质土壤上则失去主根,以表面根为主。Nicoll(1996)研究了 46 a 生特喀云杉根系对风及立地条件的适应性生长,发现树木根系垂直分布受地下水位高低的限制,而根形还受风的影响。认为树木根系对风的适应性生长增强了树木对风的抵抗能力。张宇清等人对 2 种立地条件梯田埂坎红柳根系特征研究发现,根型根据 K·Lemke 对根系形态的概括和向师庆的分类方法,2 种立地条件下的埂坎红柳都具有深根性的特点,但阴坡埂坎红柳根系的水平分布范围远大于阳坡,吸收根所占比重较大,根系的生长发育状况明显优于阳坡,造成对梯田作物的较大负面影响,建议最好将红柳配置在阳坡梯田埂坎上。国外的一些研究也证实,通常情况下,深根型树种较浅根型树种具有更高的生产力,特别是在差的立地条件上。任安芝等人研究发现,分布于不同沙地生境中的黄柳种群,其根系在土壤中的分布特点各异。半固定沙丘上的黄柳根系最发达,根系分布深、数量大,固定沙丘的黄柳明显不及前者,而丘间低地的黄柳根系最不发达。粗根($\Phi \geqslant 5$ mm) 的分布与土壤水分和土壤容重呈显著相关性,细根($\Phi < 5$ mm) 的分布与土壤容重和紧实度呈极显著相关。何维明对不同生境中沙地柏根面积分布特征研究发现,流动沙地和固定沙地上沙地柏根系的深度系数、最大根系深度(R_{max})、含 50% 总根面积的根系深度(R_{50})、含 90% 总根面积的根系深度(R_{90})值都很接近,尤其是 β 值,并且它们均大于滩地上沙地柏的相应值,尤其是 R_{max} 和 R_{90}。这些结果表明流动沙地和固定沙地中沙地柏根系的深度格局相似,但与滩地的根系深度存在差别,同时也意味着滩地上沙地柏根系的分布相对较浅,而流动沙地和固定沙地的根系分布相对较深。

总的来说细根生物量随深度增加呈指数递减,大部分位于 50 cm 以上,且多集中于枯落物层和 10 cm 以上矿质土壤表层,细根集中分布于表层的原因有很多,如土壤温度从地表向下迅速下降;大量凋落物在表层积累使表层土壤具有较高的养分浓度和较好的水分条件。由于幼龄或早期演替阶段腐殖层薄、土壤贫瘠,随着林分的发展,大量凋落物在表层积累,使得早期演替阶段林分根系分布较深,而后期较浅,对同一树种年龄较大的林分,细根趋向于表层,在贫瘠土壤上生长的高生产力林分,表层出现细根集结的特征,但在良好立地上,随林龄增加细根表层化并不显著。除立地条件外,不同发育阶段林分细根垂直分布的变化还与林分内不同植物对竞争的适应有关,以最大限度地降低对土壤水分和养分的竞争,达到资源的合理分配与利用。另外,在混交林中,不但不同种类细根的空间分布不同,而且在生长、养分和水分吸收的时间上也有差异;细根垂直分布还与树木耐旱性有关,干旱胁迫能够增加深土层细根的比例。

　　植物在适应环境过程中,根系表现出可塑性。即在不同的生活环境影响下,某些性质发生变化,逐渐形成新的特征、特性。在生存和竞争中,为了吸收较多的水分和养分,其根系数量、形态、构型、分布空间、密度、生理特性等都会产生较大的变化,从而适应环境。干旱环境条件下,水分是最重要的环境因子,特别在干旱荒漠区,水分因子是影响植物生存、生长发育和环境对植被支持力的关键因素,直接影响到沙区退化生态系统的恢复和重建。发达的根系是沙生植物吸收水分、适应缺水环境的重要方式,其形态和分布直接反映植被对水分、养分、空间等立地资源的利用状况。

第一节　黑沙蒿根系分布规律研究

　　黑沙蒿(*Arternisia ordosica*),又名油蒿,是我国北部及西北部温带荒漠和草原地带沙漠化的主要标志性植物,适应干旱沙地环境,具有耐沙埋、抗风蚀、耐贫瘠、分枝和结实性良好等特性,是沙漠和沙漠化土地恢复与重建的优良树种。

1.研究区自然概况与研究方法

1.1　研究地概况

　　试验在陕西省榆林市榆阳区巴拉素林场进行,该区位于毛乌素沙地南缘,北纬 $37°48'15''\sim38°55'14''$,东经 $108°56'09''\sim110°24'03''$ 之间。属于中温带大陆性

季风气候,年均气温 7.6~8.6 ℃,极端最高气温 40.1 ℃,极端最低气温
−32.7℃,年降水量 316~450 mm,年蒸发量 2 092~2 506 mm,是降雨量的 5~
6 倍;无霜期平均 134~169 天,最短仅有 102 天;气温日较差大,年平均日较差
11.4~13.9℃;日照充足、光能资源丰富,年日照 2 594~2 914 h。土壤为风沙土,
地带性植被属于干草原,主要植物有沙蓬(*Agriophyllum squarrosum*)、刺沙蓬
(*Salsola ruthenica*)、沙竹(*Psammchloa villosa*)、寸草(*Carex sthenophylla*)、冰
草(*Agropyron cristatum*)、苦马豆(*Swainsonia salsula*)、黑沙蒿(*Artemisia or-
dosica*)、白沙蒿(*Artemisia sphaerocephala*)、沙柳(*Salix cheilonhila*)、沙棘
(*Hippophae fhamnoides*)、小叶锦鸡儿(*Caragana microphylla*)、花棒
(*Hedysarum scoparium*)等。

1.2　研究方法

1.2.1　黑沙蒿根系形态特征测定

在野外选择 1~5 年生的黑沙蒿植株作为研究材料,每个年龄段的黑沙蒿各
选 3 株,采用全挖法获取黑沙蒿根系,在挖取根样的过程中,在土层垂直方向上每
20 cm 为一层,分别采集根系,装入布袋,放好标签,带回实验室。在实验室利用
游标卡尺,参照 W·伯姆《根系研究法》对根系进行分级,具体划分为 $d \leq 2$ mm 和
$d > 2$ mm 两级,然后利用根系分析系统获取沙蒿根系的根长、根表面积、根体积
等参数。根系生物量的测定采用烘干法,把根放入烘箱中,在 80 ℃条件下烘干至
恒重,然后称其干重。

1.2.2　黑沙蒿根系生长量测定

在半固定沙丘,分别在沙丘的迎风面下部、中部、沙丘顶部、背风面中部和下
部选择大小相近,生长旺盛,平均高度为 60 cm 的黑沙蒿各 3 株。于 2007 年 4 月
按十字交叉法分别在距植株水平距离为 20 cm,40 cm,60 cm 的位置埋置灌沙的
土芯网。土芯网采用尼龙纱网缝制而成,长 120 cm,直径 50 mm。于 2007 年 11
月按 0~20,20~40,40~60,60~80,80~100,100~120 cm 的深度进行分层取
根。把根装入袋中,带回实验室,在 80 ℃条件下把根放入烘箱中烘干至恒重,然
后称其干重。

1.2.3　数据处理与统计方法

采用 Excel 2003,DPS v3.1,SigmaPlot 10.0 对试验数据进行统计、分析、制
图等。

2. 研究结果

2.1　黑沙蒿根系形态与分布特征

2.1.1　黑沙蒿根生物量在土壤中的分布特征

生物量是衡量植物群落环境贡献的重要指标之一,也是植物群落最重要的数量特征之一,它直接反映了生态系统生产者的物质生产量,是生态系统生产力的重要体现,也体现了群落结构、环境以及人类活动等因素的综合作用结果,反映了群落的生长状况。土壤不同深度的根系生物量,可以反映该植物在某一土层深度的生长能力和积累的生物量,而积累的生物量越多,说明在该层中利用土壤营养、水分和微量元素的能力越强。

试验结果(图 3-1,图 3-2)表明:1～5 年生的黑沙蒿根系平均生物量分别为 2.63 g/株,5.36 g/株,15.44 g/株,24.94 g/株和 33.06 g/株。1 年生黑沙蒿根系在 0～100 cm 土层范围内均有分布,但主要分布在 0～20 cm 土层,其生物量占总根生物量的 81.33%,而 0～40 cm 土层内的根系生物量则占到总生物量的 94.96%,黑沙蒿根系生物量在不同土层的分布范围为 0.03～2.14 g/株,其最大根生物量分布在 0～20 cm 土层,最小根生物量分布在 80～100 cm 土层。2 年生黑沙蒿根系分布在 0～100 cm 土层范围,其最大根系生物量分布在 0～20 cm 土层,占总根生物量的 74.24%,最小生物量分布在 80～100 cm 土层,占总根生物量的 1.38%,0～40 cm 土层根生物量则占总根生物量的 84.65%,黑沙蒿根系生物量在不同土层的分布范围为 0.07～3.58 g/株。3 年生沙蒿根系分布在 0～160 cm的土层范围,0～20 cm 土层根生物量占总根生物量的 72.95%,0～40 cm 土层根生物量占总根生物量的 88.60%,而 0～60 cm 土层内的根系生物量则占到总生物量的 93.52%,黑沙蒿根系生物量在不同土层的分布范围为 0.04～11.48 g/株,其最大根系生物量分布在 0～20 cm 土层,最小生物量分布在 140～160 cm 土层。4 年生黑沙蒿根系分布在 0～180 cm 的土层范围,在 0～20 cm 土层根生物量占总根生物量的 64.89%,0～40 cm 土层根生物量占总根生物量的 81.95%,而 0～60 cm 土层内的根系生物量则占到总生物量的 94.23%,黑沙蒿根系生物量在不同土层的分布范围为 0.01～16.19 g/株,其最大根系生物量分布在 0～20 cm 土层,最小生物量分布在 160～180 cm 土层。5 年生黑沙蒿根系分布在 0～200 cm 的土层范围,在 0～20 cm 土层根生物量占总根生物量的 54.33%,0～40 cm 土层根生物量占总根生物量的 73.62%,而 0～60 cm 土层内的根系生物量则占到总生物量的 81.34%,黑沙蒿根系生物量在不同土层的分布范围为 0.02～18.12 g/株,其最大根系生物量分布在 0～20 cm 土层,最小生物量分布在 180～200 cm 土层。不同年龄的黑沙蒿根系生物量变化范围及其在各土层中的分布规律各不相同。随着年龄的递增不同土层间根系生物量的变化幅度增大,在一定时期达到最大值,然后逐渐下降并趋于稳定。在垂直方向上黑沙蒿根系分布随着年龄的增加也向深层土壤延伸,但随着土层深度的增加生物量呈指数递减。黑沙蒿根系主要分布在 0～60 cm 土层,在 0～20 cm 土层,黑沙蒿根系生物量占根总生物量百分比 1 年生>2 年生>3 年上>4 年生>5 年生;在 20～60 cm 土层,根系生物量百分比则随着年龄的增大出现先增大后减少的趋势。用 DPS 对数据进行方差分析结果表明,在 0～60 cm 土层根系生物量分布有显著差异,60 cm 以下根系生物量分布差异性不显著。

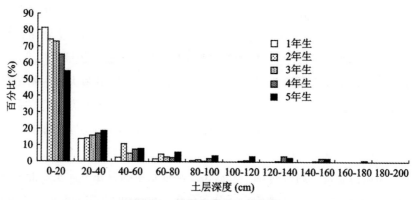

图 3-1　根系在不同土层比例

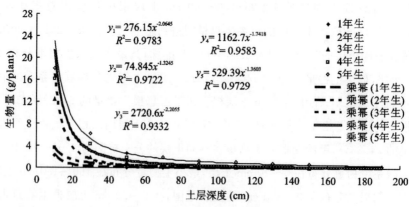

图 3-2　根系生物量在土层分布

2.1.2 黑沙蒿根系长度在土壤中的变化

1～5年生黑沙蒿根系平均根长分别为 604.49 mm，1 133.70 mm，4 104.82 mm，5 521.66 mm 和 6 705.23 mm，不同年龄的黑沙蒿根长变化范围及其在各土层中的分布规律各不相同。随着年龄的递增不同土层间根长的变幅增大，但随着土壤深度的增加黑沙蒿根长成幂函数递减，黑沙蒿根长的分布规律与根系生物量的分布较为相似，其主要分布也集中在0～60 cm土层(如图3-3)。

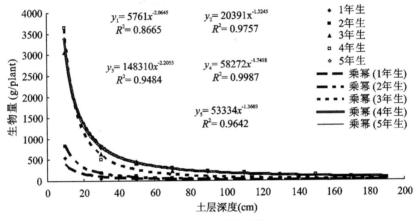

图3-3 根长在不同土层的分布

1年生黑沙蒿根系根长主要分布在 0～20 cm 土层，其根长占总根长的79.31%，而0～40 cm 土层内的根系根长则占到总根长的90.71%，黑沙蒿根系根长在不同土层的分布范围为 42.43～673.66 mm，其最大根长分布在0～20 cm土层，最小根长分布在80～100 cm 土层。2年生黑沙蒿根系根长在0～20 cm土层，其根长占总根长的73.07%，而0～40 cm 土层内的根系根长则占到总根长的89.12%，黑沙蒿根系根长在不同土层的分布范围为 34.27～1 072.24 mm，其最大根长分布在0～20 cm 土层，最小根长分布在80～100 cm 土层。3年生黑沙蒿根系根长在0～20 cm，土层的根长百分比为66.39%，而0～40 cm 土层内的根系根长则占到总根长的81.83%，黑沙蒿根系根长在不同土层的分布范围为54.93～3364.13 mm，其最大根长分布在0～20 cm 土层，最小根长分布在140～160 cm 土层。4年生黑沙蒿根系在 0～20 cm 土层内根系根长占总根长的58.65%，0～40 cm 土层根长占总根长的78.99%，而在0～60 cm 土层内的根系根长则占到总根长的87.78%，黑沙蒿根系根长在不同土层的分布范围为25.39～3 830.88 mm，其最大根长分布在0～20 cm 土层，最小比根长分布在120～140 cm 土层。5年生黑沙蒿根系在 0～20 cm 土层根系根长占总根长的

54.46%,在0～40cm土层根长占总根长的75.53%,而在0～60 cm土层内的根系根长则占到总根长的84.76%,黑沙蒿根系根长在不同土层的分布范围为28.37～3 828.01 mm,其最大根长分布在0～20 cm土层,最小根长分布在160～180 cm土层。

比根长是根长和生物量的比值,可以表征根系收益和花费的关系。比根长是关键的根系性状之一,它决定了根系吸收水分和养分的能力,是反映细根生理功能的一个重要指标,并且与根系功能、根系分泌物、根系寿命、根系呼吸、根系可塑性和根系增殖等密切相关。植物根系吸收水分和养分的能力更多地取决于根长而不是生物量,具有较大比根长的植物在根系生物量投入方面比具有较小比根长的植物更具有效率,研究植物比根长对于了解根系功能和探明其生物量分配策略具有重要意义。

1～5年生的黑沙蒿0～200 cm土层平均比根长分别为929.2408 mm/mg,804.16 mm/mg,714.82 mm/mg,560.79 mm/mg和663.87 mm/mg,不同年龄的黑沙蒿比根长变化范围及其在各土层中的分布规律各不相同。1年生沙蒿比根长分布范围为193.59～17 720.37 mm/mg,其最大比根长分布在80～100 cm土层,最小比根长分布在0～20 cm土层。2年生黑沙蒿比根长分布范围为229.28～1 819.70 mm/mg,其最大和最小比根长分别分布在80～100 cm土层和0～20 cm土层。3年生黑沙蒿比根长分布范围为203.57～1 531.50 mm/mg,其最大和最小比根长分别分布在140～160 cm土层和0～20 cm土层。4年生黑沙蒿比根长分布范围为205.96～949.20 mm/mg,其最大和最小比根长分别分布在80～100 cm土层和20～40 cm土层。5年生黑沙蒿比根长分布范围为194.21～1 282.93 mm/mg,其最大和最小比根长分别分布在140～160 cm土层和0～20 cm土层。黑沙蒿根比根长在0～200 cm土层随土层加深而增加,二者呈正相关关系(如图3-4)。

比根长能反映植物对不同生境的适应特征,1～5年生黑沙蒿比根长变化特征的研究发现,0～200 cm土层平均比根长为1年生>2年生>3年生>4年生>5年生,5个年龄段的黑沙蒿中1年生黑沙蒿单位生物量构建的根长最大,因此比根长最大,5年生黑沙蒿用以构建其根系的碳投入最多,但是其比根长却最小。5个年龄段的黑沙蒿用以构建根长的生物量投入效率从高到低依次为1年生>2年生>3年生>4年生>5年生。而相同年龄段的黑沙蒿在不同土层其比根长也各不相同,这不仅说明了植物对其生存环境具有较高的可塑性,同时也说明了土壤环境条件的差异影响着植物根系的生长。

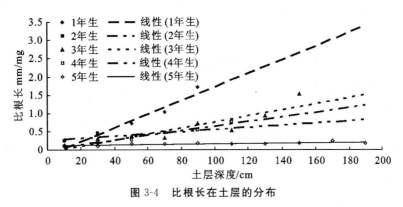

图 3-4　比根长在土层的分布

2.2　黑沙蒿根系生长量在不同土层中的变化

土壤条件和外部环境的变化决定着植物根的生长和分布,在同一沙丘上随着坡向、坡位的不同,黑沙蒿根系年生长量变化范围及其在垂直和水平方向上的分布规律亦各不相同。在半固定沙丘迎风面下部、中部、沙丘顶部、背风面中部和下部黑沙蒿根系的年生长量分别为 7 375.25 g・m^{-3}・a^{-1},8 517.25 g・m^{-3}・a^{-1},5 576.00 g・m^{-3}・a^{-1},14 893.50 g・m^{-3}・a^{-1}和 14 304.75 g・m^{-3}・a^{-1},黑沙蒿根系的年生长量背风面＞迎风面＞沙丘顶部。

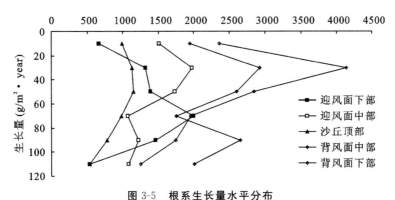

图 3-5　根系生长量水平分布

再从垂直方向上,黑沙蒿根系的年生长量随土层的增加呈现先增大后减小的变化趋势,其根生长量主要集中分布在 0～60 cm 土层(如图 3-5);在半固定沙丘迎风面下部,根生长量的主要集中分布在 20～80 cm 土层,其根生长量占总根生长量的63.83％,根生长量最大值为 1 990.50 g・m^{-3}・a^{-1},出现在 60～80 cm 的土层内。在沙丘迎风面中部,根生长量的主要集中分布在 0～60 cm 土层,其根生长量占总根生长量的 61.36％,根生长量最大值为 1 976.50 g・m^{-3}・a^{-1},出现在20～40 cm 的土层内。在沙丘顶部,根生长量的主要集中分布在 0～60 cm 土层,其根生长量占总根生长量的 58.82%,根生长量最大值为 1 152.50 g·m^{-3}·a^{-1},出现在 40～60 cm 的土层内。在背风面中部,根生长量的分布较为分散,以 20～40 cm 土层内的根生长量分布为最大,其量值为 2 930.00 g·m^{-3}·a^{-1},占总根生长量的 19.67%。在背风面下部,根生长量的主要集中分布在 0～60 cm 土层,其根生长量占总根生长量的 65.29%,根生长量最大值为 4 139.00 g·m^{-3}·a^{-1},出现在 20～40 cm 的土层内。

　　在水平方向上,黑沙蒿根系的年生长量随距沙蒿植株距离的增大而逐渐减小,其根生长量主要集中分布在距黑沙蒿植株 0～40 cm 的范围内(如图 3-6)。在半固定沙丘迎风面下部,根生长量的主要集中分布在距植株 20～40 cm 的范围内,其根生长量为 2 467.00 g·m^{-3}·a^{-1},占总根生长量的 42.94%,在距植株 0～40 cm 的范围内,其根生长量占总根生长量的 75.99%。在沙丘迎风面中部,根生长量的主要集中分布在距植株 0～20 cm 的范围内,其根生长量为 3 946.50 g·m^{-3}·a^{-1},占总根生长量的 48.77%,在距植株 0～40 cm 的范围内,其根生长量占总根生长量的 76.77%。在沙丘顶部,根生长量的主要集中分布在距植株 0～20 cm 的范围内,其根生长量为 2 086.50 g·m^{-3}·a^{-1},占总根生长量的 36.27%,在距植株 0～40 cm 的范围内,其根生长量占总根生长量的 72.19%。在背风面中部,根生长量的主要集中分布在距植株 0～20 cm 的范围内,其根生长量为 5 788.75 g·m^{-3}·a^{-1},占总根生长量的 39.40%,在距植株 0～40 cm 的范围内,其根生长量占总根生长量的 70.47%。在背风面下部,根生长量的主要集中分布在距植株 0～20 cm 的范围内,其根生长量为 7 760.00 g·m^{-3}·a^{-1},占总根生长量的 38.74%,在距植株 0～40 cm 的范围内,其根生长量占总根生长量的72.17%。

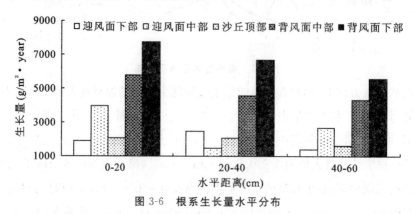

图 3-6　根系生长量水平分布

2.3　根系与环境关系

水分是毛乌素沙地影响黑沙蒿生长的最主要环境因子,黑沙蒿在其生长过程中也形成了对土壤干旱等不良环境因素的适应机理。

2.3.1　根际土壤含水量的变化

不同类型沙地沙蒿种群的土壤含水量随土层深度而变化,表现为明显的层次性特征,一般表层土壤含水量均偏低,随着土壤深度的增加,土壤含水量逐渐增大,但在一定深度层后又逐渐减低。流动沙地表层到深层的土壤含水量为 $1.02\%\sim5.93\%$,增幅较大,且 30 cm 以下深度的土壤含水量极显著高于表层;半固定沙地表层到深层的土壤含水量为 $0.65\%\sim1.91\%$,增幅较小,土壤含水量随深度的加深而平缓增加;封育沙地表层到深层的土壤含水量为 $0.74\%\sim2.45\%$,增幅介于流动沙地和半固定沙地之间,从表层到深层的变化趋势也介于两者之间。不同类型沙地之间土壤含水量,流动沙地在 30 cm 以下,深度极显著高于同一深度的封育沙地和半固定沙地。这是因为半固定沙地受人为干扰比较严重,植被生长受到破坏,土壤水分呈现出波浪起伏的变化规律,而在流动沙地,由于植被稀少,对水分的利用相对较少,加之表面干沙层对下层水分毛管蒸发的抑制作用,因此使流动沙地 30 cm 以下深度层土壤含水量相对较高。封育沙地受到人为保护,土壤含水量介于二者之间,而土壤水分在 60 cm 以下明显减小,这是因为该层大多为沙生灌木植物根系的主要分布层,根系的强烈吸收作用使其土壤水分有明显的降低现象。总体比较,不同类型沙地根际土壤含水量从高到低排序为:流动沙地＞封育沙地＞半固定沙地。

2.3.2　根系含水量的变化

不同土壤层次黑沙蒿根系含水量都是流动沙丘＞半固定沙地＞固定沙地见表3-1。$0\sim20,20\sim40,40\sim60,60\sim80,80\sim100,100\sim150$ cm 土层主根含水量流动沙丘不但依次高于固定沙地 $6.9\%,15.41\%,17.54\%,19.8\%,18.99\%,10.32\%$,还表现出随土层深度增加而增加到一定程度后又下降的趋势,和根系在不同土壤层次分布量相吻合,侧根含水量也表现出同样的变化规律,$0\sim20,20\sim40,40\sim60,60\sim80,80\sim100,100\sim150$ cm 土层侧根含水量依次高于流动沙丘 $17.03\%,15.39\%,25.42\%,20.45\%,17.97\%$,流动沙丘主根、侧根含水量 $0\sim20,20\sim40,40\sim60,60\sim80,80\sim100,100\sim150$ cm 土层分别高于半固定沙丘 3.84% 和 $11.62\%,12.81\%$ 和 $10.93\%,10.78\%$ 和 $18.33\%,18.15\%$ 和 $18.38\%,$

18.59％和14.97％,9.36％(主根)。表明黑沙蒿根系为了适应更严酷的干旱环境在根系储存水分性方面进行了相应的调整。

表 3-1　不同深度层中沙蒿主侧根的含水量

		流动沙地		半固定沙地		固定沙地	
		鲜重(g)	含水量(%)	鲜重(g)	含水量(%)	鲜重(g)	含水量(%)
0～20 cm	主根	111.9	57.16	80.09	53.32	70.91	50.26
	侧根	54.35	67.69	77.35	56.07	42.68	50.66
20～40 cm	主根	67.43	69.13	24.77	56.32	22.84	53.72
	侧根	78.14	70.71	10.12	59.78	3.94	55.32
40～60 cm	主根	11.82	66.92	12.29	56.14	12.39	49.38
	侧根	2.77	75.81	5.48	57.48	2.56	50.39
60～80 cm	主根	11.64	71.13	10.23	52.98	10.87	51.33
	侧根	1.89	74.07	4.22	55.69	2.07	53.62
80～100 cm	主根	10.89	71.07	5.45	52.48	7.7	52.08
	侧根	0.93	72.04	1.91	57.07	1.72	54.07
100～150 cm	主根	3.62	62.43	3.28	53.07	5.91	52.11
	侧根	—	—	1.38	59.42	0.83	53.01

2.3.3　土壤水分的动态变化与黑沙蒿根系生长的关系

沙地土壤含水量的垂直变化规律与黑沙蒿根系生长量的垂直变化规律密切相关。由表 3-2 可知:在 0～40 cm 土层,根系生长量随着土壤含水量的增大而增大。沙丘迎风坡、背风坡和沙丘顶部土壤含水量的变化幅度分别为 0.91％、0.34％和 1.06％,沙丘迎风坡、背风坡和沙丘顶部根系生长量的变化幅度分别为 541.38 g·m^{-3}·a^{-1},1 423.00 g·m^{-3}·a^{-1} 和 176.50 g·m^{-3}·a^{-1};在 20～60 cm 土层,迎风坡下部和沙丘顶部黑沙蒿根系的生长量随土壤含水量的增大而增大,而其他部位则出现减小的趋势。沙丘迎风坡、背风坡和沙丘顶部土壤含水量的变化幅度分别为 0.07％,1.03％和 0.35％,沙丘迎风坡、背风坡和沙丘顶部根系生长量的变化幅度分别为 83.88 g·m^{-3}·a^{-1},72.00 g·m^{-3}·a^{-1} 和 0.50 g·m^{-3}·a^{-1}。沙地土壤含水量与黑沙蒿根系生长量的垂直变化规律密切相关。在 0～60 cm 土层黑沙蒿根系生长量与土壤含水量的变化幅度相一致,土壤含水量的变化幅度越大,根系生长量的变化幅度也越大,说明土壤水分在影响根系生长和分布,同时,由于根系对土壤水分的吸收,也反过来在影响着土壤水分的再分配;而在 60 cm 以下二者之间的规律则不明显。

表 3-2 不同坡向坡位土壤含水量与根生长量的关系

深度 cm	迎风面下部		迎风面中部		沙丘顶部		背风面中部		背风面下部	
	土壤含水量 v/v	根生长量 g/m³.a	土壤含水量 v/v	根生长量 g/m³.a	土壤含水量 v/v	根生长量 g/m³.a	土壤含水量 v/v	根生长量 g/m³.a	土壤含水量 v/v	根生长量 g/m³.a
0~20	7.14	665.30	7.18	1538.30	7.31	975.50	7.31	1941.70	7.11	2281.30
20~40	7.96	1309.80	8.18	1976.50	8.37	1152.00	8.32	2930.00	7.87	4139.00
40~60	8.41	1407.30	8.58	1710.80	8.73	1152.50	8.76	2708.00	9.45	2919.00

3. 结 论

由表 3-3 至 3-6 得出以下结论：

（1）不同年龄的黑沙蒿根系生物量变化范围及其在各土层中的分布规律各不相同。黑沙蒿根系生物量随着年龄的增加而增加，在一定时期达到最大值，然后逐渐下降并趋于稳定，其根系分布也随年龄的增加向深层土壤延伸，在垂直方向上，根生物量随深度增加成指数递减。1~5 年生黑沙蒿根系主要分布在 0~60 cm 土层，在 0~20 cm 土层，黑沙蒿根系生物量占根总生物量百分比 1 年生＞2 年生＞3 年生＞4 年生＞5 年生；在 20~60 cm 土层，根系生物量百分比则随着年龄的增大出现先增大后减少的趋势。

（2）黑沙蒿根长的变化特征与其根生物量的分布规律较为相似，1~5 年生黑沙蒿根长主要分布也集中在 0~60 cm 土层，而且随着年龄的增加，不同土层间根长的变幅增大，但随着土壤深度的增加黑沙蒿根长成指数递减。

（3）比根长能反映植物对不同生境的适应特征，通过对 1~5 年生黑沙蒿比根长变化特征的研究得出：0~200 cm 土层平均比根长为 1 年生＞2 年生＞3 年生＞4 年生＞5 年生，5 个年龄段的黑沙蒿中 1 年生单位生物量构建的根长最大，因此比根长最大，5 年生黑沙蒿用以构建其根系的碳投入最多，但是其比根长却最小。5 个年龄段的黑沙蒿用以构建根长的生物量投入效率从高到低依次为 1 年生＞2 年生＞3 年生＞4 年生＞5 年生。而相同年龄段的黑沙蒿在不同土层其比根长也各不相同，这不仅说明了植物对其生存环境具有较高的可塑性，同时也反映了土壤环境条件存在差异。

表 3-3　黑沙蒿根系特征

树龄	土层深度	重量(干重)/g					根长/mm					表面积/cm²				
		侧根		主根		合计	侧根		主根		合计	侧根		主根		合计
		d	D	d	D		d	D	d	D		d	D	d	D	
1	0—20	0.83		0	1.31	2.14	496.97		0	49.11	546.08	118.62		0	26	144.62
	20—40	0.06		0.22	0.08	0.36	15.22		33.12	17.28	65.62	3.85		12.11	5.39	21.35
	40—60	0.04		0.02	0.02	0.06	23.69		19.57		43.26	3.33		3.33		6.66
	60—80	0.03		0.02	0.02	0.05	30.95		17.92		48.87	3.78				3.78
	80—100	0.03				0.03	43.01				43.01	3.06				3.06
2	0—20	1.52		0.1	2.05	3.58	761.11		34.25	67.3	828.42	223.09		9.06	36.4	268.55
	20—40	0.27		0.04	0.42	0.68	149.94		13.91	17.96	181.81	33.1		4.35	9.35	46.8
	40—60	0.25		0.05	0.25	0.55	78.53		32.16	17.32	119.63	12.15		7.41	7.93	27.49
	60—80	0.23				0.23	48.24				48.24	11.14				11.14
	80—100										18.16					0
3	0—20	2.84	1.79	7.85		12.48	2584.69	473.88	0	0	3058.57	874.1	278.11		305.88	1458.09
	20—40	1.02	0.16	0.06	0.52	1.76	570.73	31.39	14.25	17.36	633.73	271.77	15.19	6.78	31.75	325.49
	40—60	0.51	0.04		0.22	0.76	376.07	18.21	—	17.32	411.6	118.95	7.25		7.69	389
	60—80	0.31			0.17	0.48	214.81			13.91	228.72	73.64			6.38	80.02
	80—100	0.15				0.15	56.73				69.91	17.04				17.04
	100—120	0.09				0.09	30.24				45.37	10.53				10.53
	120—140	0.07				0.07	20.4				61.19	6.45				6.45
	140—160	0.04				0.04	18.31				54.93	5.14				5.14

续表

树龄	土层深度	重量(干重)/g					根长/mm					表面积/cm²				
		侧根 d	侧根 D	主根 d	主根 D	合计	侧根 d	侧根 D	主根 d	主根 D	合计	侧根 d	侧根 D	主根 d	主根 D	合计
4	0—20	4.23	1.76	2.24	7.97	16.19	2867.66	447.13	38.49	19.02	3371.8	1424.6	357.81	18.26	667.06	2467.73
	20—40	2.11	0.7	0.61	0.84	4.26	640.53	62.63	13.61	72.79	789.55	268.23	44.17	6.37	60.63	379.4
	40—60	1.21		0.43	0.19	1.83	432.68		13.28	5.9	451.86	164.05		6.45	29.35	199.85
	60—80	0.55		0.03	0.1	0.57	266.32		3.12	6.62	276.06	96.92		1.95	31.46	130.33
	80—100	0.55				0.55	211.13				211.13	85.57				85.57
	100—120	0.22				0.22	170.64				170.64	18.73				18.73
	120—140	0.84				0.84	135.45				135.45	0				0
	140—160	0.47				0.47	80.79				80.79	0				0
	160—180	0.01				0.01	23.1				23.1	0				0
5	0—20	7.46	7.28		3.38	18.12	3039.62	548.81		36.01	3651.44	1244.96	686.12		767.46	2698.54
	20—40	4.26	0.76		1.25	6.27	407.29	82.79		23.04	513.12	272.35	53.94		111.62	437.91
	40—60	1.97	0.38		0.23	2.58	347.85	25.79		11.72	385.36	146.08	17.32		25.55	188.95
	60—80	1.54	0.36		0.09	1.99	273.49	26.38		9.43	309.3	109.68	17.32		22.62	149.62
	80—100	1.22				1.22	220.93				220.93	90.96				90.96
	100—120	1.05				1.05	180.27				180.27	77.21				77.21
	120—140	0.8				0.8	136.52				136.52	58.71				58.71
	140—160	0.66				0.66	136.02				136.02	53.66				53.66
	160—180	0.34				0.34	86.45				86.45	30.24				30.24
	180—200	0.32				0.32	19.15				57.46	7.52				7.52

d 为直径小于2 mm，D 为直径≥2 mm。

表3-4 黑沙蒿根系生长量(2006.7)

植株编号	土层深度/cm	E 与植株距离/cm			W 与植株距离/cm			S 与植株距离/cm			N 与植株距离/cm			合计
		0—20	20—40	40—60	0—20	20—40	40—60	0—20	20—40	40—60	0—20	20—40	40—60	
1	0—20	0.0704	0.0701	0.0412	0.0398	0.0382	0.0151	0.0205	0.0308	0.0158	0.0028	0.0011	0.0000	0.3458
	20—40	0.0830	0.1010	0.0910	0.0214	0.0468	0.0664	0.0365	0.0406	0.0246	0.0072	0.0117	0.0000	0.5302
	40—60	0.0836	0.0690	0.0454	0.0211	0.0235	0.0187	0.0258	0.0303	0.0199	0.0220	0.0152	0.0068	0.3813
	60—80	0.0584	0.0464	0.0307	0.0259	0.0165	0.0259	0.0208	0.0187	0.0000	0.0067	0.0112	0.0035	0.2647
	80—100	0.0708	0.0498	0.0622	0.0208	0.0257	0.0241	0.0123	0.0225	0.0225	0.0181	0.0000	0.0134	0.3422
	100—120	0.0623	0.0426	0.0886	0.0236	0.0133	0.0284	0.0214	0.0218	0.0184	0.0059	0.0075	0.0294	0.3632
	小计	0.4285	0.3789	0.3591	0.1526	0.164	0.1786	0.1373	0.1647	0.1012	0.0627	0.0467	0.0531	2.2274
2	0—20	0.1494	0.1368	0.1797	0.0365	0.0174	0.0639	0.0229	0.0472	0.0705	0.0218	0.0524	0.0292	0.8277
	20—40	0.1902	0.1493	0.1855	0.0603	0.0218	0.0653	0.0244	0.0715	0.0468	0.0527	0.0326	0.0662	0.9666
	40—60	0.2754	0.0964	0.3125	0.0782	0.0335	0.1049	0.0843	0.0291	0.0406	0.0438	0.0189	0.0989	1.2165
	60—80	0.2545	0.1715	0.3590	0.0456	0.0735	0.1336	0.0642	0.0690	0.0391	0.0598	0.0143	0.1469	1.431
	80—100	0.2487	0.1625	0.3255	0.0704	0.1019	0.1001	0.0603	0.0401	0.0499	0.0571	0.0043	0.1207	1.3415
	100—120	0.1109	0.1899	0.2279	0.0344	0.1067	0.1000	0.0493	0.0418	0.0219	0.0119	0.0151	0.0692	0.979
	小计	1.2291	0.9064	1.5901	0.3254	0.3548	0.5678	0.3054	0.2987	0.2688	0.2471	0.1376	0.5311	6.7623
3	0—20	0.0486	0.0562	0.0670	0.0158	0.0021	0.0020	0.0068	0.0019	0.0376	0.0197	0.0280	0.0039	0.2896
	20—40	0.1189	0.1148	0.0389	0.0228	0.0303	0.0000	0.0167	0.0184	0.0238	0.0712	0.0349	0.0130	0.5037
	40—60	0.2387	0.1734	0.0489	0.0048	0.0737	0.0043	0.0156	0.0179	0.0233	0.1742	0.0607	0.0065	0.842
	60—80	0.1599	0.2027	0.0595	0.0105	0.0556	0.0126	0.0649	0.0409	0.0237	0.0524	0.0329	0.0000	0.7156
	80—100	0.1877	0.1544	0.0729	0.0072	0.0669	0.0268	0.0903	0.0128	0.0120	0.0397	0.0524	0.0105	0.7336
	100—120	0.1005	0.1251	0.0841	0.0034	0.0484	0.0113	0.0544	0.0015	0.0406	0.0197	0.0301	0.0294	0.5485
	小计	0.8543	0.8266	0.3713	0.0645	0.277	0.057	0.2487	0.0934	0.161	0.3769	0.239	0.0633	3.633

续表

植株编号	土层深度/cm	E 与植株距离/cm			W 与植株距离/cm			S 与植株距离/cm			N 与植株距离/cm			合计
		0—20	20—40	40—60	0—20	20—40	40—60	0—20	20—40	40—60	0—20	20—40	40—60	
4	0—20	0.1047	0.0581	0.0127	0.0034	0.0186	0.0087	0.0000	0.0273	0.0021	0.0719	0.0079	0.0000	0.3154
	20—40	0.0987	0.1982	0.2329	0.0259	0.0240	0.0362	0.0334	0.0023	0.0656	0.0313	0.1506	0.0603	0.9594
	40—60	0.0944	0.0828	0.1992	0.0191	0.0244	0.0136	0.0109	0.0125	0.0310	0.0507	0.0328	0.1223	0.6937
	60—80	0.1290	0.1046	0.1269	0.0234	0.0089	0.0173	0.0525	0.0000	0.0189	0.0493	0.0661	0.0704	0.6673
	80—100	0.0873	0.0873	0.1074	0.0148	0.0000	0.0337	0.0318	0.0158	0.0000	0.0407	0.0280	0.0639	0.5107
	100—120	0.0737	0.0922	0.0977	0.0039	0.0167	0.0343	0.0516	0.0056	0.0107	0.0079	0.0221	0.0395	0.4559
	小计	0.5878	0.6232	0.7768	0.0905	0.0926	0.1438	0.1802	0.0635	0.1283	0.2518	0.3075	0.3564	3.6024
5	0—20	0.3018	0.0779	0.0635	0.0711	0.0287	0.0185	0.0087	0.0156	0.0138	0.1482	0.0272	0.0271	0.8021
	20—40	0.3863	0.0659	0.1022	0.0311	0.0497	0.0298	0.0967	0.0017	0.0152	0.2364	0.0076	0.0231	1.0457
	40—60	0.2465	0.2063	0.0860	0.0449	0.1058	0.0149	0.0720	0.0275	0.0134	0.1184	0.0405	0.0293	1.0055
	60—80	0.1995	0.1668	0.0570	0.0112	0.0683	0.0081	0.0695	0.0649	0.0075	0.0827	0.0198	0.0102	0.7655
	80—100	0.1821	0.1457	0.0934	0.0243	0.0619	0.0076	0.0215	0.0202	0.0101	0.1005	0.0122	0.0403	0.7198
	100—120	0.1088	0.1063	0.0537	0.0124	0.0386	0.0000	0.0137	0.0024	0.0194	0.0681	0.0328	0.0097	0.4659
	小计	1.425	0.7689	0.4558	0.195	0.353	0.0789	0.2821	0.1323	0.0794	0.7543	0.1401	0.1397	4.8045

表 3-5　黑沙蒿根系生长量(2006.11)

植株编号	土层深度/cm	E 与植株距离/cm 0—20	E 20—40	E 40—60	W 与植株距离/cm 0—20	W 20—40	W 40—60	S 与植株距离/cm 0—20	S 20—40	S 40—60	N 与植株距离/cm 0—20	N 20—40	N 40—60	合计
1	0—20	0.1456	0.088	0.0876	0.043	0	0	0.0181	0.0548	0.0192	0.0845	0.031	0	0.5718
	20—40	0.1853	0.1453	0.0325	0.0693	0	0	0	0.0133	0.0131	0.1053	0.0832	0.0022	0.6495
	40—60	0.2323	0.2142	0.0218	0.0371	0.0917	0.0417	0.0035	0.0146	0.0364	0.1821	0.0025	0.0058	0.8837
	60—80	0.1179	0.0913	0.1078	0.0055	0.0568	0.0709	0.0041	0	0.027	0.1096	0.2507	0.0113	0.5967
	80—100	0.0101	0.3604	0.1683	0	0	0.0561	0.0019	0.0455	0.0163	0.0027	0	0.0178	0.9353
	100—120	0.0684	0.088	0.1415	0	0.0042	0.0178	0.0127	0.0222	0	0.0377	0	0.0205	0.3925
	小计	0.7596	0.9872	0.5595	0.1549	0.1527	0.1865	0.0403	0.1504	0.112	0.5219	0.3674	0.0371	4.0295
2	0—20	0.0343	0.0923	0.0332	0.0217	0.0148	0.0131	0.0109	0.0019	0	00.084	0.0575	0.0201	0.2998
	20—40	0.0691	0.078	0.0157	0.0171	0.006	0.0095	0.0014	0.0181	0	0.0088	0.0452	0.0062	0.2751
	40—60	0.2386	0.0806	0.0189	0	0.0068	0.0049	0.022	0.0136	0.014	0.0214	0.0533	0	0.4741
	60—80	0.1421	0.0306	0.0207	0.0021	0.0024	0.0064	0	0	0.0056	0.0078	0.0012	0.0067	0.2256
	80—100	0.1261	0.0337	0.0191	0	0	0	0	0	0.003	0.0027	0.0337	0.0161	0.2344
	100—120	0.1042	0.0246	0	0	0	0.0041	0.0079	0	0	0	0	0.0205	0.1613
	小计	0.7144	0.3398	0.1076	0.0409	0.03	0.038	0.0422	0.0336	0.0226	0.0407	0.1909	0.0696	1.6703
3	0—20	0.1132	0.0548	0.1259	0.008	0.0143	0.0751	0.0372	0.0054	0.0226	0.0579	0.0076	0.0254	0.5474
	20—40	0.0844	0.0998	0.0839	0.0223	0.0245	0.0103	0.0363	0.0213	0.0209	0.0189	0.0029	0.035	0.4605
	40—60	0.0614	0.2408	0.0968	0.0017	0.0237	0.0066	0.0098	0.1919	0.0367	0.0175	0.0219	0.0232	0.732
	60—80	0.0542	0.0572	0.1527	0.0021	0.0119	0.0186	0.0101	0.0364	0.0319	0.0059	0.0058	0.0212	0.408
	80—100	0.0717	0.048	0.1217	0	0	0.0137	0.0119	0.0274	0.0632	0.0121	0	0	0.3697
	100—120	0.0713	0.0418	0.0588	0	0.0028	0.0098	0.0505	0.0161	0.0158	0.0164	0.0041	0	0.2874
	小计	0.4562	0.5424	0.6398	0.0341	0.0772	0.1341	0.1558	0.2985	0.1911	0.1287	0.0423	0.1048	2.805

续表

植株编号	土层深度/cm	E 与植株距离/cm			W 与植株距离/cm			S 与植株距离/cm			N 与植株距离/cm			合计
		0—20	20—40	40—60	0—20	20—40	40—60	0—20	20—40	40—60	0—20	20—40	40—60	
4	0—20	0.3282	0.1901	0.2584	0.0337	0.0774	0.0927	0.0189	0.064	0.0605	0.1476	0.0139	0.0972	1.3826
	20—40	0.3385	0.2768	0.0892	0.2033	0.0435	0.015	0.0398	0.1297	0.0373	0.0705	0.0271	0.0234	1.2941
	40—60	0.1804	0.2685	0.32	0.0157	0.1064	0.0032	0.0647	0.0442	0.2268	0.0174	0.0559	0.0296	1.3328
	60—80	0.1057	0.1809	0.3129	0.0142	0.0314	0.0669	0.0409	0.1051	0.1214	0.0105	0.0119	0.0485	1.0503
	80—100	0.1066	0.2226	0.2649	0.0233	0.0843	0.0172	0.0462	0.0997	0.1479	0.0107	0.0062	0.0496	1.0792
	100—120	0.0659	0.1778	0.1811	0.0473	0.1025	0.0137	0	0.0678	0.123	0.0186	0.0024	0.0094	0.8095
	小计	1.1253	1.3167	1.4265	0.3375	0.4455	0.2087	0.2105	0.5105	0.7169	0.2753	0.1174	0.2577	6.9485
5	0—20	0.2698	0.356	0.2867	0.0689	0.0445	0.0644	0.0623	0.0403	0.0996	0.031	0.0543	0.0787	1.4565
	20—40	0.3596	0.231	0.3533	0.0803	0.0854	0.1114	0.0384	0.0216	0.1296	0.1071	0.0353	0.0725	1.6255
	40—60	0.3505	0.189	0.5269	0.1129	0.0417	0.0745	0.0394	0.0285	0.311	0.0291	0.0251	0.0567	1.7853
	60—80	0.3856	0.1933	0.1925	0.1143	0.0402	0.0193	0.042	0.0879	0.0603	0.0328	0.0268	0.042	1.237
	80—100	0.2648	0.1936	0.252	0.0732	0.0834	0.093	0.1518	0.0208	0.0786	0.0063	0.0323	0.0472	1.297
	100—120	0.1093	0.1784	0.2167	0.0214	0.0601	0.144	0.046	0.015	0.0299	0.0348	0.0212	0.0188	0.8956
	小计	1.7396	1.3413	1.8281	0.471	0.3553	0.5066	0.3799	0.2141	0.709	0.2411	0.195	0.3159	8.2969
6	0—20	0.0577	0.0371	0.0799	0.0087	0	0	0.013	0	0.056	0.0144	0.0309	0	0.2977
	20—40	0.2156	0.1196	0.1887	0.0319	0.0737	0.0089	0.0454	0.0203	0.0873	0.0539	0.0128	0.0328	0.8909
	40—60	0.1008	0.2322	0.2299	0.0061	0.1176	0.0412	0.0566	0.0743	0.0425	0.0334	0.034	0.0215	0.9901
	60—80	0.1334	0.3234	0.3394	0.0092	0.1312	0.0515	0.0736	0.1206	0.1205	0.0042	0.0643	0.0625	1.4338
	80—100	0.0471	0.2895	0.2286	0.0066	0.1188	0.0449	0.0282	0.0793	0.0296	0.0054	0.0706	0.049	0.9976
	100—120	0.0825	0.0969	0.0364	0.0151	0.0371	0	0.0324	0	0.005	0.0081	0.0464	0.0049	0.3648
	小计	0.6371	1.0987	1.1029	0.0776	0.4784	0.1465	0.2492	0.2945	0.3409	0.1194	0.259	0.1707	4.9749

续表

植株编号	土层深度/cm	E 与植株距离/cm			W 与植株距离/cm			S 与植株距离/cm			N 与植株距离/cm			合计
		0—20	20—40	40—60	0—20	20—40	40—60	0—20	20—40	40—60	0—20	20—40	40—60	
7	0—20	0.3049	0.1803	0.1301	0.1007	0.0679	0	0.1082	0.0029	0.0142	0.0321	0.0854	0.0503	1.077
	20—40	0.4582	0.2422	0.0902	0.0533	0.0017	0.006	0.1474	0.1321	0.0289	0.1275	0.0846	0.0183	1.3904
	40—60	0.1452	0.2603	0.1902	0.0556	0.0684	0.0117	0.0851	0.0671	0.0341	0.0045	0.0496	0.0754	1.0472
	60—80	0.1679	0.154	0.086	0.0161	0.0444	0.0059	0.023	0.0536	0	0.0249	0.056	0.0616	0.6934
	80—100	0.2852	0.0428	0.1657	0.0663	0.0045	0.0063	0.097	0.0188	0	0.0333	0.0029	0.0656	0.7884
	100—120	0.2172	0.1084	0.0895	0.0974	0.0781	0.0091	0.0456	0.0072	0	0.0223	0.0038	0.0234	0.702
	小计	1.5786	0.988	0.7517	0.3894	0.265	0.039	0.5063	0.2817	0.0772	0.2446	0.2823	0.2946	5.6984
8	0—20	0.1515	0.1611	0.0776	0.0886	0.1335	0.0144	0.0397	0.0163	0.0491	0.003	0	0.0141	0.7489
	20—40	0.1712	0.1638	0.1258	0.1165	0.0406	0.0257	0.0271	0.0137	0.0474	0	0.0314	0.0102	0.7734
	40—60	0.1515	0.0881	0.087	0.0801	0.0168	0.0245	0.0396	0.0032	0.008	0	0.0182	0.0196	0.5366
	60—80	0.1108	0.1505	0.1078	0.0612	0.0149	0.0183	0.0214	0.003	0.0411	0	0.0738	0.0047	0.6075
	80—100	0.1815	0.0719	0.0783	0.0765	0.004	0.0046	0.0519	0.0012	0.0124	0	0.006	0.0524	0.5407
	100—120	0.0613	0.0781	0.0782	0.0111	0.0072	0.0256	0.011	0.0235	0	0.0038	0	0.041	0.3408
	小计	0.8278	0.7135	0.5547	0.434	0.217	0.1131	0.1907	0.0609	0.158	0.0068	0.1294	0.142	3.5479
9	0—20	0.3427	0.1831	0.1706	0.0781	0.0374	0.0517	0.0829	0.0858	0.0884	0.0664	0.0252	0.0048	1.2171
	20—40	0.4627	0.2371	0.4722	0.0891	0.023	0.0332	0.1392	0.0577	0.2902	0.1065	0.1299	0.085	2.1258
	40—60	0.3886	0.3739	0.3207	0.0516	0.0268	0.0291	0.1223	0.0781	0.1477	0.1111	0.1964	0.0995	1.9458
	60—80	0.4452	0.436	0.2905	0.0278	0.1319	0.0418	0.1473	0.078	0.1678	0.1033	0.1734	0.0251	2.0681
	80—100	0.332	0.3346	0.3318	0.0825	0.0838	0.0328	0.0549	0.0985	0.1622	0.0872	0.0551	0.0953	1.7507
	100—120	0.3443	0.2611	0.15	0.0092	0.0406	0.0103	0.0703	0.0356	0.0506	0.0817	0.0875	0.0404	1.1816
	小计	2.3155	1.8258	1.7358	0.3383	0.3435	0.1989	0.6169	0.4337	0.9069	0.5562	0.6675	0.3501	10.2891

续表

植株编号	土层深度/cm	E 与植株距离/cm			W 与植株距离/cm			S 与植株距离/cm			N 与植株距离/cm			合计
		0—20	20—40	40—60	0—20	20—40	40—60	0—20	20—40	40—60	0—20	20—40	40—60	
10	0—20	0.3407	0.931	0.7303	0.0349	0.0786	0.0862	0.0895	0.1077	0.0482	0.1531	0.6333	0.4139	3.6474
	20—40	0.6462	0.5132	0.4962	0.1381	0.0688	0.142	0.1687	0.1021	0.0785	0.278	0.1276	0.0794	2.8388
	40—60	0.4991	0.4355	0.233	0.164	0.0497	0.0564	0.1402	0.0688	0.0082	0.144	0.267	0.1178	2.1837
	60—80	0.6846	0.5259	0.4253	0.2901	0.1319	0.0473	0.1092	0.0426	0.1301	0.1104	0.2767	0.1454	2.9195
	80—100	0.5215	0.4183	0.366	0.2714	0.1011	0.0288	0.1329	0.0734	0.2098	0.0539	0.1217	0.1126	2.4114
	100—120	0.4119	0.2786	0.2541	0.1958	0.0183	0.0507	0.0597	0.1061	0.1092	0.1356	0.1281	0.0726	1.8207
	小计	3.104	3.1025	2.5049	1.0943	0.4484	0.4114	0.7002	0.5007	0.584	0.875	1.5544	0.9417	15.8215

表 3-6　黑沙蒿地上部分数据

	冠幅 cm×cm	株高 cm	鲜重 g	鲜样重 g	样干重 g	总干重 g
6#	150×130	60	426	131	69.2176	225.0893
7#	140×140	50	415	131	69.2176	219.2771
8#	160×160	60	506	131	69.2176	267.3596
9#	160×150	80	593	131	69.2176	313.3285
10#	130×130	60	567	131	69.2176	299.5907
11#	120×130	80	595	131	69.2176	314.3853
12#	140×120	50	388	131	69.2176	205.0109
13#	180×190	80	657	131	69.2176	347.1448
14#	100×100	50	294	131	69.2176	155.3433
15#	110×120	70	632	131	69.2176	333.9353

第二节　白沙蒿根系形态与分布特征

白沙蒿(*Artemisia sphaerocephala* Krasch)又称籽蒿。是半荒漠和典型荒漠地区中沙区的主要植物之一，也是荒漠化蒿类半灌木主要种类，常形成群落片断，在荒漠区和荒漠草原地带流动和半流动沙丘的植被恢复中具有重要地位。

1.实验地点与研究方法(与黑沙蒿相同)

2.研究结果

试验结果表明（表 3-7）：1～5 年生的白沙蒿根系平均生物量分别为0.851 g/株、2.591 g/株、4.660 g/株、19.130 g/株和31.665 g/株。1 年生白沙蒿根系在0～60 cm 土层范围内均有分布，但主要分布在 0～20 cm 土层，其生物量占总根生物量的 79.79%，而 0～40 cm 土层内的根系生物量占到总根生物量的95.06%,白沙蒿根系生物量在不同土层的分布范围为 0.043～0.679 g/株,其最大根生物量分布在0～20 cm 土层,最小根生物量分布在 40～60 cm。2 年生白沙蒿根系分布在0～60 cm 土层范围,其最大根系生物量分布在0～20 cm 土层,占总根生物量的 98.76%,最小生物量分布在 40～60 cm,占总根生物量的 0.15%,0～40cm,土层根生物量则占总根生物量的99.85%,白沙蒿根系生物量在不同

表 3-7　白沙蒿根系特征

树龄/年	土层深度/cm	长度/mm			表面积/cm²			体积/cm³			生物量/g
		D≤2 mm	D>2 mm	根系	D≤2 mm	D>2 mm	根系	D≤2 mm	D>2 mm	根系	
1	0—20	1070.390	0.146	1070.536	184.962	0.095	185.057	2.990	0.005	2.995	0.679
	20—40	298.497	0.000	298.497	49.952	0.000	49.952	0.810	0.000	0.810	0.130
	40—60	113.972	0.000	113.972	18.314	0.000	18.314	0.272	0.000	0.272	0.043
	合计	1482.859	0.146	1483.005	253.228	0.095	253.323	4.071	0.005	4.076	0.851
2	0—20	1288.772	123.398	1412.170	243.281	111.652	354.933	5.111	8.897	14.008	2.559
	20—40	356.280	0.003	356.283	64.370	0.002	64.372	1.070	0.000	1.070	0.028
	40—60	141.177	0.000	141.177	21.526	0.000	21.526	0.340	0.000	0.340	0.004
	合计	1786.229	123.401	1909.630	329.177	111.654	440.831	6.521	8.897	15.418	2.591
3	0—20	1267.941	79.469	1347.410	305.351	73.682	379.033	7.729	6.045	13.773	2.946
	20—40	432.634	9.115	441.749	102.436	6.447	108.884	2.803	0.371	3.174	0.646
	40—60	146.311	42.334	188.645	43.377	33.069	76.446	1.436	2.104	3.540	1.068
	合计	1846.886	130.918	1977.805	451.164	113.199	564.363	11.967	8.520	20.487	4.660
4	0—20	2784.332	316.642	3100.974	690.224	375.401	1065.625	19.741	40.913	60.655	16.747
	20—40	482.697	85.244	567.941	134.818	68.833	203.652	4.313	4.776	9.089	2.220
	40—60	48.798	3.879	52.677	15.118	2.645	17.763	0.479	0.144	0.623	0.163
	合计	3315.828	405.765	3721.592	840.161	446.878	1287.039	24.533	45.834	70.367	19.130
5	0—20	2718.002	434.497	3152.500	704.284	478.581	1182.865	20.370	50.248	70.619	14.958
	20—40	1747.838	381.670	2129.508	500.625	362.529	863.154	15.878	31.090	46.968	8.804
	40—60	1024.088	274.781	1298.869	341.129	238.966	580.095	11.652	17.480	29.131	5.905
	60—80	381.944	136.441	518.385	137.396	108.325	245.721	5.048	7.050	12.098	1.998
	合计	5871.873	1227.389	7099.261	1683.434	1188.401	2871.835	52.948	105.868	158.815	31.665

土层的分布范围为 0.004～2.559 g/株。3 年生白沙蒿根系分布在 0～60 cm 土层范围,其最大根系生物量分布在 0～20 cm 土层,占总根生物量的 63.22%,0～40 cm 土层根生物量占总根生物量的 77.08%,白沙蒿根系生物量在不同土层的分布范围为0.646～2.946 g/株,其最大根系生物量分布在 0～20 cm 土层,最小生物量分布在 20～40 cm 土层。4 年生白沙蒿根系分布在 0～60 cm 土层范围,其最大根系生物量分布在 0～20 cm 土层,占总根生物量的 87.54%,0～40 cm 土层根生物量占总根生物量的 99.15%,白沙蒿根系生物量在不同土层的分布范围为 10.63～16.747 g/株,其最大根系生物量分布在 0～20 cm 土层,最小生物量分布在 40～60 cm 土层。5 年生白沙蒿根系分布在 0～80 的土层范围内,在 0～20 cm土层根生物量占总根生物量的 47.24%,0～40 cm 土层根生物量占总根生物量的75.04%,而 0～60 cm 土层内的根系生物量则占总生物量的 93.69%,白沙蒿根系生物量在不同土层的分布范围为 1.998～14.958 g/株,其最大根系生物量分布在0～20 cm,最小生物量分布在 60～80 cm 土层。不同年龄的白沙蒿根系生物量变化范围及其在各土层中的分布规律各不相同。随着年龄的递增,土层间根系生物量的变化幅度增大,在一定时期内达到最大值,然后逐渐下降并趋于稳定。在垂直方向上,白沙蒿根系分布随着年龄的增加也向深层土壤延伸,但随着土层深度的增加生物量成指数递减。白沙蒿根系主要分布在 0～60 cm 土层,在0～20 cm 土层,白沙蒿根系生物量占根总生物量百分比 2 年生＞4 年生＞1 年生＞3 年生＞5 年生;在 20～60 cm 土层,根系生物量随年龄的增大出现逐渐增大的趋势。

第三节　沙柳根系分布规律研究

沙柳(*Salixchei lophi la Schneid*)属杨柳科落叶丛生直立灌木,广泛生长在毛乌素沙地、库布齐沙漠等地区,生长快、萌芽力强,根系发达,耐风吹、露根及沙埋,固沙保土作用大,能适应各种不同类型水土保持林的特殊环境,是我国一些沙荒地和黄土丘陵地防风、防蚀、护岸固沙造林的优良树种,同时还可用于饲料和药材,具有很好的经济价值。

1.沙柳主根的垂直分布

沙柳具有耐干旱、抗风蚀、喜沙埋的特点,受流沙掩埋后易生不定根。原来的枝条经沙埋后会变成根系,逐年增粗,成为沙柳主根的一部分,并且萌发出新的侧根和枝条。沙柳根系为直根系,扦插沙柳主根不如自然生长沙柳发达,但也比较明显。挖出沙柳根系就能明显区分出枝条、被沙埋主根和原主根的界限。经过调查,沙柳原主根长度一定,分布于沙丘下 80～210 cm。被沙埋后,主根增加 13 条,达到 14 条,由于在原主根上的发生部位不同,从而长度不同,从 60～100 cm 不等,平均长度(89 cm)小于原主根,但根系总长度增加了858.46%,根系周长从1～11 cm 不等,平均 6.06 cm(见表 3-8)。

沙柳在受流沙掩埋后,原来的枝条成为根系,大大增加了根系的总质量,同时加强了根系吸收养分的能力,使沙柳更快更好的生长。对比两者的质量,被沙埋的主根不断地增长增粗,质量是原来主根的 4 倍多,已经远远大于原来的主根。并且沙埋主根上萌发的新枝条,已经达到 83 枝,而该沙柳没有沙埋时的枝条只有变成被沙埋主根的 14 枝,地上部分枝条的数量和生物量的增加是显而易见的。

表 3-8　沙柳主根的垂直分布

沙柳根系部位	垂直分布/cm	数量/条	平均根长/cm	质量/g	比例平均	质量/g
被沙埋主根	0～100	14	89	2938.58	4.05	209.90
沙柳原主根	80～210	1	130	726.30	1	726.30

2.侧根的垂直分布

沙柳的侧根发达,受流沙掩埋后,被沙埋的枝条萌发不定根,形成新的侧根。沙埋形成的侧根能吸收流沙中的微量元素,促进沙柳更好更快的生长。随着沙埋深度的增加,侧根的数量和质量不断增加。经过调查得表 3-9。

表 3-9　沙柳侧根的垂直分布

沙柳根系部位	发生区分布/cm	数量/枝	质量/g	比例	平均质量/g
不定根侧根	20～100	12	169.92	1	14.16
原主根侧根	80～120	16	2146.54	12.63	134.16

侧根在主根上的发生区部位反映了植物利用土壤水分、养分和微量元素的立体分异性。侧根的发生区是指所有侧根在主根上开始生长时所处的部位组成的

区域。由于遭受流沙掩埋产生不定根,沙柳侧根的发生区幅度较未遭沙埋的沙柳大,从整株沙柳来看,侧根的发生区多集中在 20～120 cm 的主根段。从垂直分布上来看,不定根侧根和主根侧根的发生区分别集中在 20～100 cm 和 80～120 cm。根据观测,沙埋沙柳的整个侧根系都分布在 0～120 cm 的土层中,而分布在 40～80 cm 的沙土层的侧根,其质量占总侧根质量的 70% 左右。而未遭沙埋的沙柳侧根主要分布在 20～60 cm ,可见,由于遭受流沙掩埋,沙埋沙柳侧根的垂直分布相对下移。从质量角度看,原主根侧根总质量是不定根总质量的 12 倍之多,平均每枝的质量比例也达到将近 10 倍。可见,虽然沙埋使沙柳枝条萌发了不定根,但在整个侧根系中,原主根侧根还是占据着主导地位。

3. 沙柳侧根的水平分布以及与地上部分的关系

侧根数的多少直接关系到根系吸收养分、水分、微量元素的能力和耐瘠薄、抗旱性的强弱。同一植物在不同的生长环境下,侧根总数越多,根系体积和表面积相对越大,越有利于根系吸收多的水分、养分和微量元素供给地上部分,促进整株植物的生长。

沙柳根系都具有分布广、面积大的特点。表 3-10 表明,与同年生的对照沙柳相比,流动沙丘上沙柳受沙埋的影响,地上枝条和地下根系都略长,且面积和生物量都较大。同时,两种沙柳枝条高度和根系深度的比例分别为 1:0.91 和 1:0.89,地上与地下的面积比例分别为 1:10.77 和 1:10.92,都相差不大。可见,地上地下的高度和面积都是同步增长。从生物量来看,沙埋沙柳地上、下生物量比为 1:2.30,较对照沙柳的 1:1.92 有很大的差异,主要是因为沙柳原来的枝条经沙埋后逐渐发展成根系,且萌发新的不定根,增加了沙埋沙柳地下生物量的比例。可见,由于流沙掩埋,使得沙柳地下部分高度、面积和生物量都有了很大的增加,从而引起地上部分更加旺盛的生长。

表 3-10 沙柳侧根水平分布以及与地上部分的关系

沙柳部位	沙埋沙柳			对照沙柳		
	高度/m	面积/m²	生物量/g	高度/m	面积/m²	生物量/g
地上	2.30	8.82	2605.84	2.20	7.07	2187.65
地下	2.10	94.98	5981.34	1.95	77.20	4200.29
上下比例	1:0.91	1:10.77	1:2.30	1:0.89	1:10.92	1:1.92

4.沙柳根系对沙埋的响应

风蚀严重阻碍沙柳的生长。风蚀面的枝条长度、扦插分枝数、枝条的平均直径以及枝条的平均分级数都小于未风蚀面的。在所测沙埋深度范围(541 cm)内,沙埋有利于沙柳的生长。随着沙埋深度的增加,大部分植株灌丛的平均高度、枝条直径、枝条分枝数、枝条的分级数以及冠幅周长都有不同程度的增长。

与无沙埋沙柳相比,沙埋沙柳地上部分也有明显的变化,面积和生物量都明显增加,地上部分生物量的差异,缘于沙地环境因子的差异,沙柳地下根系的生长水平不同,进而对地上部分产生相关的影响。

5.小结

沙柳耐干旱、抗风蚀、喜沙埋、可塑性大,不同立地条件下其生长发育情况差异明显,受流沙掩埋后易生不定根,并形成新的根系和枝条。沙丘上的沙柳遭流沙掩埋后,被沙埋的枝条逐渐发展成根系的一部分,并在适当的含水条件下,萌发不定根,形成新的侧根。通过对 5 a 生的沙柳调查表明,在沙埋深度平均达到 80 cm 的时候,由沙埋形成的主根质量会远远超过原来主根,侧根的垂直分布会相应的下移,主要生长区为 40～80 cm,沙埋形成的不定根在吸收水分和养分方面起着非常重要的作用,但从质量角度来看,不定根在整个侧根系中所占比例较小,原来侧根还是占据着主导作用。沙柳经过沙埋后,增加了地下根系部分的面积和生物量,增强了沙柳吸收水分和养分的能力。

与无沙埋沙柳相比,沙埋沙柳地上部分也有明显的变化,面积和生物量都明显增加,地上部分生物量的差异缘于沙地环境因子的差异,沙柳地下根系的生长水平不同,进而对地上部分产生相关的影响。

沙柳在迎风坡经风蚀裸根后,只要不是全部出露,仍能成活。在沙区常常可以看到,在沙丘迎风坡,一株沙柳的根部有左右出露,侧根就像渔网纵横交错裸露在沙面上,其植株仍长势良好,但如根部继续裸露,沙柳就会死亡。分布在背风坡的沙柳随着沙丘向前推进,会遭致沙的埋压,但一般情况是,只要沙埋不过顶,沙柳就不会死亡,反而生长要比未经沙压的旺盛。随着沙埋的继续,沙柳会借助于不定根随沙丘升高,高者可达十几米,当沙柳爬升至沙丘顶部后,沙柳开始生长不良或死亡,随沙丘移动风蚀裸根,最终导致全株死亡。

第四节　樟子松苗木地上地下部关系

樟子松(*Pines sylvestris var. monglica*)又称海拉尔松,为松科(*Pinaceae*)松属(*Pinus*)常绿乔木,天然分布于我国大兴安岭和呼伦贝尔沙地草原,树干通直,材质优良,木材力学强度较大,耐腐力强、易加工、易干燥、油漆性良好,是良好的建筑、造船、家具、木纤维工业原料等用材。加之耐旱、耐寒、耐贫瘠,抗风力能力强,生长迅速,结实丰富,育苗容易,因而不但受到了林业生产部门的广泛重视,也受到林业科技工作者的普遍关注,自 1955 年辽宁章古台首先引种治沙造林以来,我国东北、华北、西北等地先后广泛引种、栽植,取得了非常好的效果,在陕北毛乌素沙地经多年造林实践也逐渐成为绿化造林首选骨干树种之一。科技工作者分别从天然分布、生长规律与适应性、叶片养分含量及其再吸收率、根系分布特征、适应性及其对土壤的影响、人工林分枝结构、树冠结构、生物生产力与密度的关系,林下土壤养分、微生物及酶活性、土壤磷素转化根际效应、造林及管理技术等方面进行了研究,取得了大量研究成果。但是这些研究基本都以栽植后或成林树木为对象,而对樟子松苗木地上、地下生长及其关系研究不多。

1. 试验地概况及测试方法

1.1　试验地概况

试验在陕西省榆林市榆阳区小纪汗林场进行,地理坐标 37°49′12″E,108°58′15″W,属毛乌素沙漠南缘,地势开阔平坦,沙丘连绵不断,土壤为风沙土。中温带干旱大陆性季风气候,四季分明,雨热同季,日照充足,生长季较短,干旱、冰雹和霜冻等气象灾害频繁发生,冬春漫长寒冷、少雨多风沙,年日照 2 900 h,无霜期 155 d,年均气温 8.1 ℃,极端最高、最低气温分别为 38.6 ℃和−32.7 ℃,年降水量 414 mm,蒸发量 160 mm,7～9 月降水量占全年的 60%～70%。

1.2　测试方法

1.2.1　取样

从苗圃分别选取生长正常、大小均匀、无病虫等危害、有代表性的 1～5 年生樟子松苗木各 30 株,小心起苗保证根系完整,带回实验室后,用水轻轻将泥土冲洗干净,放置阴凉处,用吸水纸将植株表面水分吸干,用于测定。

1.2.2　项目测定

供试苗木按地上、地下部分别测定,包括地上、地下生物量、苗高、地径、主根长等。用卷尺测定苗高、主根根长,游标卡尺测定地径,烘干称重法测定生物量,样品在 60~80 ℃下烘干 12 h,冷却后立即取出,用感量 1/1 000 电子天平称重,供试 1~3 年生苗木全部用于烘干称重,4~5 年生苗木,按叶、枝干、根系分别称取鲜重并取样、烘干(主干、主根截成 10 cm 左右的小段),每样品鲜重 100 g,重复 3 次。

1.2.3　数据整理与计算

测试指标按算术平均法求得,4~5 年生苗木地上、地下部各器官生物量用样品干鲜比率(干重/鲜重)与鲜重折算。用 DPS3.01 分析软件对数据进行分析。

2.研究结果

2.1　樟子松地上部生长

2.1.1　苗木高度生长

樟子松 1~5 年生苗木高度随着苗龄的增加而增加(图 3-7),生长第 1,2 年苗木高度生长缓慢,第 3 年以后生长加快,符合 Logistic 曲线,苗木高度(y)与苗龄(x)关系式为 $y = 78.9990/[1 + EXP(6.1017 - 1.9875x)]$ ($R = 0.9991, F = 1063.4509$,显著水平 = 0.0009)。同时,高度年生长量在第 1~5 年呈现由高到低再到高的过程,亦即在第 1 年仅生长 3.2 cm,第 2 年为 7.6 cm,第 3 年、第 4 年苗高生长分别为 29.37 cm,31.1 cm,第 5 年则有所下降为 9.3 cm。表明樟子松苗木高度生长有一定的节律性,生长第 1 年种子萌发、幼苗生长一段时间后,种子中的营养消耗殆尽,苗木生长完全依赖自身制造和从土壤中吸收的养分,而这时苗木幼小,叶量小,光合形成和贮存的有机物少,苗木生长就慢,第 3 年以后,光合和吸收器官逐渐强大,苗木高度生长也就加快,到了第 5 年,苗木分枝增多,枝条及茎加粗,消耗和贮存更多的养分,可能会一定程度影响苗木高生长。

2.1.2　苗木地径生长

樟子松 1~5 年生苗木地径随着苗龄的增加而持续增长(图 3-8),符合 Logistic 曲线,苗木地径(y)与苗龄(x)关系式为 $y_2 = 2.5433/[1 + EXP(5.2284 - 1.5919x_1)]$ ($R = 0.9997, F = 1438.81547$,显著水平 = 0.00069)。地径年生长量在第 1~5 年呈现由高到低再到高的过程,亦即第 1、2 年地径生长量较小,分别为

0.06 cm和0.20 cm,生长第3、4年明显加快,分别达到0.76 cm和0.88 cm,第5年又稍微下降,为0.53 cm,这是由于随着苗龄增长,植株光合面积增加,制造和贮存的有机物增多,植株地径增大,可是随地径增大,植株体积会呈级数增加,这样尽管生物量呈指数函数增加并未达到足够大时,这样地径伴随苗龄增大的同时,年增长量就可能会下降。

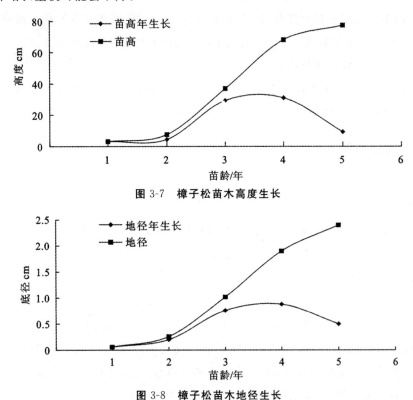

图 3-7　樟子松苗木高度生长

图 3-8　樟子松苗木地径生长

2.1.3　生物量变化

生物量是苗木生长过程中干物质的积累量,反映了第一性生产量的时间积累效应。从表1可看出,樟子松苗木地上生物量在前2年生长缓慢,年增加量生长第1,2年为0.05 g/株和0.68 g/株,第3年以后开始迅速增加,进入速生期,第3~5年的增加量依次为11.19 g/株、83.72 g/株和212.08 g/株。地上生物量(y)与苗龄(x)呈指数函数关系:$y=0.825691e^{1.1115x}$(决定系数 $R^2=0.9906$,$F=315.4173$,显著水平$=0.0004$)。地上生物量中叶是主要部分,叶/枝比例大于1,呈由高到低再到高的趋势,即由最高的3.14(第1年)逐渐降到最低的1.23(第3

年),以后又逐步上升到第 5 年的 1.86,说明植株光合形成的有机物主要用于叶的形成,有利于光合形成更多的有机物和植株的生长,也会促进樟子松各部分生物量的增加(见表 3-11)。

表 3-11　樟子松苗木地上部生物量

	1 年生	2 年生	3 年生	4 年生	5 年生
叶/g	0.04	0.46	6.18	47.50	138.04
枝/g	0.01	0.22	5.01	36.22	74.04
合计/g	0.05	0.68	11.19	83.72	212.08
叶/枝	3.14	2.15	1.23	1.31	1.86

2.2　樟子松苗木地下部生长

2.2.1　主根长度生长

樟子松 1~5 年生苗木主根长度变化如图 3-9 所示,可以看出,主根长度随着苗龄的增加不断伸长,根长(y)与苗龄(x)呈指数函数($y = 18.2221e^{0.12683x}$,决定系数 $R^2 = 0.9738$,$F = 111.4582$,显著水平=0.0018),主根长度生长量第 1 年最大,为 21.8 cm,第 2 年剧烈下降至 1.3 cm,以后又小幅增加,第 3~5 年依次为 2.6 cm,4.1 cm 和 5.3 cm,和樟子松为浅根性树种的结论相一致,可以看出,在试验期内第 1 年是根系增加最大的时期。

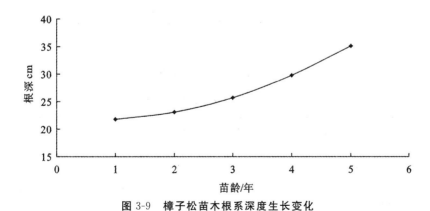

图 3-9　樟子松苗木根系深度生长变化

2.2.2　地下部生物量

樟子松苗木地下部(根系)生物量随苗龄增长而增加(表 3-12,图 3-10),生物量(y)与苗龄(x)呈指数函数关系 $y = 0.684133e^{0.897597x}$(决定系数 $R^2 = 0.9494$,

$F=56.2765$，显著水平$=0.0049$）可以看出，与地上部分一样地下部生物量生长第1年由"0"开始增加，随苗龄的增加不断增大，呈指数函数曲线。生长地下部生物量由"0"开始增加到第1、2年较小，分别为0.05 g和0.23 g，第3年以后明显加大，第3～5年分别为2.65 g，27.28 g和22.80 g。主根与侧根的比例随苗龄呈升高趋势，生长第1、2年都小于1，生长第3年以后大于1，并逐渐上升到第5年的1.49，表明生长第1、2年侧根是贮存有机物的主要器官，第3年以后主根的主导地位却越来越突出。这可能是植物适应环境的一种表现，生长第1、2年根系尚欠发达，较多的侧根有利于从土壤中吸收养分和水分，对植株生存有利，这是由于樟子松苗木叶量随着苗龄增加而增加，制造和输送到地下部的有机物增多，促进地下部生物量的增加，到一定程度后，也就是地下部生长达到一定程度后，植株生长中心可能会开始转移到地上部，制造更多的有机物利于植物生长和生存，这时地下部生物量的增加就会放慢。

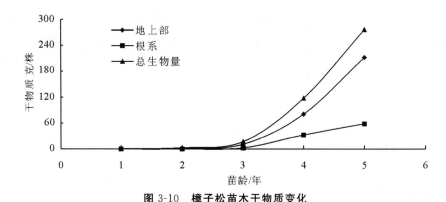

图 3-10　樟子松苗木干物质变化

表 3-12　樟子松苗木地下部生物量

	1 年生	2 年生	3 年生	4 年生	5 年生
主根/g	0.02	0.12	1.74	17.91	31.72
侧根/g	0.03	0.16	1.18	12.29	21.28
合计/g	0.05	0.28	2.92	30.20	53.00
主根/侧根	0.68	0.72	1.45	1.46	1.49

2.3　地上部与地下部生长关系

植物地下部分与地上部分干重或鲜重的比值，能反映植物的生长状况，以及环境条件对地上部与地下部生长的不同影响。根系发达而深扎，地下部所占比例越大,越抗旱,否则抗旱性相对较差。由表 3-13 可见,樟子松 1～5 年生苗木地上部所占比例随苗龄增加呈上升趋势,第 1 年最低为 50.0%,第 2 年明显上升,第 3～5 年虽仍一直提高,但幅度较小,基本稳定在 79.0%～80.0%之间。生物量年增加方面,地上部所占比例第 1 年最低(50.0%),第 5 年最高(84.9%),且除第 1 年与地下部相等外,其余各年介于 72.7%～84.9%之间,都大于地下部,表明地上部分不但是有机物的合成中心,也是贮存中心。相反地下部分的地位却在逐渐下降,这是植物适应环境的结果和表现:植物生物量的积累主要依赖于地上部有机物的合成,地上生物量尤其是叶生物量的快速增加可以增加光合面积,对植株生长有利,可是在幼苗初期,个体弱小,抗逆能力较差,而在土壤环境条件变异幅度和频度小于大气的情况下,地下部的较快生长,既可以减轻或避免不良环境变化对苗木生长和生存的不利影响,也有利于利用和吸收土壤水分和养分。当植株生长到一定程度后,地上部生长中心的地位就会更突出。

表 3-13　樟子松苗木地上部地下部结构

	1 年生	2 年生	3 年生	4 年生	5 年生
生物量/g	0.10	0.96	14.11	113.92	265.08
地上部/%	50.0	70.8	79.3	79.5	80.0
地下部/%	50.0	29.2	20.7	20.5	20.0
生物量增加/g	0.10	0.86	13.15	99.81	151.16
地上部/%	50.0	73.3	79.9	72.7	84.9
地下部/%	50.0	26.7	20.1	27.3	15.1

2.4　结论与建议

(1)在陕西榆林毛乌素沙地苗圃 1～5 年生樟子松苗木高度、生物量和地径生长都呈现明显的节律性,随苗龄的增加而升高,苗木高度、地径分别随苗龄增加呈 Logistic 模型增长 ,苗木地上生物量与苗龄呈指数函数关系。它们的年生长量增加值,前 1、2 年都较小,第 3 年以后明显加快,其中苗木高度和地径第 4 年最大,生物量第 5 年最大,苗木高度增加最小的第 1 年只有 3.2 cm,与第 4 年相差接近 9.7 倍;地径增加值第 1 年仅 0.06 cm,只有最大值第 4 年的 0.7%;生物量增加最小的第 1 年,仅为 0.05 g,与最大第 5 年的 128.36 g 相比相差也非常大。叶是地上生物量的主要部分,叶/枝比例呈由高到低再到高的趋势。育苗过程中前 1、2 年应注意防止不良环境因素的影响,第 3 年以后应加强管理,促进苗木快速、健康生长,培育壮苗。

（2）樟子松1～5年生苗木地下部分,主根长度和生物量随着苗龄的增加而增长。生物量以及主根长度与苗龄均呈指数函数关系。主根长度年生长量第1年最大,为21.8 cm,第2年剧烈下降至1.3 cm,以后又逐年小幅增加,幅度为2.6～5.3 cm。生物量年生长量第1、2年较小,第3年以后明显加大,第4年达最大(27.28 g)。主根/侧根比例随苗龄呈升高趋势,生长第1、2年小于1,第3年以后大于1,第5年达最大值1.49。在以培育长根为中心的育苗过程中,第1年是根系生长关键时期,应采取控制土壤水分等措施,促进根系快速生长。

（3）苗木地上部与地下部相比,在生物量中所占比例随苗龄增加呈上升趋势,第1年最低为50.0%,第5年最高,为80.0%,第3～5年比较平稳。生物量年增加方面,地上部所占比例第1年最低(50.0%),第5年最高(84.9%),其余各年介于72.7%～84.9%之间,都大于地下部。地上部不但是有机物的合成中心,也是贮存中心。育苗过程中,应以促进地上部生长为主攻方向,带动地下部生长,协调地上部地下部关系,培育根系发达、生长健壮的壮苗。

参考文献

[1] 张德魁,王继和,马全林,刘虎俊.油蒿研究综述[J].草业科学,2007,24(8):30-34

[2] 黄兆华,刘媖心.我国沙区重要蒿属植物的特性及应用[J].干旱区资源与环境,1991,5(1):12—21

[3] 邢会文,姚喜军,刘 静,王林和,耿 威.4种植物代表根的研究[J].内蒙古农业大学学报,2008,29(4):22-25

[4] 秦艳,王林和,张国盛,胡永宁,斯庆毕力格,张忠山.毛乌素沙地臭柏与油蒿群落细根[J].中国沙漠,2008,28(3):455-460

[5] 张国盛,吴国玺,王林和,秦 艳,胡永宁,张忠山.毛乌素沙地臭柏(*Sabina vulgaris*)和油蒿(*Artemisia ordosica*)群落的细根分布特征[J].生态学报,2009,29(1):18-25

[6] 张昊,陈世璜,占布拉,曹亮晓,刘建民.白沙蒿繁殖特性的研究[J].内蒙古草业,2000(1),124-126

[7] 牛国权,苑淑娟,刘 静,王林和,张 欣,鲍生荣.沙柳、白沙蒿根系轴向拉伸弹塑性初探[J].内蒙古农业大学学报,2010,31(1):25-29

[8] 张莉,吴斌,丁国栋,张宇清.毛乌素沙地沙柳与柠条根系分布特征对比[J].干旱区资源与环境,2010,24(3):158-161

[9] 苏芳莉,刘明国,郭成久,张清.沙地樟子松根系垂直分布特征及对土壤的影响[J].中国水土保持,2006(1):20-21

［10］ 张锦春,汪杰,李爱德,俄有浩.樟子松根系分布特征及其生长适应性研究［J］.防护林科技,2000,44(3):46-49

［11］ 康博文,刘建军,李文华,屈远.樟子松苗木生长规律研究［J］.西北林学院学报,2009,24（1）：74-77

［12］ 格日勒,斯琴毕力格,金荣,等.毛乌素沙漠引种樟子松生长特性的研究［J］.干旱区资源与环境,2004,9（5）:159-162

［13］ 赵忠,李鹏.渭北黄土高原主要造林树种根系分布特征及抗旱性研究［J］.水土保持学报,2002,16(1):96-107

［14］ Eissenstat D M. Costs and benefits of construction roots of small diameter［J］. Journal of Plant Nutrition,1992,15:763-782

［15］ BohnW. 薛德榕译. 根系研究法. 北京:科学出版社,1985,28-181

［16］ 刘媖心.中国沙漠植物志［M］.第 3 卷 1 北京:科学出版社,1992,278-279

第四章　毛乌素沙地长根苗
培育技术和造林技术

在毛乌素沙地,土壤表层严重缺水,土壤干燥,但土壤下层在长时间内保持着较多的过渡水分。植物对土壤下层水的利用就成了造林成活、正常生长的关键,也就是说,必须从育苗技术、定植技术、土壤下层水分利用和补充等多方面研发一种节水控水的育苗和造林技术,才能从根本上解决毛乌素干旱沙地造林成活率低,苗木生长不良的问题。

日本于 1990 年在西非马里共和国、1995 年在阿拉伯联合酋长国先后试验一种长根苗造林法,取得一定效果。其方法是机挖一深穴充分灌水使底部潮湿,种上根系套有管子的苗木(末端露出根梢),在苗木旁边插入与根系相同深度的管子,必要时注水用,使其形成树根可以吸收一定程度水分的湿润层,该造林法的优点是:①节省劳力、减少费用;②有效利用水分,以往土壤表面灌水可抑制水分蒸发,特别是沙地,水分从表层消失很少;③有利于根的生长,表面灌水,根往往长在水分多的表层,呈水平方向伸长,而利用管子往地下注水,有助于根系向下生长;④可在沙丘地种植,因沙的流动,一般苗木根长只有 20 cm,易倒伏枯死,而长根苗的根长可达 1 m,要比一般苗木的成活率高。

在培育深根苗的时候,依靠导根桶诱导苗木根系沿垂直方向长、深伸展形成发达的根系。加之,根据栽培地种类和地形选择了导根桶的填充物,所以,根的伸长速度特别高,缩短了育苗时间。通过对作为试验植物的草本植物大豆和木本植物黑松以及干旱植物椰枣的测定,结果显示其根的伸长速度提高了 2～4 倍,证实了有利于有效根的生产。

应用以上技术进行栽培试验,培育出了约 1 m 长的深根苗,用深根苗造林时苗木根系不容易受伤,表现出了极高成活率,其高成活率也证明了深根苗造林是成功的。这种方法的关键就在于利用导根桶(可诱导植物根系向土壤下层伸长的容器)把育成好的长根苗移植到土壤深层,使土壤深层残留的水分能迅速到达植物生长需要的部位,大幅度减轻了水分因蒸发造成的损失。本栽培技术的灌溉水量是普通表层灌水量的 30％～40％(如图 4-1,4-2)。

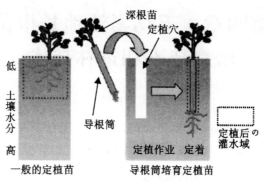

图 4-1　深根苗移植栽培法

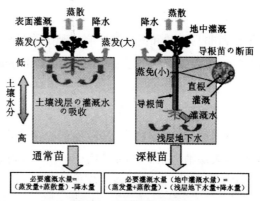

图 4-2　深根苗培育法

利用导根桶培育深根苗移栽技术是对根的重力屈性伸长的生理学研究的成果,并成功地获得了根据栽培地的种类和地形所进行的有利于促进根系生长的改良措施。实践证实这个改良技术对很多树种都是适应的。沙特阿拉伯红海沿岸地域及其附近地区有数十平方公里的绿化面积是通过该技术实现的,从而降低了该区域植物的蒸散,促进了降雨,维持了水循环的可持续性,并提出了以当地气候气象为基础的模拟结果。实现这种绿化的必要条件就是高效率地生产耐旱苗木。

在此基础上,西北农林科技大学从日本岐阜大学引进了长根苗培育技术深根苗造林技术,并在陕西榆林沙地进行了小面积造林试验,效果极好,同时也开展了与此相关的系列研究,如育苗容器选择、基质配方、以水调控苗木根系生长及其分布等等。并在育苗基质选择、成本控制方面取得了一些突破,总结出了长根苗育苗技术规程和造林技术规程。

第一节　苗木培育基质材料的
吸水保水特性研究

1.研究材料与方法

1.1　研究材料
草炭采集于榆林市榆阳区。

1.2　研究方法
草炭比重采取称重法。取长、高、厚各 5 cm 的草炭正方体 5 个,烘干(65～80 ℃)24 h 后,用电子天平称重(感量 0.0001 g),取平均值。

2.测定结果

2.1　草炭容重
榆阳区所产草炭容重为 0.47 g/cm³,高于黑龙江所产草炭(0.30～0.35 g/cm³)。

2.2　草炭吸水率
榆阳区所产草炭吸水率为 72.13%,即室温条件下 1 kg 草炭可以吸附 0.725 g水(见表 4-1)。吸水性能良好、质量轻,可作为育苗基质的良好保水材料。榆林市草炭资源较为丰富,所产草炭可以作为苗木培育基质使用。但草炭成本较高,给其推广应用造成困难。

表 4-1　草炭容重及吸水率测定

重复	I	II	III	IV	V	VI	VII	平均
吸水量(g)	35.773	40.871	42.291	25.051	64.5660	44.557	44.745	42.551
干重(g)	51.9134	46.8337	72.632	52.0773	68.4223	53.391	67.6534	58.9890
吸水率(%)	68.91	87.27	58.23	48.10	94.36	83.45	66.14	72.13
容重(g.cm⁻³)	0.42	0.37	0.58	0.42	0.55	0.43	0.54	0.47

第二节　经济实用型育苗基质的选择研究

1.试验材料与方法

为了克服关中地区土壤黏重,通透性较差,一定程度限制植物根系生长的弊端,达到培育基质疏松、有机质含量较高且容易获取的目的,试验材料选取河沙和森林腐殖质土进行混配。试验河沙∶腐殖土配比共 3 个,分别为 1∶1、2∶1、3∶1。

基质毛管水含水量和饱和含水量均采用环刀法测定。

试验苗木为 2 年生紫穗槐、樟子松、五角枫,每树种重复 20,不同树种苗木个体间大小均匀。3 月中旬栽植,10 月下旬生长季结束后,每树种、每处理选取 5 株生长健壮、无病虫害、长势基本一致的苗木,小心将苗木从营养钵中取出,放到 100 目的筛子上,用水冲法将各土层内的根系冲出,在清水中洗净后,采用加拿大 EpsonTwain Pro 扫描仪获取根系形态结构图像,采用专业的根系形态学和结构分析应用系统 WINRhizo,对根系长度、根系表面积、根系体积等指标进行测定分析。同时利用卷尺和电子天平测定苗木高度、地径、地上生物量。

2.试验结果

2.1　不同基质容重

河沙与森林腐殖土混成的不同基质容重不同,介于 1.24～1.40 g/cm³ 之间,河沙比例越大基质容重越大。

2.2　不同基质含水量(见表 4-2,4-3,4-4)

表 4-2　土壤容重测定结果

河沙∶腐殖土	容　重(g/cm³)					
	I	II	III	IV	V	平均
1∶1	1.23	1.25	1.25	1.19	1.27	1.24
2∶1	1.36	1.31	1.35	1.36	1.31	1.34
3∶1	1.37	1.37	1.43	1.42	1.43	1.4

表 4-3 土壤毛管水含量测定结果

河沙：腐殖土	土壤毛管水（%）					
	平均	I	II	III	IV	V
1：1	34.69	37.31	35.36	33.39	36.50	35.45
2：1	29.48	29.96	29.37	30.10	31.78	30.13
3：1	26.54	26.88	26.75	25.84	25.17	26.24

表 4-4 土壤饱和水含量测定结果

河沙：腐殖土	土壤饱和水（%）					
	平均	I	II	III	IV	V
1：1	36.64	34.72	33.24	35.74	37.87	35.64
2：1	30.48	30.08	30.91	28.41	28.08	29.59
3：1	27.88	27.27	26.29	28.08	28.28	27.56

2.3 不同基质对苗木地上部生长的影响

不同基质（河沙：腐殖土）对苗木生长影响研究结果表明（表4-5），相对于河沙：腐殖土=2：1、3：1的基质，河沙：腐殖土=1：1基质所培育的苗木紫穗槐地上部干重分别提高3.0%、7.7%，根系深度分别增加12.1%、12.8%，根系干重分别增加12.2%、23.4%；五角枫地上部干重分别提高22.2%、60.2%，根系深度分别增加24.4%、32.7%，根系干重分别增加12.0%、36.4%；樟子松地上部干重分别提高2.2%、49.7%，根系深度分别增加28.8%、30.0%，根系干重分别增加26.3%、30.6%，说明河沙：腐殖土=1：1基质在提高育苗质量方面具有优势。

表 4-5 不同培养基质对苗木地上地下生长影响测定表

树 种	地上部分					地下部分		
	基质	高度 cm	地径 mm	鲜重 g	干重 g	根深 cm	鲜重 g	干重 g
紫穗槐	3：1	65.20	9.47	11.78	5.98	132.8	2.92	1.56
	2：1	76.60	8.85	13.14	6.44	148.9	3.21	1.75
	1：1	73.25	10.20	13.18	6.63	167.9	3.98	2.16
五角枫	3：1	62.20	7.52	15.76	7.36	38.9	2.92	1.46
	2：1	53.00	8.47	17.35	8.18	51.6	2.60	1.41
	1：1	55.60	10.58	19.26	8.94	64.2	3.64	1.92
樟子松	3：1	36.60	2.97	10.58	3.92	50.20	1.43	0.57
	2：1	51.67	2.48	16.02	5.87	50.67	1.69	0.72
	1：1	53.00	2.71	16.47	6.00	65.25	2.13	0.94

2.4 不同基质对苗木根系生长的影响

在苗木根系总长度方面(图 4-3 至 4-5),河沙土∶腐殖土＝1∶1 的基质所育樟子松苗木根系总长度为 28 267.6 cm,2∶1 基质为为 7 747.92 cm;3∶1 基质的苗木根系总长度为 2 976.46 cm;紫穗槐 1∶1 基质苗木根系总长度 4 379.33 cm,2∶1 基质苗木根系总长度 3674.60 cm,3∶1 基质 2 276.19 cm;五角枫 1∶1 基质苗木根系总长度 2 157.29 cm,2∶1 基质苗木根系总长度 1 808.02 cm,3∶1 基质苗木根系总长 1 781.877 cm。

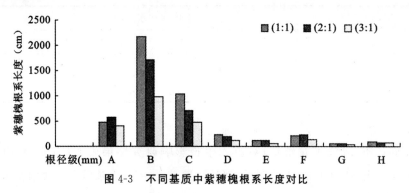

图 4-3　不同基质中紫穗槐根系长度对比

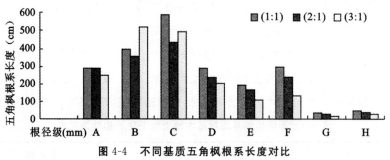

图 4-4　不同基质五角枫根系长度对比

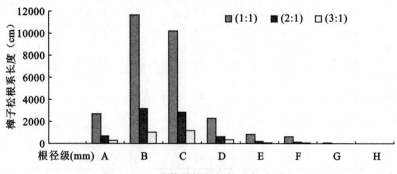

图 4-5　不同基质樟子松根系长度对比

2.5 不同基质对苗木根系面积的影响

苗木根系表面积方面(图 4-6 至 4-8),河沙土:腐殖土=1:1 的基质所育樟子松苗木根系总表面积为 3 805.74 cm²,2:1 基质苗木根系总表面积为 1 045.12 cm²,3:1 的基质苗木根系总表面积为 423.41 cm²;紫穗槐 1:1 基质苗木根系总表面积为 750.57 cm²,2:1 基质苗木根系总表面积为 635.21 cm²,3:1 基质苗木根系总表面积为 451.42 cm²;五角枫 1:1 基质苗木根系总表面积为 524.26 cm²,2:1 基质苗木根系总表面积为 415.52 cm²,3:1 基质苗木根系总表面积为 361.51 cm²。

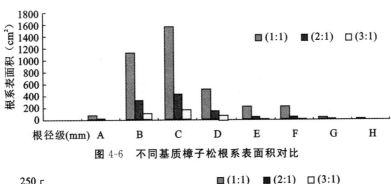

图 4-6 不同基质樟子松根系表面积对比

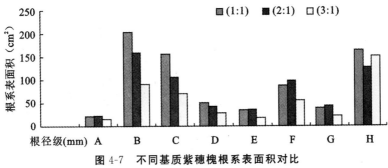

图 4-7 不同基质紫穗槐根系表面积对比

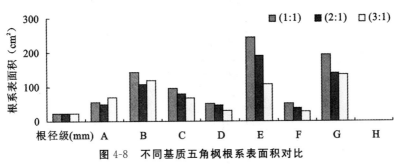

图 4-8 不同基质五角枫根系表面积对比

在苗木根系投影面积方面（图 4-9 至 4-11），河沙土∶腐殖土＝1∶1 的基质所育樟子松苗木根系总表面积为 1 211.4 cm²，2∶1 基质苗木根系总投影面积为 332.67 cm²，3∶1 基质苗木根系总投影面积为 134.77 cm²；紫穗槐 1∶1 基质苗木根系总投影面积为 238.91 cm²，2∶1 基质苗木根系总投影面积为 201.88 cm²，3∶1 基质苗木根系总投影面积为 143.53 cm²；五角枫 1∶1 基质苗木根系总投影面积为 166.84 cm²，2∶1 基质苗木根系总投影面积为 132.26 cm²，3∶1 基质苗木根系总投影面积为 115.08 cm²。

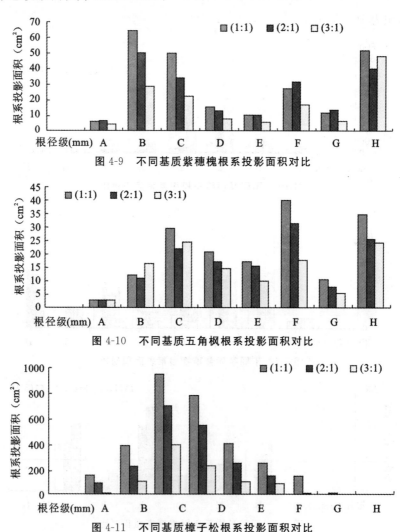

图 4-9　不同基质紫穗槐根系投影面积对比

图 4-10　不同基质五角枫根系投影面积对比

图 4-11　不同基质樟子松根系投影面积对比

2.6　不同基质对苗木根系体积的影响

在苗木根系体积方面(图 4-12 至 4-14)，河沙土：腐殖土＝1∶1 的基质所育樟子松苗木根系总体积为 53.63 cm³，2∶1 基质苗木根系总体积为 14.7 cm³，3∶1 基质苗木根系总体积为 6.38 cm³；紫穗槐 1∶1 基质苗木根系总体积为 38.80 cm³，2∶1 基质苗木根系总体积为 29.84 cm³，3∶1 基质苗木根系总体积为 31.93 cm³；五角枫 1∶1 基质苗木根系总体积为 30.57 cm³，2∶1 基质苗木根系总体积为 22.6 cm³，3∶1 基质苗木根系总体积为 22.48 cm³。

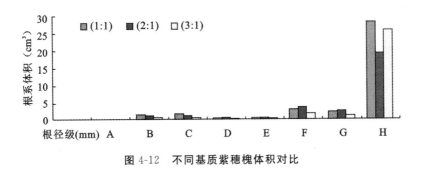

图 4-12　不同基质紫穗槐体积对比

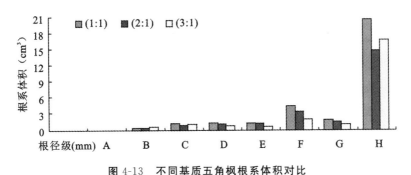

图 4-13　不同基质五角枫根系体积对比

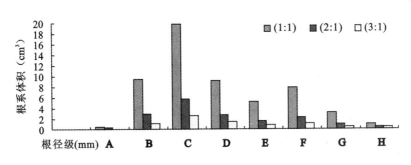

图 4-14　不同基质樟子松根系体积对比

3.结论

无论在苗木地上部生长还是在苗木地下部特征方面,河沙∶腐殖土＝1∶1基质在提高苗木根系质量方面优于其他两种基质,培育强大根系苗木时可作为首选。

第三节　超长根系苗木培育技术规范

1.适用范围

(1)本规程规定长根苗容器育苗的容器选择、营养土配制、育苗、苗期管理和苗木出圃等技术。

(2)本规程适用于陕北毛乌素沙地及气候相似地区造林树种长根容器苗的培育和生产。

2.术语和定义

下列术语和定义适用于本规程。

2.1　长根苗

与一般露地苗、容器苗相比,在相同培育时间内所育成的根系长度增加明显的苗木。

2.2　籽播苗

用种子播种方法培育的苗木的统称。

2.3　扦插苗

用营养体扦插方法培育的苗木的统称。

2.4　容器直播育苗

直接将种子播入容器培育苗木的方法。

2.5　营养土

用于栽培植物或培育苗木,由人为配制、具有一定肥力的一类土壤的统称。

3.容器选择

3.1　容器种类

聚酯类塑料容器(分聚氯乙烯、聚乙烯、聚苯乙烯和塑料)和纸容器(木浆纸、废旧报纸)。

3.2　容器形状

有圆柱形、棱柱形、方形、锥形、蜂窝形等,最宜于用蜂窝形。

3.3　容器规格

一般为 10～12 cm×60～70 cm。每板蜂窝形容器由 120 个容器规则黏合而成(见水自然分离),宽 50 cm,长 120 cm。

3.4　容器性质

聚酯类塑料容器和纸容器可降解,聚氯乙烯、聚乙烯和聚苯乙烯塑料容器不可自行降解。

3.5　容器使用方法

可降解容器造林时苗木与容器不必分开,不可自行降解容器则需去掉容器后方可造林。

4.苗圃地选择及整地

4.1　苗圃地选择

苗圃地宜选择地势平缓、排灌方便、交通便捷、避风向阳、地下水位最高不超过 1.5 m 的地方。

4.2　整地

把容器放入土层中育苗,在苗圃地按南北方向挖土槽,深 60～70 cm,宽 50～60 cm,底部平整光滑。每排土槽间隔 40～50 cm 便于管理苗木,土槽数量及每排土槽长度因育苗数量而定。把容器放在地面上育苗,应平整地面,达到水平,无突起、坑洼和杂物。

5.营养土

5.1　营养土配制

5.1.1　配制原则

就地取材、实用方便、低廉足量。

5.1.2 配制要求

配制的营养土理化性状良好,质地较轻、通透性较好、营养全面且有一定的黏性,pH 值适中为 7.0~7.5。

5.1.3 配方

营养土 I:适于籽播苗的营养土:①风沙土 80%+腐熟有机肥 20%+复合肥;②风沙土 70%+火烧土 10%+腐熟有机肥 20%+复合肥;③壤土 70%+ 河沙 15%+腐熟有机肥 15%+复合肥。适于扦插苗的营养土:①风沙土 50%+ 珍珠岩 30%+ 泥炭 10%+ 腐熟有机肥 10%+复合肥;②风沙土 50%+ 蛭石 30%+ 泥炭 10%+ 腐熟有机肥 10%+复合肥。

营养土 II:①风沙土 70%+泥炭 10%+腐熟有机肥 20%+复合肥;②风沙土 60%+火烧土 10%+泥炭 10%+腐熟有机肥 20%+复合肥;③壤土 60%+ 河沙 15%+泥炭 10%+腐熟有机肥 15%+复合肥。

5.2 营养土消毒

5.2.1 熏蒸法消毒

营养土配置过程中加入高挥发性的熏蒸剂(如溴甲烷、氯化苦、棉隆、威百亩等),混匀,堆积,覆盖薄膜并密封边缘,以杀死和抑制杂草种子、营养繁殖体、致病有机体、线虫和其他有害物。施药温度不低于 5~10 ℃,营养土要有一定的湿度。

5.2.2 化学药剂消毒

营养土按厚度 10~15 cm 铺开,每 100 m^2 喷洒 1%~3%硫酸亚铁溶液 2 kg 或 40%甲醛 200 倍液 15 kg,杀灭营养土中的病原菌和地下害虫。

5.2.3 高温蒸气消毒

高温季节将营养土堆积在塑料大棚内,喷洒一定的水分,用薄膜密封覆盖 1 周,可杀死病原菌、害虫和杂草种子。

5.3 营养土装袋

采用容器放入土层中育苗,把蜂窝形容器放入挖好的土槽内,分别将消毒过的营养土 I 和营养土 II 碾碎、过筛、装入容器上半部和下半部,分层震实,营养土低于容器上口 1.5~2 cm,然后用土将容器四周填实、待用。采用容器置于地上育苗,装好营养土后,用木板或 PVC 板紧紧围住,并楔入土层的木棍或钢筋棍加以固定,或用麻绳、塑料绳把营养袋上部、中部分别捆绑牢固,防止营养袋偏离、倒歪。

6. 育苗

6.1　容器育苗方法

采用直播育苗或移栽育苗。

6.2　籽播苗培育

6.2.1　净种

将树种果实取出种子,用清水进行漂洗,除去劣质种子、皮渣和杂物。

6.2.2　种子消毒

用 0.5%高锰酸钾溶液浸泡种子 20 min 后,捞起用清水冲洗并晾干。

6.2.3　催芽

6.2.3.1　常温水浸种催芽

用常温水浸种 24 h,捞出种子用清水清洗晾干后即可播种。这种处理方法适用于种皮不太厚、含水量不高的种子,大部分乡土树种可用此法。

6.2.3.2　温水浸种催芽

用 60 ℃温水浸泡并自然冷却 24 h,取出种子用清水清洗晾干后即可播种。这种处理方法适用于表面革质不易透水的种子。

6.2.3.3　开水浸种催芽

用开水浸泡 10～20 分钟并自然冷却 24 h,取出种子用清水清洗晾干后即可播种。这种处理方法适用于种皮厚且坚硬致密难透水的种子。

6.2.3.4　化学处理催芽

对于硬壳难透水的种子,可用浓硫酸或生石灰浸泡 2 min 左右,立即取出种子用清水冲洗干净,再用常温水浸泡 24 h,然后取出种子用清水清洗晾干后即可播种。注意,药物处理种子容易伤及种胚,故处理时间不能过长,且容易伤人,使用时要小心。

6.2.3.5　冷热交替处理催芽

一些骨质、硬壳的种子可利用热胀冷缩的原理迫使骨质种皮开裂。方法是早上将种子放在水泥地上暴晒,下午 3～4 点钟收起种子并立即浸入冷水中过夜,如此反复 4～5 天后,种子外种皮破裂后即可播种。未破裂的种子继续处理。

6.2.3.6　破种处理催芽

对于播种量不多且种皮坚硬的种子,可以采取人工或机械的方法来破损种皮,然后再进行清水浸种催芽。

6.2.4　播种

6.2.4.1　播种期

应结合当地具体情况、造林季节、苗木生长速度、苗木出圃要求规格而定。一般在 4 月上旬到 8 月下旬均可播种,刚出土的幼苗应避免晚霜、夏季高温和秋季早霜危害。培育 1 年生出圃造林的苗木应适时早播,培育 2 年以上出圃造林的苗木应保证播种当年幼苗有足够生长期和生长量,抵御严寒,安全越冬,易丧失生活力及不易贮藏的种子应尽快播种。

6.2.4.2　播种方法

容器直播育苗一般每个容器点播 1～3 粒处理好的种子。播种深度,小粒种子覆土薄,以刚好不见种子为宜,大粒种子覆土稍厚,一般不超过 1 cm。覆土疏松较轻可厚些,覆土较黏要薄些。播后再覆盖一层秸秆、干草或遮阳网,以确保苗床土壤疏松、湿润,并防止雨淋冲走种子。

6.2.5　苗床管理

6.2.5.1　及时揭草

当幼苗大部分出土时,要分批适量揭去盖草,每次揭去三分之一,隔 3～5 天揭一批。揭草宜在傍晚或阴天进行,如遇低温天气应暂时停止揭草。

6.2.5.2　除草

要除早、除小、除了,最好在雨后或灌溉后苗床湿润时连根拔除。人工拔草花费时间多,劳动强度大,周期长,最好采用化学除草。方法是在播种覆土后即以果尔乳油 50～80 毫升/亩兑水 50 公斤搅匀喷洒苗床后再盖草;待揭草后 20 天左右再以同样方法喷施一次,然后淋水洗苗。步道、苗圃周围杂草可用 41% 草甘膦喷杀。

6.2.5.3　间苗移苗

当幼苗出土 10～15 天或高度达到 4～6 cm 以上后,趁雨天阴天进行间苗、移苗,移多补缺,间去密苗,保证全苗、齐苗(每容器 2～3 株)。补苗后灌溉定根。间苗移苗后 20 天左右进行第一次定苗,拔除弱苗、小苗、病虫危害苗、畸形苗,留壮苗、旺苗,每容器留 1～2 株。6～7 月定株,与第一次一样留壮苗,每容器留 1 株。间苗、定苗应在土壤湿润的晴天进行,间后追肥并灌溉。

6.2.5.4　肥水管理

(1)浇水

出苗前使用喷壶浇水,一般晴天早晚各一次,阴天浇水一次,雨天不浇水。幼苗期使用细水流的喷壶浇水,为了促进幼苗的侧根生长,浇水次数适当减少,保持营养土湿润即可。一般晴天早晚各一次,阴天浇水一次,雨天不浇水。2个月以后的大苗,可适当增加浇水次数和浇水量。

(2)追肥

容器苗在培育2个月内不提倡施肥。2个月以后开始追肥,少施勤施,以根部施肥为主,叶面肥为补充,肥料以速效 N 肥为主,P,K 肥配合。施肥次数每月2次。施肥浓度为 0.3%～0.5%。

6.2.5.5　病虫草害防治

(1)病害防治

苗圃病害以预防为主。主要病害有猝倒病、立枯病、炭疽病、叶斑病等。药剂可选用 70%甲基托布津可湿性粉剂 800～1 000 倍液、50%多菌灵可湿性粉剂 600～800 倍液、

80%大生可湿性粉剂 800 倍液、70%代森锰锌可湿性粉剂 600～800 倍液、75%百菌清可湿性粉剂 600～800 倍液、50%扑海因可湿性粉剂 1 000～1 500 倍液。应特别注意猝倒病,此病多在雨季流行,在做好营养土消毒基础上还应及早防治,在幼苗出土后每隔 7～10 天每亩用 1%硫酸亚铁溶液、1%波尔多液或 0.1%敌克松喷洒苗木防治。用药完后应立即用清水洗苗。

(2)虫害防治

苗圃虫害要及时防治。主要虫害有蚜虫、尺蠖、卷叶蛾、地下害虫等。药剂可选用 10%吡虫啉可湿性粉剂 5 000 倍液、25%灭幼脲 3 号悬浮剂 1 000～2 000 倍液、50%辛脲乳油 1 500～2 000 倍液、50%马拉硫磷 1 000 倍液和 0.3%苦参碱水剂 800～1 000 倍液。

6.3　扦插苗培育

6.3.1　母树选择

选择生长势强、无病虫害的幼龄树作为采穗母树。

6.3.2　插穗剪取

剪取一年生、木质化程度中等、发育充实的枝条作为插穗。

6.3.3 插穗处理

枝条剪成 12～15 cm 的插穗,顶部留 2～4 张叶片,插穗上剪口平整,插口剪成马耳形。插口部位用 1 000 mg/kg ABT 生根粉或 1 000 mg/kg NAA 速蘸 15 秒钟,促进生根。

6.3.4 扦插方法

应用装有扦插苗营养土的容器,插穗基部 1/2～2/3 插入营养土,插穗与基质成 60°角,扦插密度为 300～400 条/m²。

6.3.5 苗床管理

采用遮阴、灌水和喷雾等措施,保持空气湿度 90％以上、营养土湿润、苗床土温 20～30 ℃为宜。

7. 壮苗标准

一年生壮苗高 40～60 cm 以上,地径粗 0.7～0.8 cm 以上,有二托轮枝,顶芽饱满,根系发达,每亩产苗量 3.5～4.0 万株苗左右。

使用喷壶浇水,一般晴天早晚各一次,阴天浇水一次,雨天不浇水。种子发芽后及时揭开覆盖物。

8. 苗木出圃

容器苗高达 30 cm,即可出圃绿化造林。苗木出圃前要进行炼苗,炼苗期间苗木不再施肥且逐渐减少水分供应,以适应自然条件。炼苗期一般 30～40 d。苗木出圃时,要进行分级,合格苗才能出圃,不合格苗留圃继续培养。在出圃时切断穿出容器的根系,出圃时剪去部分枝叶,以减少水分和养分的消耗,以提高绿化造林成活率。

第四节　毛乌素沙地长根苗造林技术规范

1.适用范围

(1)本规程规定长根苗造林的规划设计、树种选择、苗木要求、造林方法、抚育管理、检查验收和建立档案等内容。

(2)本规程适用于陕北毛乌素沙地及气候相似地区进行长根苗造林。

2.术语和定义

下列术语和定义适用于本规程。

2.1　长根苗

与一般露地苗、容器苗相比,在相同培育时间内所育成的根系长度增加明显的苗木。

2.2　造林方法

根据长根苗造林特性所规定的造林季节、造林密度和造林模式等。

2.3　树种

适应长根苗造林的一类树,而不是品种。

3.规划设计

(1)造林前要做好规划设计,要在调查研究自然地理条件,分析活动沙丘,半固定沙丘,固定沙丘,沙丘间沙地,滩地水、土、肥等各种环境制约因子、现有自然植被等背景材料的基础上进行合理规划和科学设计。

(2)规划要根据生态经营理念,确定规划的指导思想和经营的总体目标,以及阶段性目标,规划区立地类型、布局和效益等。

(3)设计应根据不同土地类型进行分类指导。

(4)规划设计内容应包括:背景材料、原则和依据、预期目标、种类选择、基质配制、物种配置、种植方法、养护方法、苗木规格、种苗数量、进度安排、经费预算等,以及相关的造林施工图件。

(5)规划设计方案,宜通过专家论证、评审后实施。

4.树种选择

(1)树种选择应根据不同区域环境立地条件、土地类型、沙丘坡位、阴坡、阳坡和现有自然植被特点等,结合植物生物学和生态学特性,兼顾防风固沙和经济收益相结合来确定相宜的植物种类。

(2)选择造林树种,必须根据立地条件、造林目的和树种特性,做到适地适树适种源。造林树种应以优良乡土树种为主,引种外来树种须经当地试种成功后,再进行生产性试验,确为生态、经济价值较高的,才能逐步推广。

(3)提倡多树种造林,实行针阔结合、乔灌结合、长短结合。

(4)应选用种子来源充足,发芽力强,轻易更新,育苗容易并能大量繁殖的植物种类和自肥力强的豆科固氮植物,减少植物对养护的需求,以期提高土壤肥力和树木生长的目的。

(5)根据造林目的,按不同林种确定选择造林树种的原则。

用材林选用生长较快、用途广泛、具有丰产性能及出材量高的树种。

农田防护林结合用材需要,选择抗风力强、树形高大、枝叶繁茂、根系不伸展过远或具有深根性的树种,实行乔木与灌木混交。

防风固沙林选用生长较快,抗旱、抗寒、抗风沙能力强,根系发达,寿命长,自我繁殖能力较好,防护效益高的树种。

经济林选用品质好、产量高、见效快的树种和品种。

特种用途林包括实验林、母树林、种子园、风景林等,按照各种用途的要求,分别选用目的树种。

(6)推荐选择的植物种类

乔木:樟子松、旱柳、小叶杨、青杨、河北杨、杞柳、怪柳、白榆。

灌木:花棒、踏郎、沙柳、毛柳、紫穗槐、柠条、沙棘、火炬树、沙蒿。

5.苗木要求

栽植苗木苗高、地径达到同类树种、苗龄《长根苗育苗技术规程》规定的Ⅰ、Ⅱ级苗指标。

6.造林方法

6.1　造林季节

春季、秋季都可造林,春季是主要造林季节,以 4 月上旬至 5 月初最为适宜。秋季造林在 8 月中旬到 9 月上旬。

6.2　造林方法

采用穴植法。穴的大小和深浅,应大于苗木根幅和根长。栽植深度比苗木地径原土印深 2～3 cm。栽植时先填表土,后填心土,分层覆土,层层踏实,之后浇透水,水下渗后穴面覆层虚土。提倡带育苗营养土和用土钻挖穴,土钻直径以大于营养钵直径 2 cm 左右为宜。

6.3　栽植密度

须根据立地条件、树种特性、造林目的、作业方式和中间利用经济价值的不同来确定。运用《主要树种造林密度表》,应根据不同情况,在规定范围内,分别选定合适的造林密度。一般为 100～200 株/亩(667 m²),在流动、半流动沙丘或丘间低地,密度为 70～200 株/亩(667 m²)。

6.4　造林模式

种植点配置有正方形、长方形、三角形三种。沙丘造林应采用三角形或长方形(上下长、左右短)配置。滩地造林及特种用途林提倡三角形配置。

提倡根据树种特性、立地条件和造林目的进行混交造林,确定合理的混交类型,混交方式和造林密度。

混交方式可用窄带状,每带 2～3 行,株距 1～1.5 m,行距 3～6 m,或依自然地形变化,采用不规则的镶嵌状混交。

7.抚育管理

(1)造林完成后,必须定期进行养护,养护内容包括浇水、施肥、病虫害防治、补播、补种等,养护期 2 年。

(2)栽植当年,栽后连续 1 月左右无有效性降水,应浇水,促进缓苗和成活。

(3)病害的防治视其症状类型和病因,采用喷施杀菌剂等措施积极防治。

(4)虫害的防治应根据有害昆虫的种类和地上地下的生活习性,坚持预防为主、综合防治方针。

(5)对于栽后苗木没有成活而形成的断垄,应进行补栽,补栽方法与初次栽植相同。

8.检查验收

造林期间,对各项造林工程应随时检查验收,发现问题,及时纠正,造林完成后进行全面检查验收。检查内容包括苗木栽植时树种选择及其配置方式与位置安排、苗木质量、栽植方法等是否符合设计要求。

验收的主要目的是确定是否符合设计要求和能否达到预期目标。其基本要求是栽植树木成活率在80%以上。

9.建立档案

建立基本情况档案和生产过程档案,积累生产经验,为提高受损山体边坡困难立地造林技术和管理水平提供科学依据。

建立基本情况档案。基本情况档案内容主要包括造林地点、规模面积、地貌、坡度、坡向和植被等自然地理条件,以及规划设计方案和相关图件等。

建立生产过程档案。生产过程档案内容主要包括种苗材料规格、造林时间及其造林进度、养护管理和生长情况记录、劳动用工情况等。

第五节　长根苗造林效果

从 2008 年起在榆林市榆阳区毛乌素沙漠营建长根苗示范林 15 亩,辐射推广 220 多亩,长根苗成活率明显高于常规苗(表 4-6)。初步计算造林成本降低 26.7%(每亩造林成本 105 元,其中苗木 55 株/亩,1 元/株,栽植、浇水人工费 40 元/亩,管理费 10 元/亩;常规苗造林由于造林成活率降低 30.0%左右,即每亩多用苗木 16 元(16 株),栽植、浇水等费用 12 元,共多支出 28 元;长根苗造林降低成本 28/105=26.7%)。

表 4-6　长根苗与常规苗栽植成活率比较(％)

树种	栽植时间	2008.5.25			2008.6.18			2009.5.28			长根苗栽植面积/亩
		常规苗	长根苗	提高	常规苗	长根苗	提高	常规苗	长根苗	提高	
紫穗槐	2008.4.25.	76.0	98.0	22.0	54.0	82.0	28.0	47.0	80.0	33.0	30.0
五角枫	2008.4.25.	73.0	89.0	16.0	2.0	18.0	16.0	0.0	5.0	5.0	6.0
樟子松	2008.8.23.							67.0	96.0	29.0	170.0
紫穗槐	2010.4.15.										15.0
柠条	2010.4.15.										20.0

参考文献

[1]　康博文,刘建军,李文华,季志平.一种培育超长根系苗木的方法,专利,2008,公开号：CN101548612)

[2]　サウジアラビアの沙漠地域に持続可能な緑化システムを構築するプロジェクト―凍結濃縮法排水処理技術と深根苗移植栽培技術の開発と利用―サウジアラビア海洋性沙漠開発プロジェクト　緑化・生物生産グループ[J].根の研究(Root Research),2007,16(1):13-16

[3]　黒田尚紀,井口泰男.流下液膜式凍結濃縮装置/氷蓄熱装置を利用した廃水減容化[J].環境浄化技術,2003,12(11):46-50

[4]　東海林知夫,阿部昌宏.乾燥地における節水植林法の導入[J].日本緑化工学会誌,1996,23(1):26-28

第五章　新型植物生长调节剂 ALA 育苗及造林技术

　　ALA 是一种含氧和氮的碳氢化合物,它是所有卟啉化合物的共同前体,牵涉到光合作用与呼吸作用,是一种广泛存在于细菌、真菌、动物及植物等生物机体活细胞中的非蛋白氨基酸。是植物体内天然存在的、植物生命活动必需的、代谢活跃的生理活性物质,可以通过生物途径合成,也可以人工化学合成,没有毒副作用,易降解无残留,在农业生产中可以作为壮苗剂、增产剂、除草剂、杀虫剂、增色剂、绿化剂、落叶剂等使用,也在临床医学上作为抗癌药物——光化疗剂使用。中国学者对 ALA 的研究较少,有关文献屈指可数;国外研究主要集中在日本、美国等少数几个国家,仍处于研究试验阶段。其作用机理、分子基础等尚不十分清楚。但是,由于其具有"神奇"的作用效果,对人畜无毒性,在环境中易降解,无残留无污染,而备受国内外学者及产业界的关注,具有广阔的应用前景和市场开发前景。

　　2005 年,日本 COSMO 石油公司针对干旱和盐碱地而开发了一种新型 ALA 试剂,委托西北农林科技大学在毛乌素沙区进行干旱地区植林试验。为此,西北农林科技大学分别在西北农林科技大学苗圃和陕西北部的榆林市小纪汉林场开展一系列 ALA 干旱地区植林试验,主要包括 ALA 对不同树种苗木栽植成活率、保存率的影响研究;ALA 对干旱区树木生长的影响研究;ALA 对不同树种幼苗生长的影响研究;ALA 对幼树培育和移栽成活率的影响研究;ALA 对名贵花卉观赏效果的影响研究;ALA 对经济型树种产量品质的影响研究;ALA 对林木根系形态特性的影响研究;ALA 在盐碱地育苗和造林试验研究等等,取得了大量试验数据和值得参考的试验结果,为 ALA 在干旱地区育苗和植林中的应用提供试验依据。

第一节 ALA 的基本特性和应用前景

5-氨基乙酰丙酸(5-aminolevulinic acid,简称 δ-ALA),分子式 $C_5H_9NO_3$,熔点 149~151 ℃,是生物化学中至关重要的化合物。ALA 在植物体内的浓度极低,鲜重情况下含量一般在 50 nmol/kg 左右。农业生产中应用的质量浓度多在 0.1~100 mg·L^{-1} 范围内。研究表明 ALA 具有以下的功效:①调节叶绿素的合成;②提高叶绿素和捕光系统 II 的稳定性;③提高光合效率,促进光合作用;④促进植物组织分化、抑制在黑暗中呼吸、扩大气孔等基础生理活性;⑤可促进植物幼株生长;⑥促进植物种子发芽;⑦对以氮肥为代表的肥料成分具有促进肥效的作用;⑧可提高植物对环境的适应性,增强它们的耐寒和耐盐性。因此它并不单纯是一种生物代谢中间产物,还参与植物生长发育的调节过程,具有类似植物激素的生理活性,可以作为植物生长调节剂在农林业生产中使用。

δ-ALA 也是一种重要的有机合成中间体。由于其具有广泛、安全的作用效果,且天然无污染,备受国内外学者及产业界的关注,具有广阔的应用前景和市场开发前景。国外研究主要集中在日本、美国等少数几个国家,主要是采用化学方法以及微生物发酵法合成 δ-ALA,但目前仍处于研究试验阶段。化学合成方法的研究始于 20 世纪 50 年代,在 90 年代最为活跃,研究者就先后以马尿酸、琥珀酸、四氢糠胺及乙酰丙酸等为原料合成了 δ-ALA,但是大部分方法具有试剂价格高不易获取和毒性高、收率低、反应条件要求苛刻等缺点。据了解,国内目前尚无厂家生产,其使用主要依赖国外进口,市场价格昂贵,2003 年报道价格每克约 80 美元。

现阶段科研工作者正在努力寻找一条反应条件温和、所用的原料试剂价廉易得、毒性低、后处理简便、环境友好、不需要特殊仪器设备的合成路线,以降低成本,便于 δ-ALA 在农业、医学等各个领域的应用推广。

第二节 ALA 在盐碱地育苗和造林中的使用效果

1. 材料与方法

1.1 试验材料

ALA 是由日本 COSMO 石油公司提供,该产品为无色水溶液,无色无味。紫穗槐种子购于陕西省林木种子公司,种源为陕西省延安市燕沟,采种母树为 5 年生播种苗,黄土丘陵阳坡立地,坡度 17°。樟子松、侧柏、油松幼苗均为 3 年生容器苗和裸根苗,樟子松苗高 45 cm,侧柏 55 cm,油松 60 cm,苗木生长良好。

1.2 试验地概况

ALA 植树试验地设在西北农林科技大学苗圃和陕西北部的榆林市小纪汉林场。西北农林科技大学林学院苗圃,土壤为土娄土,黏土质地,肥力中等。年平均气温 12.9 ℃,1 月均温 −1.2 ℃,7 月均温 26.0 ℃,$\geqslant 10$ ℃年有效积温 4 169.2 ℃。干燥度 1.1,年降水量 631.0 mm,集中于 7,8,9 三个月。

榆林位于陕西北部,地处毛乌素沙地南缘,是黄土高原与毛乌素沙漠的交接地带,土壤类型风沙土,质地为沙质土,土壤 pH8.41,EC118.9 us/cm,肥力较差。属中温带干旱大陆性季风气候,日照充足,四季分明,气候多变,温差较大,气温偏寒,雨少不匀,春季多风沙,霜冻时间较长,无霜期仅 155 天。年平均气温 7.9～8.6 ℃,极端最高气温 38.6 ℃,最低气温 −32.7 ℃。年降雨量 350～400 mm 之间,雨量分配不均,主要集中在 7～9 月,年蒸发量 2 000 mm 以上。

1.3 试验方法

2006 年 6 月 15 日,在西北农林科技大学林学院教学试验苗圃玻璃温室,播种紫穗槐。出苗期间,按常规方法进行浇水、定苗、病虫害防治等苗期管理。采用土壤表面喷施和叶面喷施 2 种方法对紫穗槐播种幼苗进行试验处理。以清水为对照,在播种前结合整地对土壤表面喷施处理,每平方米喷洒浓度为 $300×10^{-6}$ 的 ALA 溶液 0.16 kg;叶面喷布浓度分别为 $300×10^{-6}$ 和 $600×10^{-6}$,药液喷施量为苗木叶片开始滴落药液为止。按随机区组的方法布置试验,每个处理重复 3

次,处理面积 12 m²。在幼苗期第二片真叶展开后开始第一次喷施,以后每 15 天喷施一次,连续喷施 5 次。9 月中旬,测定苗木单株叶片数、叶重、叶面积、幼苗高度、地径、根长、地上生物量和地下生物量等指标。

2006 年 4 月底,在榆林市榆阳区小纪汗林场,选择生长健壮、大小均匀一致的三年生樟子松、侧柏、油松苗木植苗造林,株行距 3 m×4 m。栽植时,每个树种分别采用裸根苗直接栽植、裸根苗蘸根、裸根苗浸根和容器苗直接栽植、容器苗浇根五种方法处理苗木。处理苗木的 ALA 溶液浓度为 $300×10^{-6}$,裸根苗蘸根是用 ALA 溶液调制成的泥浆蘸根后栽植;裸根苗浸根和容器苗浇根是将苗木根系在 ALA 溶液中浸泡 12 小时,等根系充分吸足溶液后栽植。

按随机区组的方法布置试验,每个处理重复 3 次,每个试验小区栽植试验苗木 30 株。11 月上旬调查成活率。

2. 结果与分析

2.1 叶面喷施 ALA 对紫穗槐幼苗生长的影响

研究结果表明,叶面喷布 ALA 溶液,对紫穗槐播种幼苗生长有一定的促进作用,有利于提高幼苗质量(表 5-1)。经 ALA 处理后,紫穗槐幼苗的复叶个数、叶重、叶面积、苗高、地径、地下和地上生物量等形态指标都比对照有不同程度的增加,而根长略低于对照。就浓度而言,以 $300×10^{-6}$ 和 $600×10^{-6}$ 的喷施效果基本一致,表现不同浓度处理后的苗木,其苗木复叶个数、叶重、叶面积、地径、苗高、根长、地下和地上生物量等数量指标相差不大。

表 5-1 不同喷布浓度 ALA 对紫穗槐播种幼苗形质指标的影响

喷施浓度	复叶数/个	叶重/g	叶面积/cm²	幼苗高/cm	地径/mm	根长/cm	地下生物量/g	地上生物量/g
对照CK	7.1a	0.114a	0.333a	8.439a	2.7a	24.5 a	0.216 a	0.087a
$300×10^{-6}$	8.0a	0.166b	0.467b	11.190b	2.7a	23.8 a	0.254 a	0.152b
$600×10^{-6}$	7.9a	0.162b	0.462b	10.805b	3.0b	23.7 a	0.219 a	0.127b

注:同列数据后标不同字母者表示在 $P<0.05$ 水平上差异显著。下表同。

植物群体生长的差异除本身条件以外,在土壤条件一致的情况下,主要受光照等气候条件的影响。根据 ALA 的生理生化性质,它可以提高植物叶绿素生化合成,增强光合作用,也是一种植物生长促进剂。当紫穗槐的叶面喷施 ALA 后,促进了幼苗的生长,这和 ALA 可以促进植物和幼苗植株生长的结论相一致。

方差分析表明,紫穗槐叶面喷施 ALA 与对照相比较,其复叶数、根长和地下生物量等三个指标差异不显著;但叶重、叶面积、幼苗高、地径和地上生物量等幼苗质量指标差异显著;$300×10^{-6}$ 和 $600×10^{-6}$ 的使用效果基本一致,不同浓度处理的各项指标没有明显差异。从多重比较结果可以看出,使用 ALA 处理后的苗木,其叶重、叶面积、幼苗高和地上生物量等生长指标与对照相比都有不同程度的增加,但不同浓度间差异不显著。就地径而言,喷施 $600×10^{-6}$ 的苗木,地径生长量大于对照。

2.2　不同处理方法对紫穗槐播种苗影响

另外,ALA 不同的使用方法对紫穗槐幼苗质量也有一定程度的影响。从表 5-2 可以看出,除地下生物量外,其他各指标处理间差异显著;与对照相比,土壤处理比叶面喷施效果明显。从土壤处理和叶面喷施 ALA 的使用效果来看,使用土壤处理的紫穗槐幼苗,其复叶数、地径、幼苗高、叶面积等指标均大于对照和叶面处理,叶面处理效果与对照基本一致或略大于对照。就叶重、地下生物量和地上生物量等指标而言,叶面喷施和土壤处理的效果均好于对照,叶面喷施的效果比土壤处理明显。经叶面喷施处理的紫穗槐根长明显小于对照和土壤处理,经过土壤处理紫穗槐幼苗的根长略大于叶面处理。

表 5-2　不同处理方法对紫穗槐播种幼苗质量的影响

处理方法	复叶数/个	叶重/g	叶面积/cm²	幼苗高/cm	地径/mm	根长/cm	地下生物量/g	地上生物量/g
对照 CK	7.1a	0.1142a	0.3333a	8.44a	2.66ab	24.45a	0.2157a	0.0875a
土壤处理	8.7b	0.1467ab	0.5638b	11.72b	3.17a	25.44b	0.2282a	0.1275b
叶面喷施	7.2a	0.1822b	0.3655ab	10.27ab	2.48b	21.99b	0.2445a	0.1507b

2.3　ALA 对主要造林树种成活率的影响

ALA 在促进植物生长的同时,还具有增强植物抗寒性和耐盐性的作用,能够增加植物的抗逆性。现有的资料表明,ALA 可以促进高盐($1.5\%NaCl$)条件下棉花、菠菜和小白菜等耐盐性较强作物的生长,对它们的耐盐性有一定的促进效应,也可以缓解盐胁迫对西瓜种子萌发的抑制效果。

用 ALA 处理过的苗木造林,其造林成活率表现出了一定的差异。由表 5-3 可以看出,在榆林毛乌素盐碱地,用 ALA 处理苗木进行造林,不同树种、不同处理方法之间造林成活率有一定的差异。对樟子松容器苗进行浇根和裸根苗蘸根,其造林成活率可以达到90％,经过 ALA 处理的樟子松造林成活率远远大于油松和侧柏;油松和侧柏的造林成活率一般在80％以下,油松裸根苗蘸根和浸根及侧柏容器苗浇根的造林成活率在70％～80％之间,其他处理的成活率均在60％～70％之间,侧柏裸根苗蘸根和浸根的造林成活率最低,仅为60％。

表 5-3 ALA 对主要造林树种成活率的影响

树种	处理方法				
	裸根苗直接栽植	裸根苗蘸根	裸根苗浸根	容器苗直接栽植	容器苗浇根
樟子松	82.2	93.3	77.8	90	92.2
油松	64.4	79.6	74	52.6	50
侧柏	57.8	60	60	66.7	70

方差分析表明,用 ALA 处理造林苗木,不同树种的成活率呈现出显著差异,而不同的处理方法之间差异不明显,但树种与处理方法之间的交互作用比较明显,即不同树种的不同处理方法之间存在显著差异。

从表 5-3 可以看出,就树种而言,使用 ALA 处理苗木,油松和侧柏的差异不显著,成活率基本一致,它们和樟子松的成活率存在明显差异,樟子松的成活率最高。在对樟子松和侧柏的各种处理中,各种方法之间的差异不明显,樟子松的成活率在77.8％～99.3％,侧柏的成活率保持在57.8％～70％;对油松的各种处理中,裸根苗直接栽植、裸根苗浸根、容器苗直接栽植三种方法对成活率的影响差异不显著,而它们与裸根苗蘸根和容器苗浇根之间差异显著,采用裸根苗蘸根和裸根苗浸根两种方法的造林成活率高于其他方法。

就不同处理方法而言,裸根苗直接栽植及浸根两种方法处理苗木,不同树种的成活率之间差异不显著;用裸根苗蘸根方法处理苗木,5％显著水平上,樟子松和侧柏之间存在显著差异,在1％显著水平上,各树种间差异不明显,;用容器苗直接栽植和裸根苗蘸根方法处理苗木,樟子松和油松之间存在明显差异。也就是对樟子松苗木裸根苗进行蘸根以及容器苗直接栽植和浇根的成活率相对较高。

3. 结论

在黄土高原南缘的陕西关中地区进行紫穗槐播种育苗时,对幼苗期的幼苗喷布 ALA 溶液,对幼苗生长有一定的促进作用,有助于提高幼苗质量。在紫穗槐苗期叶面喷施浓度以 300×10^{-6} 为宜,土壤施入比叶面喷布的使用效果好。

在榆林沙漠地区的盐碱地,用 ALA 处理苗木,在一定程度上可以提高造林成活率。对樟子松的使用效果要远远好于油松和侧柏,不同处理方法之间造林成活率差异不显著,树种和处理方法之间存在比较明显的交互作用。对樟子松和油松裸根苗进行蘸根和樟子松容器苗进行浇根,其造林成活率相对较高,对侧柏处理的效果不大明显。

第三节　ALA 对树生长的影响

1. 材料与方法

1.1　试验材料

试验材料:ALA 仍然由日本 COSMO 石油公司提供。试验树种有樟子松、侧柏、油松、紫穗槐、五角枫。

试验地点:陕西省榆林市榆阳区小纪汗林场。

处理方法及试验布置见表 5-4 和表 5-5。

表 5-4　试验处理方法

裸根苗			容器苗	
直接栽植	蘸根	浸根	直接栽植	浇根
A	B	C	D	E

表 5-5　试验布置(小区随即排列)

A1	B1	C1	D1	E1
D2	E2	A2	B2	C2
C3	B3	D3	E3	A3

裸根苗蘸根(B):把裸根苗用 300×10^{-6} ALA 溶液调制成的泥浆蘸根后栽植;

裸根苗浸根(C):把裸根苗用 300×10^{-6} ALA 溶液浸根 12 小时后栽植;

容器苗浇根(E):在每株容器苗根部浇灌 1 kg 300×10^{-6} ALA 溶液后栽植。

2. 结果与分析

2.1 施用 ALA 对樟子松树木生长的影响

在榆林市榆阳区继续进行了喷施、浇灌 ALA 对当地主栽树种樟子松的地径、树高、年高度生长量等生长指标的影响试验,结果表明 ALA 对樟子松生长有明显促进作用表 5-6。其中地径喷施 ALA 平均值 4.7 cm(标准差 1.0545),喷水平均值 3.5 cm(标准差 0.6786),浇灌 ALA 平均值 4.2 cm(标准差 0.9066),浇水平均值 3.8 cm(标准差 0.9808),喷施 ALA 与喷水之间差异极显著(表 5-6)。

表 5-6 施用 ALA 对樟子松树木生长的影响

指标	喷施			浇灌		
	处理 (600×10^{-6})	对照 (0)	处理比对 照增加%	处理 ($10 \ kg \ 180 \times 10^{-6}$)	对照 ($10 \ kg \ 0$)	处理比 对照%
地径/cm	4.5	3.4	32.35	4.1	3.7	10.81
树高/cm	147.9	137.0	7.96	149.4	133.4	11.99
年生长量/cm	29.2	25.9	12.74	32.7	26.3	24.33

2.2 ALA 对不同树种幼苗生长的影响

在西北农林科技大学林学院苗圃进行叶面喷施 ALA 对樟子松、紫穗槐幼苗苗高、地径、根长、根数、叶片叶绿素含量、光合速率等生长、生理指标的影响试验(见表 5-7 至 5-14)。由于 2007 年春季干旱,夏秋季节阴雨连绵,对试验正常开展和苗木正常生长带来了极大影响,从苗高、地径、叶片叶绿素含量、光合速率等已测指标来看,ALA 对樟子松、紫穗槐幼苗生长影响作用不明显。其他指标按计划未到测定时间,尚未测定。

表 5-7 喷施 ALA 对樟子松苗木的影响

	对照 CK(0)	处理 A(250×10^{-6})		处理 B(500×10^{-6})		C 处理($1 \ 000 \times 10^{-6}$)	
		数值	比对照增加%	数值	比对照增加%	数值	比对照增加%
苗高/cm	28.00	29.1	3.81	34.6	23.57	36.1	29.05
地径/cm	0.79	0.83	5.08	0.97	22.88	1.1	35.59

表 5-8　喷施 ALA 对紫穗槐苗木的影响

	对照 CK(0)	处理 A(250×10^{-6})		处理 B(500×10^{-6})		C 处理($1\,000\times10^{-6}$)	
		数值	比对照增加%	数值	比对照增加%	数值	比对照增加%
苗高/cm	163.1	164.7	0.98	174.8	7.15	183.9	12.71
地径/cm	1.39	1.42	1.91	1.51	8.61	1.77	27.27

表 5-9　ALA 对五角枫苗高影响及其方差分析

处理	样本数	均值	比对照增加%	标准差	标准误	5%显著水平	1%极显著水平
ALA1000×10^{-6}	15	72.7333	90.4	7.2945	1.8834	a	A
ALA500×10^{-6}	15	70.9333	85.7	7.6669	1.9796	a	A
ALA250×10^{-6}	15	60.4000	58.1	7.7164	1.9924	b	B
ALA 0	15	38.2000	0	13.9908	3.6124	c	C

表 5-10　ALA 对五角枫苗木地径影响及其方差分析

处理	样本数	均值	比对照增加%	标准差	标准误	5%显著水平	1%极显著水平
ALA1000×10^{-6}	15	0.6800	29.1	0.1612	0.0416	a	A
ALA500×10^{-6}	15	0.6333	20.2	0.0816	0.0211	ab	AB
ALA250×10^{-6}	15	0.6000	13.9	0.1254	0.0324	bc	AB
ALA 0	15	0.5267	0	0.1033	0.0267	c	B

表 5-11　ALA 对五角枫苗高叶片叶绿素含量影响及其方差分析

处理	样本数	均值	比对照增加%	标准差	标准误	5%显著水平	1%极显著水平
ALA1000×10^{-6}	15	18.8467	24.3	2.8086	0.7252	a	A
ALA500×10^{-6}	15	16.6000	9.5	2.8864	0.7453	ab	AB
ALA250×10^{-6}	15	15.7733	4.0	2.6935	0.6955	b	B
ALA 0	15	15.1600	0	3.2209	0.8316	b	B

表 5-12　ALA 对紫穗槐苗高影响及其方差分析

处理	样本数	均值	比对照增加%	标准差	标准误	5%显著水平	1%极显著水平
ALA1000×10^{-6}	16	83.6000	22.7	14.9746	3.7437	a	A
ALA500×10^{-6}	16	81.0000	18.9	10.6458	2.6615	a	A
ALA250×10^{-6}	16	79.4667	16.1	7.9571	1.9893	a	A
ALA 0	16	68.1333	0	6.6218	1.6555	b	B

表 5-13　ALA 对紫穗槐苗木地径影响及其方差分析

处理	样本数	均值	比对照增加%	标准差	标准误	5%显著水平	1%极显著水平
ALA1000×10^{-6}	16	1.0467	74.5	0.1360	0.0340	a	A
ALA500×10^{-6}	16	0.8933	48.9	0.1569	0.0392	b	B
ALA250×10^{-6}	16	0.6933	15.6	0.1389	0.0347	c	C
ALA 0	16	0.6000	0	0.0816	0.0204	d	C

表 5-14　ALA 对紫穗槐苗高叶片叶绿素含量影响及其方差分析

处理	样本数	均值	比对照增加%	标准差	标准误	5%显著水平	1%极显著水平
ALA1000×10^{-6}	16	21.5400	49.4	3.0386	0.7596	a	A
ALA500×10^{-6}	16	21.0667	46.2	2.8236	0.7059	a	A
ALA250×10^{-6}	16	16.5400	14.8	4.5871	1.1468	b	B
ALA 0	16	14.4133	0	3.0128	0.7532	b	B

第四节　ALA 对植物光合速率和蒸腾速率的影响

1. 材料与方法

1.1　试验材料

ALA 仍然由日本 COSMO 石油公司提供。试验树种有紫穗槐、红掌、蝴蝶兰、花椒。

1.2　试验地点

陕西省苗木花卉繁育中心、西北农林科技大学林学院教学实习苗圃和千阳县西北农林科技大学林学院生态经济林试验站。

1.3　处理方法及试验布置

分土壤处理和叶面喷施,对照为不做土壤处理或叶面喷施清水。

(1)土壤处理:按 0.6 g/m² ALA 对育苗圃基质进行处理,苗圃基质组成为 30%河沙+40%园土+30%有机肥,育苗圃基质厚度 15 cm。

(2)叶面喷施:幼苗第 2 真叶展开后开始喷施,以后每 2 周喷施 1 次,直至生长季结束。喷施浓度第 1 次为 1 000×10^{-6},以后每次浓度为 600×10^{-6},喷施量为叶面开始向下掉落药液为止。

观察测定指标:叶片叶绿素含量、光合速率和光合日进程、光响应曲线、光合过程叶绿素荧光动力学参数等,在 9 月中旬测定。

2.试验结果

2.1　ALA 对红掌、蝴蝶兰叶绿素、含量和光合速率的影响

在陕西省苗木花卉繁育中心实施了 ALA 对名贵花卉(红掌、蝴蝶兰)影响试验,处理浓度分别为 0(清水,对照 CK),250×10^{-6}(A),500×10^{-6}(B),$1\,000 \times 10^{-6}$(C),对叶片叶绿素含量、光合日进程、光响应曲线、光合过程叶绿素荧光动力学参数($Fo,Fm,Fv,Fv/Fm$ 等)进行了测定,表明喷施 ALA 对红掌、蝴蝶兰光合有促进作用,并随喷施浓度的提高作用越明显(表 5-15,5-16 和图 5-1,5-2,5-3)。

表 5-15　蝴蝶兰叶绿素含量及其方差分析

处理	样本数	均值	标准差	标准误	5%显著水平	1%极显著水平
ALA1000×10^{-6}	60	60.7733	7.7397	0.9992	a	A
ALA500×10^{-6}	60	59.2800	7.3542	0.9494	a	AB
ALA 0	60	55.3000	11.8160	1.5254	b	B

表 5-16　红掌叶绿素含量及其方差分析

处理	样本数	均值	标准差	标准误	5%显著水平	1%极显著水平
ALA1000×10^{-6}	60	80.7983	4.8409	0.6250	a	A
ALA500×10^{-6}	60	79.4367	6.8231	0.8809	a	A
ALA 0	60	74.4767	10.6784	1.3786	b	B

表 5-17　ALA 处理对红掌光合荧光动力学的影响

		Fo	Fv/Fm	Fv/Fm	qP	qN	NPQ	ETR
对照		269.8	0.806	0.355	0.095	0.885	2.727	25.762
ALA500×10^{-6}	数值	371.3	0.714	0.348	0.146	0.887	2.764	35.324
	比对照增加%	37.6	−11.4	−0.2	53.7	0.2	1.4	37.1
ALA1000×10^{-6}	数值	301	0.782	0.354	0.154	0.888	2.815	41.714
	比对照增加%	11.6	−3.0	−0.3	62.1	0.3	3.2	61.9

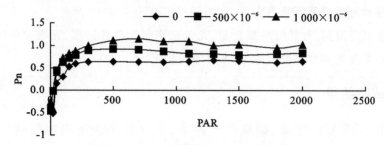

图 5-1　ALA 对蝴蝶兰光合日相应的影响

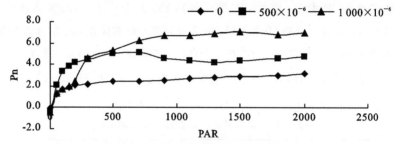

图 5-2　ALA 对红掌光合日相应的影响

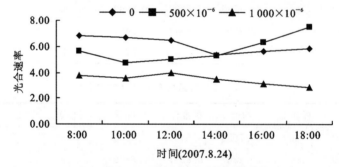

图 5-3　ALA 对红掌日光合的影响

通过对不同浓度 ALA 处理后红掌叶片叶绿荧光参数的测定(表 5-17),研究发现:①ALA 处理后红掌的 Fo 值增加(Fo 值与叶片叶绿素含量有关,而与光化学反应无关),同时 Fv/Fm 也有一定幅度的下降(Fv/Fm 用于度量植物叶片 PSII 原初光能转换效率),说明外源 ALA 处理增强红掌叶片光抑制程度;②红掌的 ETR 值、qP 值随处理浓度的增加而增加。ETR 代表表观光合电子传递速率,表明 ALA 对红掌叶片的表观光合电子传递速率具有促进作用;③ALA 处理后,红掌 Fv'/Fm' 值基本不变(Fv'/Fm' 代表 PSII 有效光化学量子产量,反映开放的 PSII 反应中心原初光能捕获效率),说明喷施 ALA 对红掌叶片 PSII 反应中心原初光能捕获效率基本无影响。④qP(光化学猝灭系数)反映的是 PSII 天线色素吸收的光能用于光化学电子传递的份额,要保持较高的光化学猝灭就是要使 PSII 反应中心处于"开放"状态,所以光化学猝灭又在一定程度上反映了 PSII 反应中心的开放程度。qP 越大,还原态 QA 重新氧化形成 QA 的量越大,即 PSII 的电子传递活性越大。qP 值越高,其反应中心开放部分的比例就越高,有利于降低不能进行稳定电荷分离、不能参与光合电子线性传递的反应中心关闭部分的比例,使天线色素所捕获的光能以更高比例用于推动光合电子传递,从而提高电子传递能力。光合作用的电子传递总是与形成 ATP 的光合磷酸化相耦联,而且全链电子传递又以 NADP+ 为最终电子受体,因此有较高的光合电子传递能力的植物,有助于形成更多的 ATP 和 NADPH,供碳同化利用。

NPQ 和 qN:为荧光非光化学猝灭系数,反映 PSII 反应中心非辐射能量耗散能力的大小。所有的高等植物都有较为完善的非光化学淬灭机制,在逆境条件下,通过非辐射性热耗散消耗光捕获蛋白复合物(LHCII 和 LHCI),吸收过剩光能而避免对光合器官的损伤。通常认为 NPQ 对植物光合机构有一定的保护作用,是植物长期适应自然环境形成的一种自我保护机制。高的非光化学荧光猝灭能力有利于光能的耗散,可避免过强光对植物光系统的损伤,保证植物在不利的环境中对光能的吸收与利用。NPQ 比 qN 能更准确地反映无性系的非光化学淬灭情况。红掌经 ALA 处理后,qP 和 NPQ 增加,说明 ALA 在提高红掌叶片光合电子传递能力的同时,还能够提高其对环境的适应能力。

2.2 ALA 对紫穗槐叶绿素含量和光合速率的影响

在西北农林科技大学林学院教学实习苗圃对紫穗槐苗木进行叶面喷施 ALA,并测定了其生长和生理指标,其结果见表 5-18 和图 5-4。

从表 5-18,图 5-4 可以看出,叶面喷施 ALA 不论对紫穗槐苗木光合速率、叶绿素含量等生理指标都有明显的促进作用。

表 5-18 叶面喷施 ALA 对紫穗槐苗木的影响

	苗高(cm)	复叶数(个/株)	单株叶面积(cm²)	叶绿素含量	地径(mm)	根长(cm)	地下生物量(g)	地上生物量(g)
处理	10.3±2.0	8.8±1.8	54.6±12.2	22.7±4.6	2.7±0.6	24.9±5.2	0.35±0.25	0.18±0.14
对照	8.7±2.4	8.1±1.5	45.2±9.8	20.3±4.6	2.5±0.7	21.9±4.8	0.24±0.14	0.10±0.05
效果%	18.4	8.6	20.8	11.8	8.0	13.7	45.8	80.0

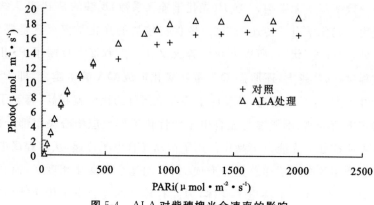

图 5-4　ALA 对紫穗槐光合速率的影响

2.3　ALA 对花椒光合速率和蒸腾速率的影响

在陕西省千阳县西北农林科技大学林学院生态经济林试验站进行了叶面喷施不同 ALA 0（对照 CK）、500×10^{-6} 对经济植物花椒光合等生理指标、产量性状、经济产量等的影响。由于今年夏秋季连阴雨，ALA 喷施次数不够，试验效果受到影响，不但花椒叶片光合、蒸腾、气孔导度等指标差异不大，其他经济产量与品质也没有明显差异（图 5-5 至 5-7）。

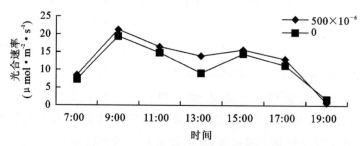

图 5-5　ALA 对花椒日光合速率的影响

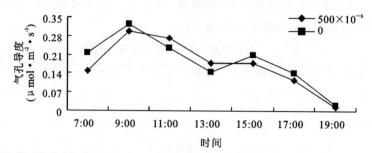

图 5-6　ALA 对花椒叶片气孔导度的影响

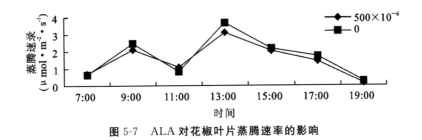

图 5-7　ALA 对花椒叶片蒸腾速率的影响

第五节　ALA 对几种造林苗木根系形态的影响

2009 年 9,作者采用日本 COSMO 石油公司提供的新型 ALA 土壤改良剂在西北农林科技大学苗圃和陕西北部的榆林市小纪汉林场开展了叶面喷施 ALA 试验,并观测了被喷植物根系生长和形态特征。试验结果表明:根系分析系统对不同浓度的 5－氨基乙酰冰酸（5－aminolevulinic acid,ALA）处理下,樟子松（Pinus sylvestris var mongolica）、紫穗槐（Amorpha fruticosa）和五角枫（Acer mono）2 年生容器苗的根系形态特性的分析。结果表明:3 树种根系中 $d \leqslant 2$ mm 的细根的长度占总长度的 95％～99.77％;表面积占总表面积的 68％～98.09％。ALA 显著提高了樟子松根系的总长度、总表面积和总体积;ALA 对紫穗槐根系的总长度、总表面积作用显著,较对照增加了 92.40％和 66.45％;ALA 对五角枫根系的各项指标有促进作用,但未达到显著水平;ALA 对 3 树种抗旱性的提高有积极的作用。

试验结果表明:在陕西关中进行紫穗槐播种育苗时,对幼苗期的幼苗喷布 ALA 溶液,对幼苗生长有一定的促进作用,有助于提高幼苗质量,喷施浓度以 300×10^{6} 为宜;在紫穗槐播种育苗中,土壤施入比叶面喷布的使用效果好。在榆林沙漠地区的盐碱地,对樟子松使用 ALA 的效果要远远好于油松和侧柏;裸根苗直接栽植、裸根苗蘸根、裸根苗浸根和容器苗直接栽植、容器苗浇根五种处理方法之间造林成活率差异不显著,树种和处理方法之间存在比较明显的交互作用。对樟子松和油松裸根苗进行蘸根和樟子松容器苗进行浇根,其造林成活率相对较高,ALA 对侧柏处理的效果不大明显。

1.材料与方法

2009 年 9,在西北农林科技大学林学院苗圃,采用日本 COSMO 石油公司提供的新型 ALA 土壤改良剂在西北农林科技大学苗圃供试树种为樟子松、紫穗槐和五角枫。樟子松为 2 年生容器苗,购自陕西榆林;紫穗槐、五角枫为自育的 2 年生容器苗。

3 个树种选取生长健壮、无病虫害、长势基本一致的苗木各 450 株。在预备试验的基础上,分为 3 个处理,分别喷施 200 和 400 mg·L^{-1}ALA,以喷清水为对照,各处理均重复 3 次,每重复 50 株。于 6 月 25 日～7 月 25 日苗木生长期,每隔10 天喷施 1 次,共喷施 3 次,每次以叶面湿润液体开始下滴为度,其他管理措施按常规进行。

在苗木生长停止、落叶前,每个树种各处理分别选取 10 株生长健壮、无病虫害、长势基本一致的苗木,小心将苗木从营养钵中取出,放到 100 目的筛子上,用水冲法将各土层内的根系冲出,在清水中洗净后,采用加拿大 EpsonTwain Pro 扫描仪获取根系形态结构图像,采用专业的根系形态学和结构分析应用系统 WIN-Rhizo,对根系长度、根系表面积、根系体积等指标进行测定分析。根系形态中的分级确定为直径(d)<1.0 mm,1.0～2.0 mm,2.0～3.0 mm,>3.0 mm,各级别按照下限排除。

2.试验结果

2.1　叶面喷施 ALA 对苗木根系长度的影响

不同树种无论是根系总长还是各径级根系的长度,经 ALA 处理后均有不同程度增加;各树种根系对不同 ALA 浓度的响应存在差异。与对照相比,400 mg·L^{-1}ALA 处理显著提高了樟子松根系的总长,较对照提高了 170.91%;200 mg·L^{-1}ALA 处理虽也提高了樟子松根系的总长(4.07%),但与对照差异不显著。400 mg·L^{-1}ALA 处理的紫穗槐根系总长较对照提高了 61.44%,但差异不显著;200 mg·L^{-1}ALA 处理时,紫穗槐根系总长显著提高了 92.40%。五角枫的根系总长用 200 和 400 mg·L^{-1}ALA 处理后较对照分别增加了 21.07% 和 1.47%,但均未达到差异显著水平(表 5-19)。

表 5-19　不同浓度 ALA 对 3 个树种苗木根系长度的影响(单位:cm)

树种	ALA 浓度 /(mg·L^{-1})	根系总长/cm	较对照增加比例/%	根系径级/mm			
				$d\leqslant1.0$	$1.0<d\leqslant2.0$	$2.0<d\leqslant3.0$	$d>3.0$
樟子松	200	2976.46a	4.07	2896.31a	70.67a	6.97a	2.51a
	400	7747.92b	170.91	7573.58b	155.74b	15.52b	3.08a
	对照	2859.94a		2787.51a	65.24a	5.35a	1.84a
紫穗槐	200	4415.49a	93.99	4035.19a	233.29a	59.07a	87.94a
	400	3674.59ab	61.44	3305.71ab	235.35a	50.84a	82.69a
	对照	2276.19b		2034.62b	132.91a	31.47a	77.19a
五角枫	200	2157.29a	21.07	1757.26a	301.06a	43.06a	55.91a
	400	1905.46a	6.94	1593.01a	239.11ab	33.45a	39.89a
	对照	1781.88a		1495.68a	167.29b	51.26a	67.65a

注:同列数据后标不同字母者表示在 $P<0.05$ 水平上差异显著。下表同。

表 5-19 还表明,与对照相比,樟子松 $d>3.0$ mm 的根系用 2 种浓度 ALA 处理后长度增加不显著,其他各径级根系用 200 mg·L^{-1} ALA 处理后长度显著增加。紫穗槐 $d\leqslant1.0$ mm 的根系用 200 mg·L^{-1} ALA 处理后长度显著增加,其余各径级根系用 2 种浓度 ALA 处理均未达到显著差异。五角枫只有 $1.0<d\leqslant2.0$ mm 的根系用 400 mg·L^{-1} ALA 处理后长度较对照显著增加,其余各径级根系用 2 种浓度 ALA 处理也均未达到显著差异。

3 树种细根($d<2$ mm)的长度占据其根系总长度的主体(图 5-8a),其中,直径 $d\leqslant1.0$ mm 的根系长度占总长度的 88%～98%,直径 1.0～2.0 mm 的根系长度占总长度的 2.0%～8.0%;喷施 ALA 后,3 树种直径 $d\leqslant1.0$ mm 的根系所占比例基本不变,仍然为根系总长度的主体。

2.2　叶面喷施 ALA 对苗木根系表面积的影响

根系表面积是根系与土壤之间进行营养物质交换的界面,根系表面积与水分吸收密切相关,这一指标能较好地反映林木对土壤环境的利用状况。由表 5-19 可知,与对照相比,樟子松在 200 和 400 mg·L^{-1} ALA 处理下,根系总表面积均显著增加,分别比对照增加了 146.83% 和 798.83%;$d\leqslant3.0$ mm 以下的根系表面积增加也达到了显著水平,但 $d>3.0$ mm 以上的根系表面积增加未达到显著水平。与对照相比,紫穗槐在 200 mg·L^{-1} ALA 处理下,根系总表面积和直径 $d\leqslant1.0$ mm 根系的表面积显著增加,其中总表面积增加了 66.45%;400 mg·L^{-1} ALA 处理下,根系总表面积和其他径级根系的表面积增加均不显著。与对照相

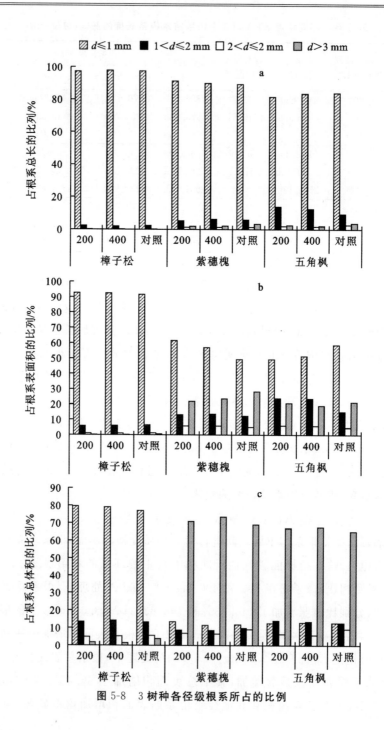

图 5-8 3 树种各径级根系所占的比例

比,五角枫在 200 mg·L^{-1}ALA 处理下,1.0 mm$<d\leqslant$2.0 mm 根系的表面积显著增加;根系总表面积和其他径级根系的表面积在 2 种浓度 ALA 处理下增加均不显著,总表面积比对照分别增加了 45.02% 和 14.94%。由表 5-20 还可以看出,在相同浓度 ALA 处理下,樟子松根系总表面积的增加幅度大于紫穗槐和五角枫的,这说明樟子松对外源 ALA 的反应比紫穗槐和五角枫敏感,ALA 对樟子松根系的作用效果较好。

细根具有巨大的吸收表面积,生理活性强,是树木水分和养分吸收的主要器官,对树木碳分配和养分循环起着十分重要的作用。单位时间内根吸收的水量与根的吸收表面积成正比。细根表面积的大小可以说明细根与土壤接触面积的大小,这一指标能够更好地反映林木对土壤环境的利用程度。由表 5-19 可知,与对照相比,2 个浓度 ALA 处理均能够显著提高樟子松、紫穗槐苗木细根的表面积;五角枫细根的表面积虽然也随着 ALA 浓度的增加而增加,但未达到显著差异水平。这说明对于外源植物激素 ALA 的响应因树种而存在着差异,樟子松和紫穗槐 2 mm 以下的细根相对于五角枫来说对 ALA 较敏感。

3 树种细根($d<$2 mm)的表面积占据其根系总表面积的主体(图 5-8b),其中,樟子松直径 $d\leqslant$1.0 mm 的根系表面积占总表面积的 91.52%,紫穗槐和五角枫的占 51%~59%。喷施 ALA 后,对樟子松各径级根系表面积占总表面积的比例几乎没有影响;而紫穗槐有所增加,五角枫却有所下降,变动幅均较小。3 个树种苗木用 ALA 处理后,根系的总表面积和各径级根系的表面积均高于对照。这说明喷施 ALA 有利于增加植物根系与土壤之间进行营养物质交换的面积,从而促进植物的生长。

2.3　叶面喷施 ALA 对苗木根系体积的影响

与对照相比,樟子松根系总体积在 400 mg·L^{-1}ALA 处理下显著增加,增加幅度达到了 740.60%;在 200 mg·L^{-1} 处理下增加幅度为 130.56%,但差异不显著;$d\leqslant$3.0 mm 的根系体积在 2 种 ALA 浓度处理下均较对照显著增加,而 $d>$3.0 mm 根系的体积增加不显著。与对照相比,紫穗槐除在 200 mg·L^{-1}ALA 处理下,$d\leqslant$1.0 mm 根系的体积显著增加外,2 种 ALA 浓度处理下的总体积和其他根系径级体积的增加均未达到差异显著水平。与对照相比,五角枫仅在 200 mg·L^{-1}ALA 处理下,1.0$<d\leqslant$2.0 mm 根系的体积显著增加,2 种 ALA 浓度处理下的总体积和其他根系径级体积的增加均未达到差异显著水平(表 5-20)。

表 5-20　不同浓度 ALA 对 3 个树种苗木根系表面积的影响(单位:cm²)

树种	ALA 浓度/(mg·L⁻¹)	根系总表面积	较对照增加比例/%	根系径级/mm			
				$d \leqslant 1.0$	$1.0 < d \leqslant 2.0$	$2.0 < d \leqslant 3.0$	$d > 3.0$
樟子松	200	1045.12a	146.83	968.93a	61.25a	11.75a	3.19a
	400	3805.74b	798.83	3516.69b	233.13b	46.49ab	9.42a
	对照	423.41c		387.52c	27.8c	5.49c	2.6a
紫穗槐	200	750.57a	66.45	461.65a	99.50a	45.00a	164.01a
	400	634.22ab	40.65	362.36ab	86.51a	38.40a	150.40a
	对照	450.92b		222.03b	55.73a	22.76a	127.34a
五角枫	200	524.26a	45.02	258.67a	124.92a	32.27a	108.39a
	400	415.52a	14.94	213.84a	98.10ab	24.52a	79.06a
	对照	361.50a		212.13a	54.63b	17.41a	77.33a

表 5-21　不同浓度 ALA 对 3 个树种苗木根系体积的影响(单位:cm³)

树种	ALA 浓度/(mg·L⁻¹)	根系总体积	较对照增加比例/%	根系径级/mm			
				$d \leqslant 1.0$	$1.0 < d \leqslant 2.0$	$2.0 < d \leqslant 3.0$	$d > 3.0$
樟子松	200	14.71a	130.56	11.73a	1.99a	0.72a	0.27a
	400	53.63b	740.60	42.44b	7.6a	2.8a	0.79a
	对照	6.38a		4.92c	0.91b	0.35b	0.22a
紫穗槐	200	38.79a	29.99	5.15a	3.51a	2.76a	28.28a
	400	31.92a	6.97	4.06ab	3.03a	2.34a	26.03a
	对照	29.84a		2.49b	1.98a	1.42a	19.51a
五角枫	200	30.57a	35.99	3.86a	4.29a	1.95a	20.46a
	400	22.60a	0.53	3.20a	3.34ab	1.45a	16.67a
	对照	22.48a		2.89a	1.87b	1.055a	14.61a

　　由表 5-20 还可知,紫穗槐和五角枫根系中体积大的根级,根系长度和根系表面积不一定大,如 $d > 3.0$ mm 根系,虽然体积最大,根系长度反而比较小,而在 $d \leqslant 1.0$ mm 根级根系虽然体积较少,但是根系长度最长,根系表面积也最大;樟子松根系各形状指标随根系径级的变化是一致的。这可能与针叶树和阔叶树不同的生长特性有关。

　　由图 5-8c 可知,樟子松各径级根系的体积在总体积的分配比例与其在根系总根长和总表面积的分配基本一致,而紫穗槐和五角枫各径级根系的体积在总体积的分配比例与其在根系总根长和总表面积的分配却相反。喷施 ALA 后同样对 3 树种各径级根系的体积在总体积的分配比例基本没有影响。

该试验可以得出以下结论:喷施 ALA 后,测试苗木根系总长度和细根的长度均达到了一定程度提高。根系的长度是植物耐旱性的重要形态指标,因此可以判断其抗旱能力,ALA 在促进植物根系生长的同时,也增加了其抗旱能力。

喷施 ALA 后也增加了苗木根系的表面积和总体积,使其有更广泛的空间分布及较强的竞争优势,更有利于植物对水分和养分的吸收,从而促进了地上部的光合同化和生长量。

植物根系的生长对于吸收水分、养分以及储存碳水化合物和生长调节因子的合成极其重要。植物自身的正常生长发育是地上部光合作用与地下部根系吸收水分、养分相统一的系统过程,强大的根系势必促进地上部的同化作用。

参考文献

[1] 李文华,刘建军,康博文.叶面喷施 ALA 对几种苗木根系形态的影响[J].西北林学院学报 2010 , 25 (1) : 90-94

[2] 王乃江,康博文,刘建军,习世红.5-氨基乙酰丙酸在育苗和盐碱地造林中的使用效果[J].西北农林科技大学学报(自然科学版),2008,36(9):76-80

[3] 张一宾.5-氨基乙酰丙酸(ALA)的功能与展开[J].世界农药,2006 , 28 (4) :14-18.

[4] 刘晖,康琅,刘卫琴,等.5-氨基乙酰丙酸(ALA)在水溶液中的稳定性[J].南京农业大学学报,2006 , 29 (2) :29-32

[5] 汪良驹,姜卫兵,章镇,等.5-氨基乙酰丙酸生物合成和生理活性及其在农业上的潜在应用[J].植物生理学通讯,2003 , 39(3) :185-192

[6] 付士凯,李伟华,时建刚.5-氨基乙酰丙酸的应用及合成方法[J].山东化工,2003,32(3):242-271

[7] 张一宾,周焱.5-氨基乙酰丙酸的植物生理活性[J].世界农药,2000 , 22 (3) :8-14

[8] 宋士清,郭世荣.5-氨基乙酰丙酸的生理作用及其在农业生产中的应用(综述)[J].河北科技师范学院学报,2004 , 18 (2) :54-57

[9] 张淑婷,周强.植物生长调节剂 D2ALA 的全化学合成[J].农药,2002 , 41 (7) :43-47

[10] 刘秀艳,徐向阳,陈蔚青.光合细菌产生 5-氨基乙酰丙酸(ALA)的研究[J].浙江大学学报,2002,29(3):336-338

[11] 赵春晖,穆江华,岑沛霖.化学法与生物转化合成 5-氨基乙酰丙酸的研究进展[J].农药 2003,42(11):11-15

[12] 阎宏涛,王邦法,李汉杰.光活化农药 5 ALA 除草增效剂的研究[J].科学通报,1995,

11(4)：228-231

[13] 熊毅. 中国土壤(第二版)[M]. 北京：科学出版社,1987:233

[14] E. M. 腊塞尔. 土壤条件与植物生长[M]. 北京：科学出版社,1979:580-581

[15] 张继澍. 植物生理学[M]. 西安：世界图书出版社,1999

[16] 康博文,李文华,刘建军,撒文清. ALA 对红掌叶片光合作用及叶绿素荧光参数的影响[J]. 西北农林科技大学学报(自然科学版),2009,37(4):97-102

第六章　毛乌素沙地草炭造林技术

草炭,又称泥炭,是在积水缺氧条件下,沼泽植物残体不完全分解所形成的自然产物。多为草本、苔藓以及木本植物残体在寒冷、潮湿地带,年复一年的积累,经过数百年至数万年堆积、积压形成草炭层。据^{14}C 年代测定法和孢粉分析,草炭形成年代比较新,约万年前,后冰河期结束,温暖期开始堆积。1 m 草炭层形成时间约在 1 000 年左右。

草炭作为一种广泛分布的自然资源,是一种重要的天然有机矿产资源。目前,草炭开发利用途径主要集中在逐年增加的蜂蜡产品,饲料酵母、生物激素、钻井用的表面活性物质、泥炭胡敏酸复合肥料、活性炭和活性吸附剂等。

草炭以其独特的性能已经被应用于干旱地区造林实践中。在干旱地区,利用高吸水物质作为保水剂,保持土壤中的水分、提高土壤含水量、改善土壤物理性质、促进植物生长,提高植物产量等方面已有大量研究,并初步证明确有作用。由于草炭的独特组成与特性,可作为一种土壤改良剂,用于改良荒漠土壤,保持水分,提高水分利用率。草炭作为保水剂,不仅有利于保水保肥,而且能迅速增加土壤有机质含量,为植物提供各种养分。

西北农林科技大学通过引进日本的草炭育苗造林技术,并在消化吸收的基础上,总结出了一整套草炭造林新技术,并在毛乌素沙地小面积使用,其开发利用前景很好。

第一节 草炭的组成与分类

1. 草炭的基本组成

草炭因生成植物的种类、腐殖分解度、生成地地层状况不同,其形态、化学组成形态、化学组成也是多种多样的(见表 6-1)。

表 6-1 草炭的基本性状

PH	3.5～6
有机物	60%～99%
腐殖酸	6%～30%
灰分	0.4%～40%
水分	埋藏时 89%～90%;挖出后调整为 40%～50%
最大容水量	400～1 700 g/100 g
阳离子交换量	80～170 me/100 g
C/N 比	20～100
N	0.5%～2.4%
P	0.04%～0.2%(P_2O_3%)
K	0.04%～0.3%(K_2O%)

注:除 pH 和水分以外,其他都是干燥物的测定值

草炭除水分外,主要由有机质和矿物质组成,而有机质所占比重很大。

草炭有机物大致分成 4 个部分:

(1)有机溶剂撮物,沥青。

(2)水溶性和易水解性物质(在酸存在条件下水解),如纤维等碳水化合物、氨基酸等。

(3)碱液提取的腐殖物质,如胡敏酸、富里酸等。

(4)不水解物(木质素)。

草炭组成中除去主要部分有机质外,即为灰分。

草炭堆积形成过程,是由分解程度较高的低位草炭(呈浅褐色、褐色或黑色的土状物,灰分含量平均占 6%～18%),我国草炭大部分是此种草炭(一般又称之为泥炭),逐渐过渡到堆积分解程度低的高位草炭(呈纤维状植物残体,灰分很低约占 2%～4%,故一般称为草炭),见表 6-2。

表 6-2　草炭与石炭(煤炭)的比较

	草炭	石炭
母植物	草本和苔藓(一部分树)	树木
形态和颜色	茶褐色、颗粒状	能看到叶、茎的形态痕迹
存在场所	地表或地表附近	大多数深埋地下
生成年代	1,000～15,000、现在仍在生成中	数千万～1亿年、化石
化学组成	除 C 以外,H 和 O 也很丰富	以 C 为主体

草炭的各个组分,又因植物残体来源,分解程度,腐殖化过程(受地质、气候条件影响)不同而不同。现将主要种类草炭有机物中组分列入表 6-3,6-4。

表 6-3　主要种类草炭的有机物中组分的平均含量(单位:无水无灰基％)

草炭品种	分解程度(％)	苯提取的沥青	水溶性和易水解性物质		胡敏酸	富里酸	纤维素	木质素
			总量	其中的还原性物质				
低位型草炭								
木本属	45	3.8	20.9	9.9	42.9	15.7	1.7	14.2
芦苇属	35	4.1	24.2	12.3	41.0	15.3	1.8	11.6
莎草属	28	4.0	27.5	15.5	38.2	14.1	2.4	12.6
芝草属	26	6.8	25.1	15.2	36.8	13.3	3.0	14.1
莎草－草炭藓属	25	4.3	28.3	18.6	35.8	14.8	3.9	12.0

草炭品种	分解程度(％)	苯提取的沥青	水溶性和易水解性物质		胡敏酸	富里酸	纤维素	木质素
			总量	其中的还原性物质				
过渡型草炭								
木本－草炭藓属	39	7.3	18.2	9.3	42.4	16.4	2.2	12.2
芝菜属	31	6.6	27.5	15.2	32.4	14.2	5.4	11.8
莎草－草炭藓属	28	5.6	28.5	18.0	35.0	16.5	3.8	9.6
草炭藓属	18	5.0	34.3	22.2	25.5	17.1	6.5	7.4
莎草属	28	6.0	24.5	14.6	38.9	14.0	3.2	12.8
高位型草炭								
松树－羊胡子草属	54	12.6	16.9	10.2	40.6	16.7	3.2	8.9
羊胡子草属	46	11.6	20.4	12.7	37.5	16.7	3.9	9.1
芝菜属	31	8.1	28.0	16.5	30.7	16.2	5.0	11.8
羊胡子草－草炭藓属	33	7.8	30.2	19.3	30.4	16.4	5.6	8.3
	11	4.6	42.8	24.5	18.2	17.2	8.8	8.2
综合型	15	5.6	43.3	25.7	18.7	16.4	9.1	6.4

注:引自别列克维奇,腐殖酸,1994(2)。

这里说的有机质概念是指有机物残体的分解产物,即腐殖质。在测定时应将有机物残体,如根系等有机体挑除干净后的测定值。由于实际操作十分困难,故我们的资料中将有机质和腐殖质区别开来。以未挑除植物残体的测定值称为有机质,而以腐殖质分组方法用碱浸提的全部有机质分解产物,称为腐殖质(即包括腐殖酸和胡敏素总量)。

从表 6-3 可以看到 3 种类型草炭的组分有一定的规律,低位草炭含沥青较低,腐殖酸较高,营养状况较好。而高位草炭主要由松树－羊胡子草－藓属堆积,碳水化合物和沥青较高,木质素较低。此外草炭的化学性质还要由腐殖酸的官能团状况来反应,因此说明草炭性质极其复杂,受成因及环境条件多方面的影响。

表 6-4 世界上主要类型草炭的组成与性状

项目	产地			
	加拿大	加拿大	加拿大伯杰新布伦瑞克	加拿大魁北克
水分(%)	38.03	65.62	27.67	31.22	45.30
pH(1.10)	4.2	3.9	3.8	3.8	3.8
全 N(%)	0.57	0.90	0.77	0.76	0.60
全 P₂O₅(%)	0.07	0.06	0.01	0.01	0.07
全 K₂O(%)	0.06	0.06	0.09	0.09	0.06
灰分	1.6	0.2	1.6	1.6	0.4
有机碳素(C)(%)	—	47.36	46.59	46.59	50.20
有机质(加热减量法)(%)	98.39	81.65	98.42	98.42	99.60
腐殖酸(%)	—	20.43	18.83	18.83	6.80
CECme/100g	143	174	151	151	139
C/H 比	—	53	62	62	84

项目	产地			
	中国长白山悠辉	日本国细目	日本国北海道B级团粒状	日本国北海道N级粗纤维状	俄罗斯窿哈林
水分(%)	10.07	63.04	50.30	14.60	55.30
pH(1.10)	5.5	4.1	5.4	4.7	3.5
全 N(%)	2.41	1.27	1.70	1.00	0.85
全 P₂O₅(%)	0.22	0.08	0.14	0.15	0.18
全 K₂O(%)	0.09	0.27	0.06	0.09	0.09
灰分	15.90	3.4	35.1	18.1	5.70
有机碳素(C)(%)	45.90	47.68	36.80	43.90	47.70
有机质(加热减量法)(%)	84.08	96.62	64.90	81.90	94.30
腐殖酸(%)	22.16	28.73	26.00	22.70	10.20
CECme/100g	91.6	167	95.9	81.50	137
C/H 比	19	37	22	43	57

2. 草炭的分类

根据草炭组分中灰分含量多少,可将草炭划分为三种类型:低位、过渡和高位。在草炭的实际应用中,经常采用金庆权等(1991)提出的实用类型分类,后经修订,出现了表6-5中列出修订后的实用草炭类型分类。

表6-5　草炭类型分类

分类等级	一级分类	二级分类
分类指标	低位草炭(灰分含量20%以上)	低有机质含量30%~50% 高分解度>40%
	过渡草炭(灰分含量4%~20%)	中等有机质含量50%~70% 中等分解度20%~40%
	高位草炭(灰分含量2%~4%)	高有机质含量>70% 低分解度<20%

从表6-5中看到草炭分为两级,比较简单实用,分类指标明确,反映利用价值,一级分类按形成阶段、灰分高低划分,二级分类按有机碳矿产品位高低和物理机械特点、营养状况划分。其中灰分指标依据我国草炭特点,实用方便,与国际通用有所修改。

第二节　草炭的资源储量与分布

1. 世界草炭资源储量与分布

全世界草炭地面积大约400万km²,可形成草炭的湿地面积大约240万km²。草炭地占全地球陆地面积的2.7%、湿地面积占1.6%。推定,草炭的埋藏量有5 000亿t。

从草炭资源分布面积和埋藏量看,加拿大、美国、俄罗斯占前3位,但开发利用程度以俄罗斯为最高,开采矿点有6万多处,但侧重于在农业上的综合利用。同时储量靠后的一些欧洲国家,如荷兰、比利时、波兰、芬兰等国草炭开发利用却居于世界领先水平(图6-1)。

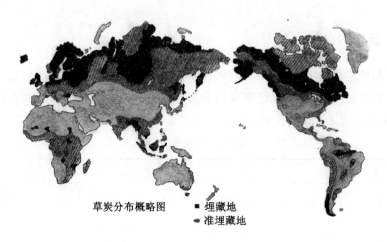

草炭分布概略图　■ 埋藏地
　　　　　　　　　▲ 准埋藏地

图 6-1　世界草炭资源分布

2.中国草炭资源储量与分布

中国的草炭资源分布比较广,据中国科学院地理研究所的调查报告,全国
5 719处草炭矿产资源统计数字列于表 6-6,总面积 10 400 km²,草炭地面积占国
土面积的 0.11%。资源埋藏量为 4 690×10⁶ t,以四川、云南、甘肃、黑龙江、吉林
等省储量最丰富。

表 6-6　中国的草炭资源

地　区	草炭调查矿产数	面积(hm²)	资源量(×10⁴ t)	储藏量(×10⁴ t)
北　京	64	266.75	750.67	180.95
天　津	5	78.24	41.51	30.03
河　北	159	17532.57	8745.07	3933.15
山　西	10	733.80	282.89	282.89
内蒙古	238	61712.22	12802.03	12156.55
辽　宁	168	7552.92	3536.27	3433.64
吉　林	564	40081.62	12968.99	12076.20
黑龙江	612	136648.86	14290.99	14114.03
上　海	4		241.06	64.69
江　苏	211	64940.29	25385.52	17912.15
浙　江	130	26074.38	5569.82	361.90
安　徽	30	20422.04	19627.37	12633.25
福　建	1101	704.93	4431.89	4277.14
江　西	559	89.85	1184.72	1040.60

续表

地　区	草炭调查矿产数	面积(hm^2)	资源量(×10^4 t)	储藏量(×10^4 t)
山　东	14	39.00	20.41	20.41
河　南	1	80.61	117.00	117.00
湖　北	39	4520.11	1852.66	1641.46
湖　南	20	85.05	35.79	31.42
广　东	485	3959.09	2238.19	1979.54
海　南	17	206.49	181.94	127.05
广　西	181	1664.01	1022.05	956.19
四　川	416	227239.00	195142.52	195116.45
贵　州	95	13051.30	13150.54	6427.54
云　南	148	103191.91	79178.47	78197.52
西　藏	34	16182.17	16022.37	16022.37
陕　西	3	45.00	36.82	36.82
甘　肃	44	53553.50	29889.91	29889.91
青　海	56	2099.70	8999.40	8999.40
宁　夏	5	28.85	7.75	7.75
新　疆	6	37486.41	10954.20	10954.20
合　计	5419	1024068.65	468708.79	433022.18

注:引自 IPS Bulletin(28):48,1997

第三节　草炭的基本特性与功能

1.草炭的基本性质

草炭除水分外,主要由有机质和矿物质组成。而有机质所占比重很大,在草炭的有机质中,含有一定量的沥青、水溶物和酸水解物(包括半纤维素、纤维素等碳水化合物)、腐殖酸、木质素等。

1.1　草炭的物理性质

草炭是在积水缺氧条件下,草本、苔藓以及木本植物残体经过数百万年堆积、积压形成的。草炭的物理性质与草炭的产地、组分和分解程度有关。

(1)颜色:草炭在寒带堆积,一般呈褐色;草炭在温暖干燥地带堆积,一般呈黑褐色;过渡类型的草属草炭灰分高,一般呈灰褐色。

(2)容重:一般草炭都具有较低的容重。分解程度越低容重越低。如寒带的加拿大草炭,为木本—藓属草炭,保留大量植物残体,分解程度低,容重只有0.1 g/cm³左右。而产于温暖干燥地带的草炭分解程度较高,因而容重大,如石河子草炭多为芦苇草炭,容重>0.3 g/cm³。过渡类型的草炭容重在0.2～0.3 g/cm³之间。

(3)总孔隙度:与一般土壤相比较,由于草滩疏松多孔,总孔隙度比较大,一般为91%～95%。分解程度越低总孔隙度越大,如加拿大草炭空隙度大于91%;而分解程度较高的四川草炭空隙度则小于91%。

(4)最大容水量:草炭的容水量很大,因而具有极强的保水性性能。分解程度越高,最大容水量越小。如加拿大产木本—藓属草炭最大容水量为1 200～1 600 g/1 000 g干草炭,日本北海道产草本草炭最大容水量为400～700 g/100 g干草炭。新疆石河子草炭多为芦苇草炭分解程度较高,最大容水量只有209 g/100 g左右。而黑龙江和四川草炭属于过渡类型,多为苔草蒿草属草炭,最大容水量在400～500 g/100 g之间。

1.2 草炭的化学性质

不同来源的草炭化学成分和营养结构有所不同,现将不同来源草炭和干旱区土壤的养分含量分析结果列于表6-7。

从表6-7看到草炭的有机质丰富,正好补充荒漠土壤和沙地的贫乏有机质含量,从水解N看,施入草炭也为土壤增加了N速效养分,自然与传统有机肥牛粪比较水解N偏低,而全磷和速效钾低于有机肥(表中所列厩肥为阜康站优质牛粪,一般有机肥低于此含量)。在不同来源草炭中石河子和吉林草炭,全磷比较高,而过渡性四川草炭全磷比较低,亦低于荒漠土壤全磷含量。另外值得注意的是草炭pH值偏酸性,又可缓冲荒漠土壤的高碱性,就可间接调节土壤养分供应。

从C/N看加拿大草炭达71,施入土壤中将使得微生物活动时与生长的植物竞争N素。而黑色低位草炭C/N比较适中。中国的草炭大部分为富营养的低位草炭。草本植物为主,木本—藓类草炭只占总面积的1%以下。与藓类草炭为主体的加拿大草炭差异很大。中国产草炭通常灰分含量30%～40%,甚至高达60%,有机质含量比较少,一般为30%～50%。最大容水量为200～400 g/100 g,CEC在68～90 me/100 g之间,pH值5～7。全N 1.4%～2.4%,全P_2O_5 0.16%～0.28%,全K_2O 0.14%～1.0%之间。C/N一般在13%～33%之间。

而加拿大草炭 C/N 一般在 50％～90％之间。

表 6-7　不同来源草炭和土壤养分分析结果

样品	有机质♯（％）	全 N（％）	C/N	全 P_2O_5（％）	水解 N（mg/100g）	速效 K_2O（mg/100g）	PH
石河子阜炭	39.31	1.675	13.6	0.167	64.2	10.2	6.5
吉林阜炭	51.44	1.601	18.6	0.284	100.9	13.3	5.2
四川草炭	85.14	1.173	33.5	0.072	64.2	5.1	5.4
加拿大草炭	82.97	0.678	71.0	0.045	36.7	12.6	4.1
厩肥牛粪	62.70	1.989	18.3	1.959	158.9	1349.2	8.0
A 地灰壤土	0.877	0.053	9.6	0.237	5.2	56.8	9.0
B 地砂壤土	0.406	0.025	9.4	0.140	1.5	62.5	9.9
沙丘沙	0.116	0.010	6.7	0.075	1.1	22.9	9.3

注:此处有机质测定是将明显根系筛分去除,但仍保有植物未分解残体,因此测定值低于强热减量法的测定值。

1.3　草炭的生物特性(腐殖酸)

有机残体的分解产物腐殖质是草炭中最活跃,也是对土壤肥力贡献最大的主体。关于腐殖酸的概念,比较统一的是有机残体经过微生物分解过程的聚合物(图 6-2 所示)。

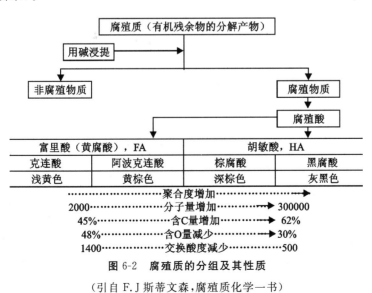

图 6-2　腐殖质的分组及其性质

(引自 F.J 斯蒂文森,腐殖质化学一书)

从图 6-2 看到腐殖酸可分为富里酸和胡敏酸两个组分,前者是低分子聚合物,总酸性基比较高。后者为高分子聚合物,总酸性基比较低。下面的腐殖酸分组测定中可能将碳水化合物混入酸溶的组分,即加拿大高位草炭因碳水化合物含量较高,致使 FAd% 测定值可能偏高。

草炭有机质高,富含酸性的腐殖酸。加拿大草炭有机质 91%~99%,腐殖酸为 7%~20%,pH3.5~4.0,CEC 在 140 me/100 g 左右。北海道产草炭有机质 60%~82%,腐殖酸含量 20%~26%,pH4.7~5.5,CEC 在 80~95 me/100 g。不同来源草炭进行腐殖酸分组测定结果见表 6-8。

从表中看到,加拿大草炭灰分只有 1.66%,总腐殖酸 49.69%,其中黄腐殖酸却高达 27.45%,有机质高达 98.30%。CEC 和吸氮量居首位,分别为 244 me/100 g 和 362 me/100 g。这些都是有利的性质,加之前述最高的最大容水量和总孔隙度,因此是优良的营养基质,但也存在缺点,水的传导度很低,C/N 也过高,种植植物后会与植物根系争夺水分和 N 素。

表 6-8　不同来源草炭性质与腐殖酸分组(d 表示干基%)

不同来源	灰分 Ad(%)	有机质♯ 有机质 d(%)	CEC (me/100g)	吸氮量 (me/100g)	总腐殖酸 HAd(%)	黄腐酸 FAd(%)	棕腐酸 HAd(%)	黑腐酸 HAd(%)
石河子草炭	46.36	53.1	107	103	34.19	11.01	8.03	15.15
四川草炭	26.90	73.1	150	138	54.63	9.73	17.96	26.94
吉林草炭	24.90	75.1			73.37	22.21	51.16(棕+黑)	
黑龙江草炭	41.37	58.6			31.15	9.35	21.80(棕+黑)	
加拿大草炭	1.66	98.3	244	362	49.69	27.45	11.67	10.59

注:有机质 d%用强热减量法求得,即为 100%~Ad%。

吉林草炭总腐酸和黄腐酸都分别居首位和次席。其中四川草炭总腐酸居次席,且 CEC 和吸氮量都比较高,也没有加拿大草炭物理性质的缺陷,所以四川草炭是比较优秀的营养基质。而黑龙江草炭则灰分过高,在 40%以上。

不同来源草炭分级产物的基本性质表征(见表 6-9)。以腐殖酸中的羧基(—COOH)和羧基为主的活性官能团是草炭离子交换中心。这些腐殖酸胶体的活性官能团因具有阳离子交换性能和络合能力,它们对土壤结构的改善,重金属的螯合,对农药及其污染物的吸附都有重要的作用。其中特别是含有大量酸性官能团的富里酸还对植物生长有刺激作用,亦可加速土壤难溶性磷的释放。

表 6-9 不同来源草炭分级产物的基本性质表征

样品来源	Ad%	E4/E6	总酸性基 d (me/g)	羧基 d (me/g)	酚羧基 d (me/g)
石河子草炭—棕腐酸	0.19	3.93	3.22	1.25	1.96
—黑腐酸	4.86	0.69	4.16	1.45	2.70
四川草炭 —棕腐酸	0.11	5.31	3.44	1.46	1.98
—黑腐酸	11.10	3.07	4.41	1.88	2.53
吉林草炭 —黑腐酸	0.61	3.97	4.20	2.80	1.40
加拿大草炭—棕腐酸	0.31	4.16	4.21	1.42	2.78
—黑腐酸	0.71	3.05	4.41	1.88	2.53

从表 6-9 看不同来源腐殖酸总酸基相近,但值得注意的是吉林草炭腐殖酸羧基较高,达 2.80 me/g,保肥性能好,且絮凝极限达到 14,这对形成土壤结构,有较好的影响,而石河子草炭黑腐酸(胡敏酸)E4/E6 值(光密度比值)只有 0.69,一般反映分子量较高,且羧基较低,不利于保肥性能。但在我们的试验中,即使性能略低的石河子草炭,改土增产效果也十分显著。

2. 草炭的基本功能

2.1 草炭对土壤的改良作用

2.1.1 草炭对土壤化学性质的改良

在荒漠土壤中施用富含有机质的草炭能有效提高土壤有机质含量。在荒漠施用富含有机质的草炭,可以提高土壤阳离子交换量(CEC)。荒漠土壤一般具有高 pH 值,对土壤供肥性能、耕作性能不利。施入草炭后,能提高土壤的缓冲能力,使土壤 pH 值下降(见表 6-10)。

表 6-10 施用不同来源草炭对土壤 pH 的影响

草炭比例	石河子草炭		加拿大草炭	
	原始样	盆栽后	原始样	盆栽后
对照	9.0	8.9	9.0	8.9
2%	8.1	7.9	8.1	8.2
5%	7.8	7.9	7.7	8.3
10%	7.5	7.5	7.1	8.0
20%	7.2	7.4		

在大田试验中,施用草炭降低土壤 pH 幅度低于盆栽条件。施用石河子草炭

2％在 2 年后土壤 pH 与对照相同,施用加拿大草炭 2％时,土壤 pH 下降较明显,这固然与施用草炭质量有关,也与测定土壤 pH 方法有关。

就不同的土壤水分含量而言,试入草炭后对其 pH 影响程度是不同的。随着土壤水分含量的增加,草炭对土壤水解性碱度的影响下降,对其 pH 的作用下降(表 6-11)。

表 6-11　不同水土比例时的土壤 pH 值

土壤类型	水∶土					
	0.25∶1	0.5∶1	1∶1	2.5∶1	5∶1	ΔpH
苏打盐化土	8.9	8.7	8.6	8.7	8.8	+0.1
强碱化土	8.8	8.9	8.7	9.2	9.4	+0.5

2.1.2　草炭对土壤物理性状及土壤结构的调节

荒漠碱化土壤物理性质恶劣,灌水后板结坚硬,土壤容重大,硬度很高,耕作困难。施用草炭后土壤容重和硬度皆明显下降。

荒漠碱化土壤具有无结构,分散性极强的土壤胶体,灌水后胶体肿胀堵塞了几乎所有的非毛管孔隙,使土壤渗透性下降。未经改良的强碱化土壤灌溉后渗透性极差,灌溉水不能下渗,积于土表被蒸发消耗。加入草炭后增加了土壤非毛管孔隙,使渗透性增加,渗透速度提高。

土体构造的主要功能在于它对水、气的保持与调节。一般采用土壤容重、总孔隙度和三相比作为表征指标。土壤总孔隙度(采用田间持水量这一水分状况下的土壤总孔隙),实际包括除固相外的液相加气相的容积％来表示。它主要是依据土壤容量计算而来,故一般界定为在田间持水量(等同于毛管持水量)水分状况下的土壤三相比,作为土体构造的具体表征指标。

土壤有机-无机复合胶体是土壤固相最活跃的部分,它的含量直接影响着土壤的肥力状况,影响着土壤结构的稳定性。土体结构是土壤各层土壤颗粒(包括分散颗粒和团聚体颗粒)相互组合联结的整体状况。是土壤肥力中物理性质因素的整体构造。

施入草炭的土壤,其中含有丰富的带电荷的腐殖质可与黏粒相互作用,使土肥相融,增加土壤中水稳性复合体的含量,改变土壤中腐殖质的结合形态,并形成新的有机无机复合胶体,这一点对提高土壤肥力的意义是重大的(见《荒漠碱土》,1988)。

表 6-12 反映了施入不同来源的腐殖酸后,土壤＞0.25 mm 的水稳性团聚体和结构系数都相应有所提高。

表 6-12　草炭对土壤水稳性团聚体和结构系数的影响

处理	草炭腐殖酸	风化煤腐殖酸	褐煤硝基腐殖酸	对照
＞0.25mm 水稳性团聚体	1.31	1.29	0.99	0.75
结构系数	76.8	76.3	76.8	74.3

2.2　草炭对土壤养分的调节与平衡

在沙地土壤中施用草炭,对土壤供肥性能有较好的改良功能。因为,使用草炭之后可以增加土壤有机质和可水解性碳水化合物的含量,提高土壤最大容水量和土壤阳离子交换量(CEC),还能提高土壤酶活性(soil enzyme activity),尤其是 ATP 磷酸水解酶(ATP phosphorhydrolase),从而提升了土壤矿物质的转换速率。

试验表明:在沙地碱化砂壤土和盐化碱化灰漠土中施用草炭均可提高土壤供氮能力。施用不同比例的草炭后,荒漠土壤能建立起土壤水解 N 供应库,随着施入草炭量增大,土壤水解 N 供应水平也增加。

向土壤中施用不同来源草炭和风化煤腐殖酸都可以明显提高土壤速效磷供应。草炭的分解磷作用和提高供磷能力十分突出。施用草炭对土壤 K_2O 供应无调节能力,原因是草炭中速效 K_2O 含量较低,植物生长时主要靠荒漠土壤钾库提供速效 K_2O,使土壤钾库的钾量缓慢减少。

2.3　草炭对土壤水分的调节作用

2.3.1　对砂质土壤容重、孔隙度和水分常数的影响

在砂质土壤中加入草炭的含量对土壤容重、孔隙度和水分常数影响显著,加入草炭的量与容重、孔隙度、田间持水量、饱和含水率呈显著线性相关(图 6-3)。除与基质的容重呈负相关外,基质的孔隙度、田间持水量、饱和含水率均随草炭含量的增加而增加。

利用草炭对砂土进行改良,可显著提高土壤保水能力,如草炭体积含量为 15 时,其田间持水量、饱和含水率分别比纯砂土高 60.16 和 42.43 。这主要是因为草炭黏粒、有机质和腐殖质含量高,草炭加入砂土后,一方面改善了土壤结构,使孔隙度增加;另一方面改变了土壤的胶体状况,使土壤的吸附作用增强,两方面的作用提高了土壤对水分的保持能力。(秦岭等,2005)

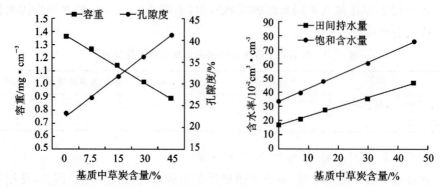

图 6-3　草炭含量和基质容重、孔隙度及水分常数(饱和含水率和田间持水量)的拟合曲线

但是,不同来源,不同比例草炭的对介质土壤持水量的影响不同(见表 6-13)。

表 6-13　石河子草炭和加拿大草炭与介质持水量的关系

草炭比例	石河子草炭(盆栽介质持水量%)			加拿大草炭(盆栽介质持水量%)		
	8 月 31 日	9 月 3 日	9 月 6 日	8 月 31 日	9 月 3 日	9 月 6 日
对照	22.2	14.3	11.6	22.2	14.3	11.6
2%	23.7	15.1	10.5	26.9	17.8	13.8
5%	24.6	16.2	11.3	34.6	23.3	20.1
8%	24.9	16.4	11.8	40.9	27.3	24.8
10%	25.1	16.7	12.5	46.2	31.7	24.8
15%	26.2	17.6	14.6			
20%	27.3	19.0	17.3			

注:引自黄二中硕士论文资料

2.3.2　草炭含量与土壤水吸力、土壤含水率的关系

土壤含水率受土壤水吸力的影响最大,随土壤水吸力的增加,其土壤含水率呈显著的下降趋势;在同等土壤水吸力条件下,土壤含水率与基质中草炭的百分含量呈正相关,草炭含量显著影响基质保水特性,说明草炭改良砂土可显著提高基质的保水能力。

2.3.3　草炭对半固定沙丘水分的动态影响

1994 年,×××在固定沙丘上施入草炭,观测施入草炭和未施入草炭的水分动态,利用 0~30 cm 平均和 100 cm 平均自然含水量率绘制沙丘春季水分动态曲线图(图 6-4 和图 6-5)。

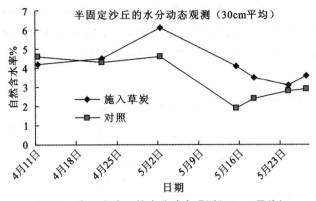

图 6-4 半固定沙丘的水分动态观测(30 cm 平均)

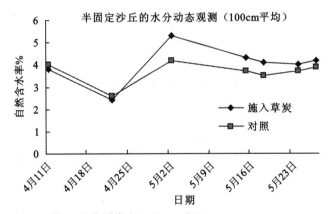

注:4 月 17 日和 4 月 30 日分别降水 7.2 mm 和 15.3 mm

图 6-5 半固定沙丘的水分动态观测(100 cm 平均)

从图中看,开始 10 天效果不明显,那是因为草炭施入后本身吸水。但 10 d 之后,1 个多月期间,施用草炭后沙丘保水能力高于对照,特别对于表层 30 cm 平均自然含水率,一般高出对照 1%~2%。在春季降雨后 15 天(干旱时期),5 月 15 日观测草炭处理比对照的 0~10 cm 土层含水率高 4%,100 cm 平均含水率较对照提高在 1% 左右。

2.3.4 草炭对流动沙丘水分的动态影响

对流动沙丘的影响不同于半固定沙丘。

从图 6-6 和图 6-7 都能明显地看出加入草炭后水分比对照高,特别是 0~30 cm 土层加权平均的含水率,最高超过 1.5% 左右,0~100 cm 土层加权平均水分含量在初春也有这个现象,最高比对照高 2% 左右,100 cm 平均水分在后期比对照水分少,主要原因是由于草炭将水分保留在 30 cm 以内较多,供植物生长发育所利用。而无更多的水分向深处流动,这样就避免了水分的浪费,同时也说明了如能像试验中上覆盖沙子,下面沙层混草炭,效果则更好。

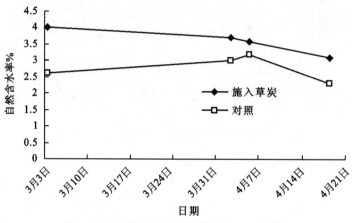

图 6-6　流动沙丘水分动态观测(30 cm 平均)

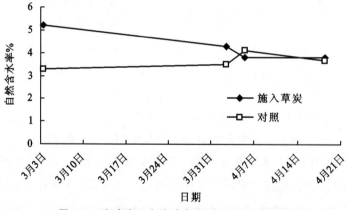

图 6-7　流动沙丘水分动态观测(100 cm 平均)

2.3.5　草炭对土质荒漠水分的调节

草炭对土质荒漠也有有明显的表层保水效果,从图 6-8 和图 6-9 中看到 3 月 20 日施入草炭,4 月 3 日观测 30 cm 平均和 100 cm 平均含水率略优于对照,总的来看在土质荒漠上施用炭其保水效果低于沙质荒漠。

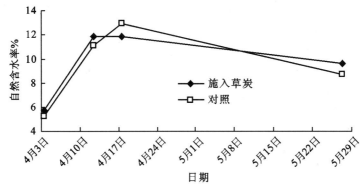

图 6-8　土质荒漠水分动态观测(30cm 平均)

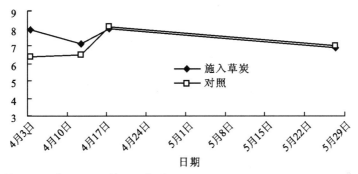

注:4 月 2 日,4 月 10 日,4 月 7 日小雨。

图 6-9　土质荒漠水分动态观测(100cm 平均)

总之,草炭荒漠对土壤水分具有以下调节作用:

(1)不管是沙质荒漠和土质荒漠,凡施入草炭的处理都有比对照水分含量增高的现象。沙质荒漠上更加明显,一般提高 1%～2% 的含水率,最高可达 4%。

(2)都有表层保水能力强的趋势,这种现象对于沙丘上种植耐旱植物提供了宝贵的水分,增加了幼树成活率。

(3)保水能力和时期有半固定沙丘大于流动沙丘的趋势。流动沙丘施入草炭的方式应加以改进。

(4)土质荒漠施入草炭的保水效果低于沙质荒漠,草炭进入土质荒漠宜以改良剂效果和增加肥力作用为主。

2.3.6　草炭持水保水性能研究

泥炭持水保水性能研究。

对陕西省榆林市毛乌素沙地所产泥炭理化性状进行了研究,表明其质量轻、有机质等营养成分含量较高,吸水性能良好,可作为育苗基质的良好保水材料,但成本较高,影响推广利用。

通过对不同育苗基质(主要是河沙与森林腐殖土比例)土壤容重、土壤毛管持水量、土壤饱和含水量以及所育苗木质量,尤其是根系生物量及其分布的研究分析,确定育苗基质配置以河沙∶腐殖土=1∶1为最优。

2.4 草炭对土壤微生物活性的调节

草炭富含有机质,且含有大量可水解的碳水化合物,是各种土壤微生物的优良碳源。草炭腐殖酸对土壤微生物区系作用明显,氨化细菌与芽孢杆菌均大幅度增加(图 6-10),氨化细菌对土壤供氨有促进作用,芽孢杆菌能提高土壤的供磷能力。

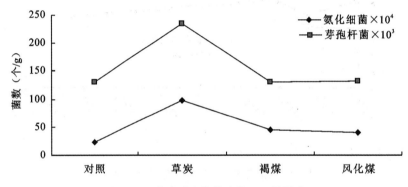

图 6-10　草炭对土壤微生物区系的影响

图 6-11 反映了施入草炭 4 年后,土壤微生物 ATP 值变化,明显看出草炭能有效提高土壤微生物活性。

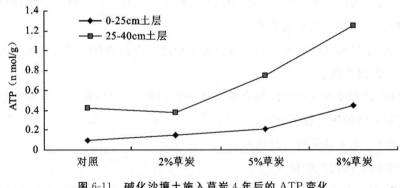

图 6-11　碱化沙壤土施入草炭 4 年后的 ATP 变化

2.5 草炭对植物生长的促进作用

2.5.1 草炭能提高植物的生理功能

草炭中碳水化合物(纤维素、多糖等)为土壤微生物提供优良碳源,能提高土壤微生物 ATP 活性,增加植物根系环境 CO_2 含量,所以,能增强植物根系的呼吸作用。

使用草炭后,能提高植物的净光合速率和光合利用率。净光合速率反映植株叶片合成新物质的能力,同时光合利用率反映叶片对太阳的光合有效辐射(PAR)的利用情况。

使用草炭还能促进植物的叶绿素合成(表 6-14),也能提高植物细胞间隙 CO_2 的浓度与外界大气 CO_2 浓度的差值(表 6-15)。这个浓度梯度差,有利于气体扩散,为植物光合作用提供充足的碳源。充分说明施用草炭能加强土壤的呼吸作用。

表 6-14 草炭对棉花苗期叶片叶绿素含量的影响

处理	子叶	一叶	二叶	三叶	四叶	五叶
对照	50.2	46.4	42.8	38.0	46.4	39.1
5%石河子草炭	60.7	58.8	55.9	59.1	60.1	59.9
2%加拿大草炭	54.3	52.1	44.2	45.9	45.5	42.4

表 6-15 不同处理对细胞间隙 CO_2 浓度的影响(单位:10^{-6})

处理	盆栽棉花			微区棉花		
	CO_2(大气)	CO_2(细胞间)	差值	CO_2(大气)	CO_2(细胞间)	差值
对照	367.3	246.6	120.7	363.8	282.1	81.7
5%石河子草炭	414.1	284.9	129.2	367.7	144.4	223.3
2%加拿大草炭	402.8	274.8	128.0	368.9	155.5	213.4

2.5.2 草炭对植物生长的刺激作用

国内外学者通过试验证实了草炭腐殖酸(主要是黄腐酸)对植物根系生长有刺激作用。腐殖酸促进植物根生长,同时促进根对 P 的吸收。促进腐殖酸螯合 Fe,Zn,Cu 等微量元素的吸收。利用腐殖酸蘸根或叶而喷洒腐殖酸时,草炭都起到刺激植物生长的作用。

许多研究者认为腐殖酸处理后能刺激离子吸收,肯定了腐殖酸能增加细胞膜的渗透性。Vaughen 等人研究表明腐殖酸通过与细胞膜的磷脂作用充当养分进入细胞膜的载体。

腐殖质对吲哚－3－乙酸（LAA）代谢的影响，可以维持高活性的生长素，将对植物生长有正效应。特别是低分子的富里酸比胡敏酸更具有生物活性。可以被植物直接吸收，面对植物体内的各种酶产生促进和抵制的影响，间接促进植物生长。

第四节　草炭产品开发与应用

1. 草炭制剂的研发

我国的农业土壤改良制剂研究可以追溯到 20 世纪 50 年代。从土壤改良剂的物质来源及其作用可分为三类。第一类是传统的改良碱化土壤物质，使用最早的是钙盐和酸性物质，如石膏、糖醛渣等。第二类是高分子有机化合物，如聚苯烯胺、聚乙烯醇等，以改良土壤结构为主要目的，故称之为土壤结构改良剂。第三类是有机无机复合制剂，如早期原苏联研制的 E－2 改良剂和我国研制的腐殖酸类土壤改良剂。

在最近的 20 多年中，有机无机复合制剂，尤其是以草炭为主的有机无机复合制剂研究发展较快。因为这类制剂既有土壤改良剂的性能，又具备有机无机复合肥的作用，它的改土培肥效果是综合的，还包括改善土壤根际微生态环境，提高和活化土壤微生物活动能力，从而增加营养元素供应或提高土壤中营养元素的利用率，促进良性养分循环。所以它是一种全方位改良土壤，培肥地力的生态制剂。

以草炭为主材料或辅助材料可以配制出不同的草炭制剂。根据其功能可以分为以下几大类：

1.1　土壤营养调理剂

我国著名的土壤肥力专家陈恩风先生，1988 年指出，土壤肥力基础是有机矿质复合体，在土壤中以微团聚体形式存在，微团聚体对土壤中水、肥、气、热有保持和协调作用，以及对土壤酶活性种类和强度的影响，这些综合因素形成了土壤肥力。这些基础物质的转化与协调的过程称为土壤熟化过程，而这个熟化过程都与土壤中腐殖质的数量和组成密切相关。

草炭含有丰富的有机质,主要成分为腐殖酸,对土壤具有调肥和培肥的功能。因此,草炭可以用来生产土壤营养调理剂。王周琼、李述刚(1998)发明了草炭土壤营养调理剂(简称草炭制剂)。该制剂既有土壤改良剂的功能,又具备有机无机复合肥的功能,是一种全方位改良土壤、培肥地力的生态制剂。

1.2　草炭培养基质

西北农林科技大学利用草炭为基本材料,研究配制出了适合不同植物需求的草炭基质。利用草炭基质培育出来的长根苗在毛乌素沙地大面积栽植,成活率高达 90 以上,效果十分理想。

1.3　保水控水剂

西北农林科技大学以草炭为基本原料,配合其他保水组分配制成草炭保水剂,其容水量高于草炭,控水能力也十分强,可以更好地吸附保存土壤水分,缓慢释放,从而提高了土壤水分利用率。

2. 草炭容器开发

草炭容器是诸类育苗容器的一种,与其他种类容器的主要区别是所选用的原料不同。该种容器选用的是低位级腐殖质类经多年腐熟的草纤维原料(草炭),添加草类浆料经过工艺处理后按一定比例合成的浆料,再经工厂化草炭容器系列合成工艺、制作工艺制成的一种容器。

草炭容器的具有以下特点:①通气。具有四壁通气、透水的性能,苗木生长时不会产生烂根和窝根现象,且苗木根系可穿透容器壁自由的生长。②直立性强。倒四楞台形状,多个草炭容器在制作时就纵横排列联在一起,(容器规格见表1),使该种容器具有不倒伏、敞口直立性强,装填基质土等操作过程简便易行,又可节约用地面积。③质轻含肥素。容器本体质轻,就地取材,含有一定量肥料供给苗木生长。④无公害造林时可不撕掉容器,随苗木一起埋入土中,无限制苗木根系自由生长现象。通过育苗试验观察,采用这种质量、形状的容器育苗,其苗木根系较发达,没有任何抑制苗木生长的因素,可以满足苗木的正常生长。

3. 草炭及其制剂在沙地植被恢复中的应用前景

我国沙地面积大,亟待大面积治理,而治理的关键是土壤水分和肥力。草炭具有保水培肥作用,据测定:在流动性沙丘上施用 5% 草炭,可以提高表层沙子含水量 1‰~2‰,在无灌溉条件下,可以保证旱生植物的成活。在沙地中利用倒"T"字形植树法种树,种植坑内施用草炭层次可保畜灌溉水分,土层含水量可达20%,超过对照相同层次含水量在 1 倍左右。同时可降低沙地 pH 值,刺激根系发育,细根和根毛数量明显增加,使植株得到良好水分和养分供应。

草炭还可以有效地巩固与提高土壤肥力。这是干旱区学术界早在 50 年代,就已达成的共识。草炭腐殖系数在 0.8 以上,能迅速提高土壤 CEC 容量,增强土壤缓冲能力。施用草炭后土壤容重和硬度都明显下降。特别是反映土壤微活性的 ATP 值也明显提高。说明草炭完全可以代替传统的有机肥,可以为植物提供全方位的水分和养分供应。因此,可以说要治理沙漠,草炭是不可缺少的战略物资。

随着草炭及其制剂研究新进展,草炭在生产化应用会越来越广泛,对草炭及其制剂需求越来越迫切。目前我国草炭开发利用尚处于低级阶段,草炭开发利用速度有增快趋势,但规模较小,开发技术还不尽合理。

当前急需借鉴先进国家利用草炭的经验教训,使我国草炭资源开发利用,能够做到起点高,科学性强,应用效率好。因此草炭制剂工业和规模化生产势在必行。

在西部大开发和生态治理先行的大背景下,青海三江源头生态治理;新疆荒漠化(土地退化)防治;陕甘宁三省(区)水土保持工程、退耕还林、植树种草,尤其是毛乌素沙地的植被恢复都需要草炭绿化荒漠技术。由此分析草炭及其制剂在绿化荒漠中具有广阔的应用前景。

第五节　草炭造林技术

　　如何在无灌溉的条件下种植耐旱植物是毛乌素沙地植被恢复的关键技术。草炭是一种天然的保水材料,既有保水的功能,又能提供植物所需的营养成分。利用草炭及其制剂可以在毛乌素沙地进行无灌溉造林种草。

1.草炭造林法介绍

1.1　东京农业大学 DS 植树法

东京农业大学教授太田保夫等开发的植树新技术,在非洲试验获得成功之后,先后在新鲜阜康站沙漠试验地和毛乌素沙地榆林试验站试验应用,效果极好。

该方法比较适合干旱地区深根系荒漠植物(见图6-12)。DS植树法有以下要求:①植物根系生育范围土壤与干燥高温环境相隔绝(塑料筒或纸筒 $\varphi=150$ mm,长900 mm)。②内部灌水可保持湿润,根系可延伸下层利用地下水。③内部可加入布加西堆肥和草炭保水剂。④苗木周围堆置石块3~4个,隐蔽土表。

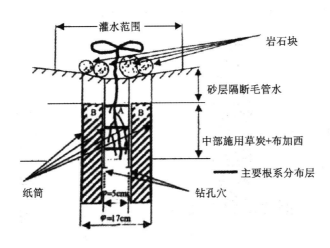

图6-12　DS植树法

1.2　大友植树法

1999年日本大友俊允教授,采用可分解丝织物,铺底,装置填充料(如发酵草炭),然后植树,据称有隔绝土壤盐分上升的作用,试验已在布置,正在观察中,称为大友植树法。

1.3　倒"T"双层保水植树法

1998年王周琼根据干旱区缺水、少肥的特点及多年对荒漠区根际微环境的研究,提出了以改变根际微环境为目的,适于干旱环境的可保水、保肥和增肥的"T"植树法。

它的自然柱状况沙层可根据树的大小而改变,操作简单易行,它的基底保水层可根据需要而采取不同的方法,如个体和小规模植树可采取挖坑,有条件的可有电动土钻,大面积的植树可用机械开沟制成。所以该方法简便易行,不需任何设备,也适应机械化大规模的植树造林,适合在毛乌素区沙区推广使用见示意图6-13,6-14。

倒"T"双层保水植树方法要求:①土坑一般为40 cm×40 cm×60 cm,但根据树种情况可浅可深,其范围在 40~100 cm 之间。②基层保水层可用草炭或草炭制剂直接加入土坑底层,上面盖少量土或沙。大规模植树时可采用机械开沟。③自然柱状保水层是用塑料编织袋或剖开的塑料管中先将填充 1∶3 或 1∶5 的草炭或沙的混合物与树苗卷成筒状垂直放入坑底,然后再四周填土,填土过程中慢慢抽出塑料编织袋或塑料管,让其形成垂直柱状草炭层。也可以用废纸或报纸作为柱状卷成物,垂直放入坑底后不用取出。

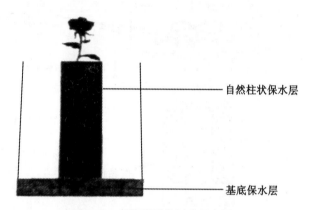

图 6-13　倒"T"型植树法示意图

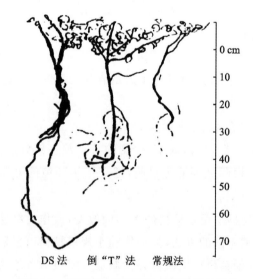

图 6-14　三种方法对成活株生长发育的影响

2.几种草炭造林法比较

王周琼等(1999),在塔克拉玛干腹地布置 DS 法植树、倒"T"法植树试验,试验结果如下。

2.1 草炭造林成活率比较

采用 DS 法区成活率最高,而倒"T"法(苗木本身差异太大)在多水的情况成活率最低,而值得注意的是在少水时,它的成活率已列第二位。但从另外一个角度看,草炭处理的成活株总共是 14 株,占总数 35%,而对照只有 23.3%成活(表 6-16)。

表 6-16 草炭造林成活率比较

	A 试验区(多灌水)		B 试验区(少灌水)	
	生存株数	生存率(%)	生存株数	生存率(%)
DS 法	5	50	4	40
倒"T"法	4	20	3	30
对照	2	40	2	20

2.2 成活株生长发育状况

从新生主根基部直径看,倒"T"法是有希望的方法。从株高看 DS 法优于其他两种方法(表 6-17)。到草炭处理树高平均为 43.8 cm,对照平均为 38.8 cm(草炭处理为两种植树法平均,不同)。树幅草炭处理为 51 cm,对照为 33.5 cm。根系最粗部分草炭处理为 6.11 cm,而对照为 3.82 cm。说明草炭处理地上部和地下部都较对照发育优良(表 6-18)。

从根系发育看到"T"法根系发达,而 DS 法根系很长,在有地下水源的地方,有利于从深处吸水。从图 6-14 看到,DS 法主根向下延伸,长 78 cm,细根较少。

表 6-17 不同方法成活株生长状况

植树方法	株高(cm)	新生长根基部直径(cm)
DS	47	5.92
倒"T"	39.3	6.38
常规法	38.8	3.82

表 6-18 草炭处理成活株生长状况

处理	株高(cm)	树幅(cm)	最粗根(cm)
草炭	43.8	51	6.11
对照	38.8	33.5	3.82

倒"T"法主根长 41 cm,且有 11 个支根,多细根。针对栽种的树苗不同,土壤特性不同,可以配制不同草炭制剂,以倒"T"法种植经济林木,效果更佳。

3.利用草炭少量灌溉种植耐旱植物

提高毛乌素沙地造林成活率是毛乌素沙地植被恢复的关键技术。据调查资料表明,梭梭、怪柳等荒漠植物在土层含水量 4%～5% 时就能成活,沙枣要求含水量在 8% 左右,而榆树、箭杆杨一般在 10% 左右。如何利用草炭这个天然资源在无灌溉的条件下种植这些耐旱植物。下面介绍几个造林试验实例。

3.1 高效利用草炭进行无灌溉种植梭梭的试验

王周琼等(1994～1995)年在古尔班通古特沙漠边缘半固定沙丘和流动沙丘上均先后布置了 5% 加拿大和石河子草炭处理与对照的种植梭梭的试验。春季、秋季梭梭的成活率,草炭处理的在 90%～100%,而对照的只有 60%～80%,况且草炭处理的长势明显优于对照,特别是 1994 年秋季种植的梭梭到 1998 年 7 月份总共不到 4 年的时间的生长势就相当于自然状况下几十年的生长势。

2000 年春季,在流动沙丘上,采用草炭制剂倒"T"法,栽种梭梭 36 株。试验处理:5%,2% 和对照(不加草炭),小区面积 72 m²,总面积 288 m².结果表明 5% 的草炭处理的成活率>2% 草处理>对照。从图 6-15 看到成活率 5% 草炭是对照的 2 倍多,2% 草炭处理是对照的 1 倍多,6 年来梭梭生长良好,树高已达数米高。

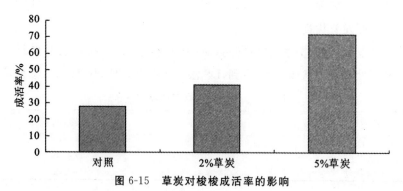

图 6-15 草炭对梭梭成活率的影响

3.2 利用草炭种植防护林试验

在沙漠试验地上种植防护林带 2 hm²,进行 3 次处理,8 次重复。树种有红柳、沙枣、沙枣。植树时每株浇 10 kg 水以后就再没有浇水,观察成活率,结果(图 6-16),草炭处理:石河子草炭为 2%,5%,8%。加拿大草炭为 2%。对照:不加草炭。

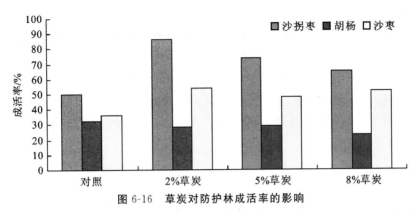

图 6-16 草炭对防护林成活率的影响

从图中看到沙拐枣成活率最高,且草炭处理成活率明显高于对照。其次是沙枣,各处理成活率亦明显对照。成活率最差是胡杨。

3.3 采用 DS 法草炭加布加西堆肥种植榆树

在 DS 法中,草炭保水剂和堆肥施用位置有很大关系,试验结果表明以柱状土层中部 25~50 cm 施用效果最好,如图 6-17 所示,在榆树栽植 40 天后(5 月 13 日至 6 月 23 日),调查新梢数,二次梢都是以草炭加堆肥中部施用处理最多,新梢数是对照区的 3 倍多。

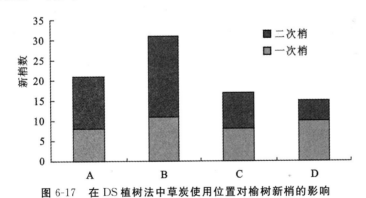

图 6-17 在 DS 植树法中草炭使用位置对榆树新梢的影响

A. 草炭在上部;B. 草炭在中部;C. 草炭在下部;D. 常规挖坑

利用草炭和草炭制剂进行栽植试验,结果显示草炭处理后成活高、长势好,如果能少量灌溉效果更佳。然而,利用草炭造林增加了造林成本,故而未能大面积推广,因此,需要我们不断研究和改进,充分考虑成本,争取研发出成本低、操作简单、易于推广的新技术。

参考文献

［1］ 王周琼,李述刚,川上敞,等.草炭绿化荒漠的实践与机理［M］.北京:科学出版社,2001:
    37-160

［2］ 秦玲,魏钦平,李嘉瑞,王小伟,刘军.草炭对砂质土壤保水特性的影响［J］.农业工程学
    报,2005,21(10):51-54

［3］ 中国科学院土壤研究所土壤物理研究室.土壤物理性质测定法［M］.上海:中国科学出版
    社,1978:108-119

［4］ 孟宪民,马学慧,崔保山.泥炭资源农业利用现状与前景［J］.农业现代化研究,2002,21
    (3):187-191

［5］ 王新颖,刘亚萍,陈江燕.利用草炭提高沙地含水量［J］.辽宁林业科技,2002,(6):41-46

［6］ 唐立松,王周琼,张佳宝.草炭保水机制的初步研究［J］.干旱压研究,2002,19(2):47-50

［7］ Baird A J. Solute movement in drained fen peat:a fieldtrace study in a Somerset(UK)wet-
    land［J］. Hydrological Processes,2000,14(14):2489-2503.

［8］ Laure V B,Charpentier S. Percolation theory and hydrodynamics of soil-peat mixtures
    ［J］. Soil Science Society ofAmerica Journal,2000,64(3):827-835

［9］ Kennedy P,Van Gee P J. Hydraulics of peat filters treating septic tank effluent［J］. Trans-
    port in Porous Media. 2000,41(1):47-60

［10］ 吉川賢,山中典和,大手信人.乾燥地の自然と緑化［M］.共立出版,2005,127-202

［11］ 小島通雅,大沼洋康,坂場光雄.砂漠緑化における新しいアプローチ［J］. Green Age
    1998,1:42-46

第七章　毛乌素沙地的植被恢复

　　毛乌素沙地是我国乃至世界上植被破坏程度最大的地区,区域可持续发展面临环境不断恶化的压力,植被恢复势在必行。面对该地区不断恶化的生态环境,我国已积极地进行了退耕还林还草和生态环境整治。但由于过高的成本、较低的经济利益和社会经济条件限制,植被恢复的效果并不十分理想,人们对退化生态系统的恢复目标、途径与方法仍然存在很大的争议,退化生态系统的恢复重建的理论和实践还没有达到完全吻合的地步。

　　毛乌素沙地生态系统退化根源在于自然植被的破坏和土壤沙化。在其基本资源(土壤、水分、养分和有机质)并不富裕的情况下,来自于自然和人为的破坏却在逐渐增加,进而降低了毛乌素沙地生态系统内在的修复机制和自修复能力,使得该系统对抗干扰的回复能力有所下降。其植被恢复的困难程度已经远远超出了我们对退化系统进行恢复的能力。

第一节　毛乌素沙地的生态环境与植被恢复

　　毛乌素沙地植被恢复决不能脱离其生态环境而独立行使,植被恢复的目的无疑是改善生态环境,但在实践过程中却往往出现结果与目标背离的现象。其原因可能是恢复目标、途径与恢复措施和采用的具体技术并不完全统一。

1. 恢复生态学与生态恢复

　　近年来,恢复生态学在以下方面得到发展:①衍生于保护生物学和以单个种的恢复为中心的恢复路线;以种类为中心的恢复目标,着重于濒危和稀有物种及群落的识别和保护。②以恢复生态系统服务为核心,重建功能生态系统。③基于地理学和景观生态学原理,以整个景观,通常以流域作为恢复的单元,将景观途径与生态系统管理结合起来。基于对退化及恢复生态过程的综合理解,恢复生态学为生态恢复提供了理论工具,指导退化生境的恢复实践。

生态恢复概念多种多样,美国生态恢复学会1996年通过的定义为:生态恢复是帮助恢复与管理生态系统整体性的过程。生态整体性包括生物多样性变化的临界范围、生态过程和结构、区域和历史背景以及可持续发展的文化实践等。生态恢复被认为是以人类的干预恢复自然的完整性。明显地,生态恢复包括恢复过程和管理过程,需要人们主动地干预使其进行自然的修复,但它并不能及时地产生直接的修复结果,它只是帮助启动生态系统的自修复过程。

2. 生态恢复目标、途径与措施

生态恢复范围从立地恢复到整个景观的恢复。Whisenant(1999)最近提出2种主要恢复阈值类型:生物的相互作用和非生物环境的约束限制。恢复阈值的存在阻止系统在没有管理输入的情况下返回到退化前状态。然而,人类对环境的影响早就越过了系统的自我恢复和可持续发展的阈值。

2.1 恢复目标

恢复的目标不是复制过去,演替是干扰诱发的非平衡态的、随机的、非连续性的、不能逆转的过程。很多恢复是寻求返回到一些预先存在的、确定的生态系统,实际上,这种恢复是不现实的。恢复目标不能基于静态的属性或以那些过去的特征为转移,而应该关注未来生态系统的特征,恢复曾经存在过的,更多的是创建与以前存在过的生态系统有相同物种组成、功能和特性的相似生态系统。众多研究者提倡以目标种群或目标种来评估恢复是否成功,但历史背景能增加我们对景观的动态格局和过程的理解,并提供参考的框架。我们不可能回到以前,但是我们可以尽量满足系统目前需要的稳定持续条件。

对应于不同的退化环境及其恢复的要求,恢复不仅需要更为理想的结构或组成,还需要生态过程的重建与维持。所以,动态的生态系统及其不同的自然、社会和经济条件,客观上要求逐步地、有层次地、适当地实现恢复目标。

区域目标:区域目标要根据空间尺度区别对待。在大尺度上是根据不同的环境条件和生态特征进行区划。降水量分布决定了植被类型和分布地带性,其恢复目标则主要设定为调整产业结构,划分土地利用类型;在中等尺度上则与地表物质组成、地貌类型及退化类型、发育阶段则与具体的措施实施有关,主要规划工程措施类型和植物恢复技术措施的设计;在小尺度上则要根据生态系统退化过程及格局确定和设计植被结构,同时还要考虑不同系统之间的具体配置模式与结构,以及植被空间结构对生态恢复效果的影响。

效益目标:对于生态恢复项目(包括退耕还林还草、水土流失治理、小流域综合整治)必须同时考虑生态效益和经济效益。单纯地追求生态效益而忽视其经济效益并不是完美的目标。国家已经把生态经济型林业发展作为"十二五"林业发展的一个目标,说明在生态效益和经济效益权衡方面给予了足够的重视,我们必须从片面追求生态效益或经济效益转变到以经济效益为基础的生态恢复。首先,恢复过程是漫长的,而且是区域性的,严重的人口压力下,不考虑恢复重建的经济效益,很难为人们所接受。其次,良好的经济效益是维系恢复的保障。没有经济效益做基础,恢复结果也难以维系,环境可能继续恶化,必须同时考虑人类经济发展的愿望和环境治理的现实。

2.2　恢复层次

恢复不是一次性的,而是需要分阶段的、有层次的完成。条件的多样性要求更为复杂的恢复目标的设定:种的恢复、整个生态系统或景观恢复和生态系统服务的恢复。每一类别都有其优点和局限性,每个主体目标恢复亦有不同层次的水平,即所谓的改良(Reclamation)、修复(Rehabilitation)和恢复(Restoration),分别侧重于增加高度干扰生境的生物多样性、确定生态系统功能的再引入和生态系统的重建。一致的意见认为:选择应用适度的中间目标来扭转生境的退化。在高人口密度区域,需要公众对恢复目标的认可,恢复目标必须是必要的、现实的和适当的。

2.3　恢复技术途径

恢复技术途径是一个复杂、不定的问题。适当的技术途径对于我们实际的恢复工作十分重要,正确的恢复技术则依赖于我们对实际的把握程度以及技术细节的准确性。农艺途径:在土壤和气候适宜的地方,传统农艺方法对于那些环境修复是有效的。在恶劣的环境,如毛乌素地区,依靠农艺方法进行植被重建是相当困难的,原因在于环境的营养保持与利用效率低、有限的生物种类则依赖于不断增加的资金投入和管理投入。生态途径:生态途径是寻求建立可持续发展的群落和景观,是利用适合于现存条件的植被或有能力改善土壤和微环境条件的植被,增加和维持有利的生态相互关系,通过自然的过程来改善和提高土壤和微环境的条件。生态途径需要较低的初始投资,但需要相当长的时间达到管理目标。

2.4　恢复方法与措施

恢复方法和措施的设定取决于恢复目标和恢复对象的现实情况。当然,恢复目标的设定需要同时考虑生物和非生物阈值类型,还要考虑不同恢复目标需要的相对成本、技术的可能性及经济条件。

恢复方法:生态环境条件的严重恶化很容易使系统失去自我修复的能力,也增加了植被恢复的困难程度,其恢复的结果也具有了不确定性。所以,要根据不同区域的生态环境背景差异,恢复具有地域差异和特殊性分别对待。必须注意:对于退化系统恢复过分输入(人为干扰),也许能加快恢复的速度,但同时带来了很大的风险。因此,毛乌素沙地的植被恢复必须根据植被退化的程度、生境条件和干扰特征,选择应用多种不同层次的方法:保护或保育、修复、重建、整治和维持等。

恢复措施:毛乌素沙区同时存在植被覆盖率低、降水不足和严重的风沙侵蚀问题,恢复措施必须根据不同区域的阈值类型及恢复目标的要求,适当地采用人工干预来启动恢复生态的过程。

生物措施是以植被的构建为主体,植被恢复是增加系统生物多样性、改善土壤结构、增加生态系统的调控能力,防止水土流失和土地退化的根本性措施。工程措施则通过改变沙地物理形态结构进而改变系统的输出结果。工程措施包括固沙工程、集水工程、防护工程等,通过工程措施改变不同类型沙丘中的水、土和养分的分布和传输过程,进而影响各级系统(沙丘、沙区、小流域和景观)的退化发生过程,对系统的水沙输出产生影响。

研究表明了生物措施(植被恢复)与工程措施综合运用,相辅相成,可以更有效地促进恢复进程和基本生态过程的恢复。

恢复策略:在景观尺度上,首先是消除或控制引起退化的干扰体,通过有层次有阶段的修复基本过程达到启动系统自修复过程。风沙是毛乌素景观生态退化与恢复的重要影响因子。

过程导向策略着重考虑基本生态过程(主要的水文和营养循环)功能的恢复。毛乌素生态系统的退化削弱了对基本水文和营养循环过程的控制。恢复的策略应导向于注重水文和营养过程恢复,通过生物与工程措施结合,逐步达到恢复目标和恢复效果。

区域尺度的植被恢复完全依赖人工管理,输入是非常困难和需要极高成本的。恶劣环境下的植被恢复需要通过人工干预,通过慢慢改变生境条件,启动系统的自修复机制,自修复是自维持的、无耗费的,且在大尺度上是有效的和稳定的,所以利用自然的过程来修复破坏的生态系统是有益的。

毛乌素沙地退化系统具有很小的生物量,其生态过程受微环境特征所控制。对微环境基本特性的掌握是规划和实施生态恢复计划的依据。不同土地利用结构必然影响沙地水分空间分布,不同土地利用类型的边界对沉淀物的沉积和传输率产生影响。恢复、创建和连接各种类型生态系统,选择与相邻基质不同的景观类型之间建立条带结构,具有缓冲、拦蓄、截流和集中土壤及养分,形成生态系统良好的水分和养分循环,改善集约耕作的景观生态系统功能。

3. 恢复技术问题

毛乌素沙区的生态恢复技术主要集中在植物种的选择、植被结构配置和植物种植技术等方面。

3.1　植物材料的选择

毛乌素沙区有许多乡土植物种,不同生物气候区适宜的植物类型不同,退化生境地带性植被优势种选择十分困难,还没有真正解决大面积造林种草的关键问题。生态工程项目经常草率地大面积种植乔木,如刺槐、侧柏、杨树和柳树,结果令人担忧。

3.2　植被类型和结构的选择

不仅植物种类的选择存在问题,而且在实施中乔灌草的比例与空间配置结构也存在问题。乔木和灌木栽种比例、密度过大,普遍存在人工造林种草成活率、保存率低,生态功能差的问题。主要是植物对水分的需求与土壤水分含量及时空分布的矛盾。

3.3　植被重建模式和效益

目前,毛乌素沙地的治理还很粗放,治理措施的配置比较单一,生物与工程措施的进展不平衡,不同条件下的优化配置比例不明确。水土保持和生态建设需要集约化、规模化和产业化。

3.4　水分及水环境问题

植被重建应该在查明水分承载力与容量本底值的基础上,选择适宜的草、灌和乔木种,确定合理的配置结构、适宜密度、栽种方法及管理措施,控制水量平衡是关键,根据水分承载力和雨水资源化水平调整植被结构,以集水、截流和蓄水技术提高径流利用率和改善土壤水分状况。

在实际恢复过程中,理想的恢复目标和真实性之间存在距离和矛盾。人们着重于结构的返回(选择的植物种),而不是过程的修复(水文和养分循环);关注特定的立地而不是考虑景观之间的联系。认为修复项目的完成就是恢复过程的结束,而不是期望自然修复过程开始。当前的修复项目往往只关注以上三个方面的问题,从而导致恢复结果与恢复目标的偏离。

植被恢复是生态系统恢复的关键,对于毛乌素恶劣生境而言,自然环境转变和生物转换过程的速率是很低的,恢复的过程经常用数以十年计而非以年计。试图通过单一的、短期的生态工程就可立竿见影地解决环境乃至经济发展问题是不现实的,也是不可能的。实际的恢复目标就是帮助促进植被恢复过程的开始,而不是恢复项目本身完成恢复过程,这是我们实施恢复项目过程中所忽略的问题。

重建需要综合多种技术措施和长期的管理投入,恢复重建的成本、难度极大,恢复项目忽视过程的渐进性、高成本与低收益等特征,即便是成功的恢复,其本身的经济与生态效益的发挥也需要一个过程。忽视投入成本和不顾农民的经济收益要求,盲目推动恢复进程,加重了经济与生态的双重风险。

受地貌、气候、土壤等条件的影响,沙地的植被由东部的草甸草原和灌丛植被逐渐向西部的荒漠草原植被过渡。沙生植物和草甸植被成为毛乌素沙地的主要植被类型。北部边缘具有荒漠化草原向草原化荒漠过渡的特征,而中部和东部的大部分地区则属典型草原地带,其东南部边缘则具有典型草原向森林草原过渡的特征。

如果忽视明显的地域差异,一刀切地实施工程和生物规划,无疑在很大程度上就会出现无序性和盲目性。如不顾水分条件差异和植物生物学特征,一味要求还林和种树,并未达到恢复的目的。

植被恢复重建包括自然恢复及人工与自然结合等方法,可以选择保护、恢复、重建和改造等途径。对自然资源和地带性生态系统进行保护和恢复,对于水分条件较好的区域,人工重建结合自然恢复,具有低的成本、高的自然价值和稳定性;有些极度退化的景观,干旱荒漠草原带失去人工重建的生态条件和经济意义,维持是最好的选择。一概强调采用人工种植乔木、灌木和草,会增加工程的投入成本和风险。

第二节　毛乌素沙地的植被
恢复措施及其效果分析

1. 封育措施及其植被恢复效果

封沙育林育草是干旱、半干旱地区进行植被恢复、增加沙地植被盖度,改善生态环境,保护天然植被和生物多样性的一种主要途径。封育方式可分为全封育和半封育2种。全封育是指在封育期间,禁止采伐、砍柴、放牧、割草和其他一切不利于目的树种或目的植物生长繁育的人为活动,一般需要5～7 a。一般采用围栏封育等措施,这种围封方法看护管理容易,能保证封育区不受破坏,但一次性投资较大,使农牧民有时难以承受。半封育指在植被主要生长季节实施严格的封禁,其他季节在保护目的植物种的前提下,有计划有组织地进行樵采和割草等利用活动。一般采用看护封育方法,根据封禁范围大小和人畜危害程度设护林员巡护。每个护林员看护面积一般为150～350 hm²。封育是在半干旱自然条件下普遍采用的一种有效措施。适于封育的地段主要是指具有一定植被盖度的半固定、半流动沙地,植被盖度一般在20％以上。封育区必须存在植物生长的条件,有种子传播、残存植株、幼苗、萌芽、根蘖植物的存在。在植被遭到大面积破坏或存在植物生长条件及附近有种子传播的沙漠化地区,都可以考虑采取封育恢复植被的措施。据中国科学院兰州沙漠所在科尔沁沙地中部地区所做的研究,沙地草场封育当年植被盖度、高度和地上生物量可分别提高20％～40％,5～10 cm和40％～45％,封育2 a分别提高50％～70％,10～15 cm和100％～110％。经过3 a封育,封育区各种植物群落占总面积的比例显著增加,裸地率明显下降。2003年5月1日,宁夏全境实施封山禁牧。据农牧厅分类监测,3 a来,全自治区有180多万 hm²的草原植被得到了恢复,近7万 hm²流动或半流动沙丘衍变为固定沙丘;各类天然草场的植被覆盖度整体比禁牧前提高30％以上,单位面积产草量增加了3倍多。封育不仅可以固定部分流动沙地,还可以恢复大面积因植被破坏而衰退的林草地,尤其是因过牧而沙化退化的草地。

围栏封育主要是在固定和半固定沙区对现存植被或退化草场进行保护,这也是退化草场有效恢复的措施之一,其投入成本低,效果较为明显。经过 3 a 的封育,原半流动半固定沙地的植被盖度达 50% 以上,植物种类也增加到 5 种。虽然植物种类变化不大,但总盖度、草群高度、密度以及草产量都有明显的增加(表 7-1)。可以看出,未采取任何人为保护和治理措施的对照区植被较为稀疏,仍处于半流动状态,盖度只有 20%,植物种也只有 3 种。

表 7-1   围栏封育对植被的恢复作用

试验区	植被盖度/%	植物种数/种	草群高度/cm	密度/(株·$^{-2}$)	草产量/(g·m^{-2})
封育区	53	5	43.8	142.6	267.5
对照区	20	3	22.6	74.7	115.3

2.防风固沙措施及其对植被恢复的作用

在流动性很强的沙地上,由于沙面极不稳定,植物入侵困难,因而靠植被的自然恢复短期内很难达到恢复植被的目的。通常将工程固沙与生物固沙措施结合起来。

2.1   工程固沙

就是采用人工机械沙障固定流沙。机械沙障是采用柴草、树枝、黏土等材料,在沙面上设置各种形式的障碍物,以此控制风沙流的方向、速度、结构,达到防风阻沙、改变风的作用力及地貌状况等目的。机械沙障依据防沙原理和设置方式的不同可分为立式和平铺式 2 种。立式沙障指采用树枝、柴草、柳条、石墙等做高于沙面的屏障。平铺式沙障主要是利用树枝、柴草、作物秸秆、碎石、黏土等材料覆盖流沙表面,以此来增加地表粗糙度,阻滞和隔离风与沙面接触,从而起到防止风蚀的目的。沙障方向一般以与主风向垂直为主,设置时先在沙丘迎风坡中间顺主风方向划一条轴线,然后按与轴线垂直划横线做沙障的埋设线,由于沙丘中部的风较两侧强,也允许沙障与轴线间成大于 90°夹角,但不超过 100°,这样可使沙丘中部的风稍向两侧分流。但在风向不稳定地段或受多风向影响的地区,设置沙障最好采用格状式沙障,根据风向频率、强度差异,可分别采用长方形或正方形。方格大小视做方格的材料而定,一般用稻草、麦秸、黏土做方格,以 1 m×1 m 固沙效果最好,如果用新鲜的树枝或黄柳条做活沙障,方格则可大一些,2 m×2 m、3 m×3 m 或 4 m×4 m,格内可插植柠条(*Caragana intermedia*)或油蒿(*Artemisiaordosica*)等。

为了加大沙漠化地区的防风固沙能力、提高草方格的铺设效率,同时节约铺设成本,由北京林业大学和东北林业大学共同研制的防风固沙草方格铺设机器人,经过 2 a 多的研制和反复实验,于 2005 年 10 月在内蒙古锡林郭勒盟正蓝旗实验成功。机器人长 1 515 m、宽 4 m,由主机、牵引机械动力源、纵向插草机构、横向插草机构等构成,主要用于沙漠化严重的地区和人力难以实施的沙化治理工作。世界首台防风固沙草方格铺设机器人的基本原理和人工铺设草方格的基本原理相同,但与人工铺设草方格相比工作效率极大提高。人工铺设草方格每人每天最多铺设不到 200 m²,如果在干沙区铺设最多只能铺设 70 m²,而机器人每天工作 6 h,就可以铺设 3 万 m²。防风固沙草方格铺设机器人还可用于沙漠化公路和沙漠化铁路以及石油勘探方面,它的推广使用将为大面积防风固沙起到重要作用。

2.2　喷洒化学固沙剂

在风沙活动频繁、沙丘位移扩张流动沙丘(地)区域治理中,采用在沙丘迎风坡撒播赖草、沙竹(*Pdsmmochloa villossa*(Trin.)Bor.)等草种,穴播杨柴(*Hedysarum leave Maxim.*)、柠条(*Caragana intermedia* Kuang et H. C. Fu)等灌木树种,然后喷洒化学固沙剂,背风坡直播沙打旺、沙蒿、柠条、杨柴等草灌物种。

在流沙区域扎草方格,能有效地固定流沙,显著改善小区域环境,为植物种子和营养繁殖体的迁徙、入侵,幼苗的定居生长及其繁殖提供适宜的生活环境,根据草方格固沙措施几个样方调查并与自然沙丘进行对比,扎草方格的沙丘物种丰度比自然沙丘多 3～7 种,草群高度高出自然沙丘 8～26 cm,植被盖度高出自然 5%～33%,干物质生产可增加 73.15%～86.12%。

表 7-2　喷洒化学固沙剂对流动沙地植被的恢复作用

沙丘部位	物种丰度/(种·cm⁻²)	草群高度/cm	植被盖度/%	干物质产量/(g·m⁻²)
迎风坡	3—6	15—35	10—15	87.2
背风坡	2	10—20	≤5	20.1
丘顶	3	15—30	≤10	46.3

根据张广才等(2004)在盐池县青山乡赵家塘对喷施化学固沙剂的样地的调查结果,迎风坡的恢复效果好于背风坡与丘顶(见表 7-2)。迎风坡的物种丰度、草群高度和植被盖度明显高于背风坡与丘顶,物种除原有撒播植物种外,还出现了沙米、雾冰藜(*Bassia asyphylla*(Fisch. et Mey.)O. Kuntze)等天然植物种。

3.飞播措施及其对植被恢复的作用

飞播是用飞机装载种子,飞到预先设计好的播区,沿着既定的航线,把种子均匀撒播在播区上,借助风力覆土,依靠自然降雨,在适宜的温度下种子发芽成苗,经管护使其成林成草的一种造林种草方法。这种方法同时具有天然更新和人工直播造林种草2种植被恢复技术的特点。整个飞播过程包括飞播造林总体规划及作业设计、飞播作业、飞播调查和播区管护及建档4个部分。飞播具有速度快、用工少、成本低、效果好的特点,尤其对地广人稀、交通不便、偏远荒沙、荒山地区恢复植被意义更大。但由于飞播种子重量轻,飞播后只在沙土的表面,经风吹以后,很容易出现种子移位问题,同时这些种子还易受到鸟和鼠的危害。尽管目前也采取了种子大粒化技术,但仍没有解决大粒化后破损和发芽的矛盾,也没有解决为植物提供生长微环境的问题。

随着飞播面积的进一步扩大,飞播的立地条件越来越困难,如何解决飞播后种子的稳定性和成活率成为飞播能否成功的关键所在。为此,在实地调研和考察的基础上,中科院兰州化学物理研究所开展了飞播种子大粒化新技术的研究工作,终于寻找到了在2～5 min左右就能崩解的大粒化的配方,用该配方大粒化后的种子,黏结强度大,遇水后内部结构疏松,有利于植物的发芽。

根据李维(2003)结合"天保"工程在阿盟进行飞播放大试验(飞播面积173 hm^2)的调查结果,经大粒化处理后的种子不仅防止了种子位移,提高了覆沙率,而且使飞播种子附着在沙丘迎风坡中上部,成苗面积率达到78%,5 m高的流动沙丘中上部种子能够正常发芽生长,而对照区却几乎没有这种现象。大粒化后的沙拐枣平均株高53 cm,对照区沙拐枣平均株高617 cm。该研究采用多种植物生长所必需的功能材料和吸水保水材料,成功实现了沙漠地区飞播种子的大粒化,其研究成果于2003年11月下旬通过了甘肃省科技厅组织的鉴定,具有普遍推广前景。

4.造林植草及其对植被恢复的作用

4.1 营建防风固沙林

防风阻沙林带通常设置于沙漠边缘或风沙口的附近。其营造应遵循"因地制宜,因害设防"和"先易后难,由近及远"2个原则。防风阻沙林带应由乔灌木树种组成,以行间混交为宜:越接近外来沙源一侧,灌木比重应该越大,使之形成紧密结构,以便把前移的流动沙丘和远方来的风沙流阻拦在林带外缘,不致侵入林带内部及其背风一侧的耕地。防风阻沙林带的宽度取决于沙源状况,通常应在200～300 m,对流沙已迫近农田或草牧场,可在靠近沙丘边缘30～50 m处营建阻沙林带,林带宽度为50～100 m。在绿洲与沙丘接壤地区为固定、半固定沙丘,林带宽度可缩小到30～50 m。在绿洲与沙源直接毗连地带,若为缓平沙地或风蚀地,防风阻沙林带的宽度可为10～20 m,最宽不超过30～40 m。

由于造林树种生物生态学特性的差异,因此造林措施对林下天然植被恢复的作用不同(表7-3)。通过不同树种对植被恢复作用的调查发现,杨树(*Populus* spp.)林下植物种类极其稀少,仅有达乌里胡枝子、阿尔泰狗娃花(*Heteropappus altaicus* (Willd.)Novopokr.)等几个物种,林隙间有赖草、牛心朴子、油蒿等几个物种,分布十分稀疏,不少地段地表裸露,亦有流沙活动,而各种灌木属于"亲草型"树种,灌丛周围草本植物生长比较繁茂,从样方调查对比来看,灌木林对天然植被恢复作用普遍好于乔木林,物种丰度可达10～17 种·m^{-2},草群高度可达55～80 cm,植被盖度可达30%～45%。草丛明显分为3层:第1层50～120 cm,有油蒿、草木樨状黄芪(*Astragalus melilttoides* Pall.)、蒙山莴苣(*Lactuca tatarica*(L.)C1A1Mey.)等高大植丛;第2层25～50 cm,有达乌里胡枝子、阿尔泰狗娃花、白草、赖草等;第3层5～25 cm,有乳浆大戟(*Euphorbi esula* L.)、小画眉草(*Eragrostis poaeoides* Beauv.)、地梢瓜(*Cynanchum thesilides*(Freyn)K. Schum)、铺地萎陵菜(*Potentilla supine* L.)、三芒草(*Aristida adscenionis* L.)等。

表 7-3 不同树种造林对植被的恢复作用

群落类型	物种丰度/(种·cm^{-2})	草群高度/cm	植被盖度/%	干物质产量/(g·m^{-2})
杨树林地	3～5	2～16	3～8	41.3
榆树林地	8～11	4～31	5～13	98.5
柠条林地	10～17	5～62	10～35	126.4
杨柴林地	8～15	4～70	20～45	130.6
沙柳林地	6～14	5～58	10～30	119.3

4.2 人工种草与草场改良

在适宜种草的范围,结合牧业生产,可以人工种植牧草和进行草场改良。主要采用的牧草种类是沙打旺(*Astragalus adsurgens* PaLL. Cv. 'shadawang')和紫花苜蓿(*Medicago sativa* L.)。调查发现,沙打旺草地第 3 年达到生物量高峰期,干物质产量可达 300~600 g·m^{-2},第 5 年开始衰败,并有天然植物开始入侵。紫花苜蓿由于根系分布深,可以与天然草本植物较长时间混生并在群落中处于共优地位,紫花苜蓿群落内的物种丰富度、草群高度及干物质产量均高于沙打旺草地(表 7-4)。相对而言,补播紫花苜蓿对提高天然草地植物群落稳定性和生产力都有较好的作用。

表 7-4 人工补播牧草对天然植被的恢复作用

群落类型	物种丰度/(种·m^{-2})	草群高度/cm	植被盖度/%	干物质产量/(g·m^{-2})
紫花苜蓿草地	8~17	12~86	30~55	328.3
沙打旺草地	5~10	6~32	15~30	125.8
对照区	3~6	4~22	15~20	107.3

4.3 林草复合措施

林草复合措施就是根据乔、灌、草各自的生理生态特性按照一定的配置方式和配置比例建立的一种人工群落,从而形成一种稳定、高效的人工复合生态系统。

通过对榆林几种人工复合林草群落的调查分析,林草复合地段植被恢复效果最好,灌木林地优于乔木林地,混交林地优于纯林地。在林草复合地段,植物种类较多,植被盖度大,群落类型也多样。

榆树疏林＋条状柠条(团块状杨柴)＋紫花苜蓿(胡枝子)地段,形成了赖草＋苦豆子群落、白草＋蒙山莴苣群落、牛枝子＋小画眉草群落、蒿类＋杂类草群落等大小不等的群落斑块镶嵌其中,群落内物种丰度由原来的 3~5 种·m^{-2}增加到 10~19 种·m^{-2},草群高度也高达 128 cm(表 7-5)。

表 7-5 林草复合措施对天然植被的恢复作用

群落类型	物种丰度/(种·m^{-2})	草群高度/cm	植被盖度/%	干物质产量/(g·m^{-2})
赖草＋苦豆子群落	7~12	30~55	30~50	241.7
白草＋蒙山莴苣群落	13~19	20~35	30~65	313.2
牛枝子＋小画眉草群落	5~10	10~27	15~30	167.5
蒿类＋杂类草群落	7~15	40~128	20~45	217.3

多年的研究表明,风沙流运动主要发生在离地面 1 m 高度层内,且含沙量随高度呈现指数递减,其中 80%~95% 的沙量又是在 0~5 cm 高度层内通过,因此,林草结合的复合措施,能有效地改变风沙流的运动状态,是一种遏制沙化、恢

复植被的最佳模式。从植被稳定性而言,这种既有林冠植被又有林下层的人工植物群落模式,符合顶级植被形成规律,具有顶级生物群落的特征。从风沙流的运动规律来说,上层林冠降低风速,减小了沙物质移动的动力,林下草本层改变了下垫面,减少了起沙风对沙物质直接作用的机会,从而达到防风固沙的效果。另外草本层具有调节水文的海绵功能,可以达到林草的互惠作用。

以上几种方法是有针对性的对面积较大的区域所提出的植被恢复技术措施。除此之外,在面积较小的特殊区域还可因地制宜地采用其他方法造林,如利用湿沙层造林、高秆造林、秋灌造林、容器育苗造林等。另外,在沙化土地治理过程中还应注意多数地区处于干旱、半干旱地区,降雨稀少,水资源相对缺乏,为了更有效地利用有限的水资源,应留出 10% 的沙地,以利于地下水的补充。

多年的治理经验证明单纯造林、种草或工程措施都不能卓有成效地加快天然植被的恢复进程,只有多物种共存的群落才能抵御不可预期的各种自然干扰和人为干扰,只有充分考虑生境的异质性和各物种的生物生态学特性,才能建成相对持久稳定的植被防护体系。

第三节　控水节水型沙地植被恢复技术研究进展

由于毛乌素沙区特殊的地理与气候环境,水资源的数量与质量分布、有效性都存在着较强的异质性。降水数量少,变率大,季节分配极不均匀。节水是沙区植被恢复的必然选择。除采用工程和节水措施外,低成本、高效率的农艺化生物节水技术已经开始在沙区应用。农艺节水的宗旨是增加土壤水库的蓄水保水能力和高效的供水能力。

沙区植被恢复必须贯彻开源节流的原则,充分进行集流挖潜,提高降水资源的有效性,发展免灌植被,开发研究出适合于沙区可持续发展的植被恢复节水技术体系。

节水的核心是提高水分利用率和水分生产效率。充分利用天然降水,提高天然降水的有效利用量,减少灌水次数和灌水定额,是最经济的节水措施,在沙区显得尤为重要。培育结构功能完善的土壤水库,使之不仅容量大,而且有高效的供水能力是沙区免灌植被节水技术应用的最终目标。

1. 田间覆盖保墒技术

采用植物、秸秆、地膜或喷洒化学试剂等进行覆盖保墒是近年发展迅速、行之有效的节水技术措施。地面覆盖能有效抑制土壤水分棵间蒸发,蓄存降水保持土壤水分,提高地温和土壤肥力,改变土壤－植物－大气间的能量交换和水分传输过程,改善农田小气候,提高水分生产率。常见的田间覆盖保墒技术包括有机物覆盖多为秸秆覆盖,也有用生育期短的作物及林草(牧草)作覆盖,在其生长旺盛时期,用除草剂将其杀死,形成覆盖物、地膜覆盖(特别适合于热量资源不足或干旱少雨地区,地膜覆盖夏玉米可节水 20%～22%)和化学覆盖(用成膜物的乳液喷洒地面成膜覆盖,有在塑料、树脂等的溶液中加入发泡剂,喷于地表形成有孔的塑料泡沫层状覆盖,也有的将树脂、塑料等高分子疏水材料制成 0.025 mm 厚的薄膜,切碎后撒于地表形成粉末状覆盖,可增产 10%～30%)。

2. 沙地衬膜防渗技术

沙地衬膜技术是利用无土栽培原理,针对沙土通透性强,保水、保肥能力差的特点,在距地表一定深度处铺设隔水薄膜,防止水肥向下渗漏,将重力水控制在作物及林草根系范围内,供其有效地利用。衬膜能产生的储水保墒作用随着衬膜深度的增加而增加。沙地防渗节水栽培技术一直是沙地农田开发利用研究的重点。20 世纪 60 年代初,美国曾试验在沙地铺设塑料薄膜种植西红柿、黄瓜等蔬菜作物;80 年代中期,日本在海岸沙丘上开展过沙地水稻栽培技术研究;中科院兰州沙漠研究所于 80 年代初在腾格里沙漠沙坡头地区流沙地试验地下铺设隔水层种植大豆作物取得成功;90 年代在科尔沁沙地中部奈曼地区进行沙地薄膜水稻栽培技术研究获得了成功。在甘肃省景泰县,甘肃农业大学种植小麦成功,甘肃省治沙研究所利用衬膜培育樟子松苗木也取得很好效果。

3. 水肥耦合技术

水肥耦合技术是指通过合理施肥,培肥土壤肥力,以肥调水,以水保肥,充分发挥水肥的协同效应和相互促进机制,提高作物和林木的抗旱能力和水分利用效率。沙地土壤有机质含量少,土壤结构极不利于水肥的蓄存,因此,通过平衡施肥来提高沙地土壤水库容量和水分利用效率的潜力是巨大的 。

水肥耦合效应的充分、高效发挥是建立在灌水方式、灌溉制度、根区湿润方式范围等技术与水分养分的有效性、根系的吸收功能调节等技术有机结合的基础之上的。通过改变灌水方式、灌溉制度和根区的湿润方式达到有效调节根区水分养分的有效性和根系微生态系统的目的，从而最大限度地提高水肥耦合效应。美国、以色列等国家将植物对水分养分的需求规律和农田水分养分的实时状况相结合，利用自控的滴灌系统向作物同步精确供给水分和养分，优化了水肥耦合关系，从而提高了作物的产量和品质。

4. 节水生化制剂的应用

目前在生态建设中运用较多的节水生化制剂是保水剂。保水剂能提高土壤保水能力约 40%，在使用时可做成种子涂层（包膜、拌种）、根部涂层（适于移苗、运输）、插条涂层（栽植）、种子造粒（飞播），渗入苗床喷洒土壤，流体播种等方法使用。研究发现，脱落酸和黄腐酸结合了抗蒸腾剂和生长抑制剂的特点，既能促进根系发育，又能在一定程度上关闭气孔，兼备"开源"与"节流"的功效。如旱地农就是以黄腐酸（FA）为主要成分制成的，它是一种抑制叶片气孔开放的代谢型抑制剂，可使气孔缩小，蒸腾减弱。另外，叶面喷施乳胶、硅酮、石蜡等高分子物质，可使极薄的膜盖住叶面气孔，使作物蒸腾下降。

5. 生理节水技术

调亏灌溉、控制性分根交替灌溉和非充分灌溉等灌溉模式，可明显提高水分利用效率。调亏灌溉能在作物生长发育的某些阶段主动施加一定的水分胁迫，使之通过经受适度的缺水锻炼来提高抗逆性，提高总产量，改善产品品质。与传统灌水方法中根系活动层的充分和均匀湿润的思路不同，控制性分根交替灌溉强调交替控制部分根系区域的湿润，根系交替经受一定程度的水分胁迫锻炼，刺激根系的吸收补偿功能，使根源信号 ABA 向上传输至叶片，调节气孔保持在适宜的开度，降低无效蒸腾，达到减少棵间蒸发损失和深层渗漏损失的目的。控制性分根交替灌溉比全面均水供水方式节水 34.0%～36.85%。非充分灌溉即"限水灌溉"，以按作物的灌溉制度和需水关键时期进行灌溉为技术特征，一是要在作物需水关键时期或需水敏感期进行灌溉；二是要根据作物需水关键期制定优化灌溉制度，把作物全生育期总需水量科学地分配到关键用水期，使有限水发挥最大的增产作用。

6. 管理节水技术

节水技术的效益"三分在灌水，七分在管理"，但在目前，节水的管理恰恰是最为薄弱的环节。管理节水技术主要包括灌溉用水管理自动信息系统、输配水自动量测及监控技术、土壤墒情自动监测技术和节水灌溉制度等。其中土壤墒情监测与预报是进行有效灌溉管理的基础。目前已由采用张力计、中子仪、TDR 等仪器进行局部直接监测，或根据作物叶水势、叶气孔开度等进行间接监测，以及运用空中红外遥感遥测进行大面积监测，逐步转向用计算机模拟法预报。

灌溉制度（包括灌水时期、灌水定额、轮灌周期等）是灌溉管理技术的核心，它是根据作物的需水规律，把有限的灌溉水量在灌区内及作物生育期内进行最优分配，达到高产高效的目的。沙地免灌植被恢复中的节水技术在沙区，由于地形和地下水位深而无水灌溉（或无力开发）等原因，大部分沙丘需要通过恢复免灌植被来固定。沙地免灌植被恢复中的节水技术，除了上述必要的农艺节水技术外，还包括降水的资源化与集蓄、高效利用。利用自然坡面或改造小地形，处理地表，以堵塞土壤孔隙，收集天然降水并汇集于植树穴内或贮水池供树木生长需要，是干旱、半干旱区径流林业的主要技术路线。但在沙质土地上，由于疏松且易流动的沙粒缺乏黏结力，雨水的收集更为困难；而且由于沙土持水能力太低，收集的雨水会迅速向深层渗漏成为无效水而不能保存在土壤根系层中为植物所利用，因此沙地发展径流林业就必须借助于新技术和新材料的应用。如利用有机硅、液态水泥、塑料薄膜及其他防渗材料进行沙地集水面的处理。固定或半固定沙丘的生物结皮是天然的良好的集水面，如果利用好，进行集流可有效解决沙地乔木成活难的问题。

目前解决沙地保水的方法主要是选择和研究保水效果好、成本低的保水剂。在毛乌素沙区，泥炭是一种很好的保水剂，在造林时混合在沙层中及铺设在植树坑内，泥炭分解可释放养分，使土壤根层形成水肥气热的适生环境，增加土壤的蓄水保水能力，保证树木正常生长。另外，在沙土中混合一定比例黏土来提高土壤的持水能力，或在植树穴内衬膜和覆盖造林也是沙区造林有效的保水措施。

通过叠加和集存，改变自然条件下降水水分循环路线，减少土壤深层渗漏和大气蒸发损失，实现雨水资源化，为免灌植被创造成本低、质量高的新水源条件，以补充土壤水库的调蓄能力,最大限度地提高水分利用率,获得最高的水分生产力,是集固沙、改土、集水、蓄水为一体的沙区免灌植被恢复新技术体系的主要内容。

第四节　人工措施对沙地植被恢复的效应

目前,沙漠化防治技术主要有生物治沙、机械固沙和化学固沙三类,其中,生物措施是治理沙漠的根本措施。机械固沙具有见效快、有效期短的特点,通常被用于流沙危害严重地区,常与植物治沙措施相配合,作为植物防沙治沙的辅助性或过渡性措施,一方面可为生物治沙提供植物入侵所需的稳定的沙面环境,另一方面可弥补生物治沙初期防护功能的不足。实践证明,机械措施与生物措施相结合是流沙治理行之有效的重要途径和方法。目前,对于机械措施和生物措施对沙漠治理的应用技术及防护效益研究较多,但将机械措施纳入到荒漠生态系统恢复与重建中进行生态功能作用的研究较少,而且机械措施在沙漠治理中的重要生态作用常被忽略。

对治理沙漠后其生态系统初期植被、土壤、水分变化效应特征进行了观测研究,并强调了机械措施在生物固沙中不可替代的重要生态作用,为今后荒漠生态治理与植被恢复重建技术研究与应用提供参考。机械措施与生物措施相结合是流沙治理行之有效的重要途径和方法。不同人工措施干预治理流动沙地后其生态恢复初期(前3年)植被、土壤理化性质和水分动态变化不同。沙质荒漠生态系统恢复变化首先始于各种机械措施所建立的稳定地面的形成,为天然植物的迅速增殖和侵入、人工固沙植物的介入、枯枝落叶的储存及流沙成土过程提供了必要的环境条件。枯枝落叶层的形成又为土壤—植物系统物质交换建立了界面,促进了流沙的成土过程。不同人工措施治理区0~200 cm土壤平均含水量与流沙区土壤含水量相比差异不显著,说明土壤水分仍能保持流动沙地原有的水分平衡状态。但随着天然植被的恢复与人工固沙林生长,其对土壤水分的影响深度由于预先的40 cm加深至第三年的160 cm。系统内植物恢复与流沙成土过程的前期效果表明,草沙障或土沙障＋固沙林措施优于塑料沙障＋人工沙蒿和封育治理措施,是流动沙地得以快速治理的有效方法。从植被群落结构的变化看,人工植被在建立后第三年其生态功能才开始初见成效。

1. 人工措施对植物群落的影响

唐进年等(2007)采用不同人工措施对流动沙地进行治理,并观测了植物群落特征的变化。从表7-6可看出,流动沙地经人工措施治理后物种的丰富度提高了,增加了花棒、沙拐枣、柠条、白榆、沙枣5个植物种。此外,一些天然物种如苦豆子(*Alopecuroides* L)、沙地旋复花(*Inula salsoloides*)、沙蓝刺头(*Echinopsgmelini*)和沙芥(*Pugionium* spp.)等的植物的盖度增大。流动沙地和封育区植物群落仍以沙米(*Agriophyllum squarrosum*)和沙蒿(*Artemissia sphaerocephala*)为优势种。而草沙障和土沙障人工灌木固沙林治理区的植物群落由治理前和治理当年以沙米和碱蓬(*Suaeda glauca*)为主的一年生优势种群逐渐被沙蒿、花棒、沙拐枣和白榆为主的半灌木、灌木和乔木所替代,形成了乔灌草相结合的群落结构。群落高度增幅较大,仅3年时间就增至为流沙对照区的4～5倍。群落中人工植被的盖度增大到15.5%～20.5%,占植被总盖度的35%～46%。塑料沙障区由于人工播种沙蒿2年后,沙蒿盖度增至14.2%,是流沙对照区和封育区天然沙蒿盖度的3～6倍,占该区植被总盖度的74%,人工沙蒿替代了沙米这一天然的优势种群。由表7-6可看出,流沙区经人工措施治理后,植被盖度和地面覆盖率明显提高。不同人工措施对流动沙地植被恢复重建的效果有差异。治理当年,草沙障和土沙障的设置大大增加了地面的稳定性,为天然种子植物的扩繁提供了相对稳定的环境,植被恢复迅速,盖度高达75%(其中沙米58%,碱蓬15.9%～32.3%,)以上,是封育和流动沙地对照区的1.3～2.2倍。次年,由于生态环境的改变,致使适宜于流动或半流动沙地生长的沙米和碱蓬等天然优势种群衰退,人工植被盖度仍较低,不足10%。不同人工治理区的植被盖度均低于封育区,略高于流动沙地,但人工治理区储存了丰富的枯枝落叶,其地面总覆盖率明显高于流动沙地,治理区地面的稳定程度大大提高。第三年,机械沙障治理区的植被盖度均明显高于同期封育区和流动沙地的植被盖度,而且不同人工措施治理区的植被恢复效果差异明显,从植被恢复的效果来看,土沙障＋灌木固沙林治理区植被恢复效果最好,其次为草沙障＋灌木固沙林治理区、塑料沙障＋人工沙蒿治理区和封育区,前三者的植被盖度是封育区和流动沙地的2～4倍。封育区与流动沙地因风沙活动频繁,地表稳定性差,植物不易侵入,盖度仍较低。

表 7-6　不同人工措施治理区植物群落变化

不同人工措施治理区	年度	植物种(盖度/%)	群落高度/cm	地面覆盖率/%		
				活植被	枯枝落叶	总覆盖度
草沙障+灌木固沙林	2002	沙米(58.2),碱蓬(32.3),苦豆子(4.8),沙蒿(1.2),白刺(1.2),花棒(1.6),白榆(1.0),沙拐枣(0.7),柠条(0.2)	38.9	75.3	0	75.3
	2003	沙米(4.5),沙蒿(4.5),花棒(3.2),苦豆子(3.0),沙拐枣(2.7),白榆(1.2),柠条(0.6)	60.2	18.2	67.6	85.8
	2004	沙蒿(6.4),白榆(6.2),沙米(5.6),沙拐枣(4.6),沙蓝刺头(4.2),花棒(3.1),沙地旋复花(1.8),柠条(1.6),苦豆子(0.4),沙芥(0.2)	106.9	44.3	34.6	78.9
土沙障+灌木固沙林	2002	沙米(58.7),碱蓬(15.9),苦豆子(5.0),沙蒿(3.3),沙地旋复花(0.2),花棒(1.5),沙拐枣(1.1),白榆(0.8),柠条(0.2)	37.8	77.5	0	77.5
	2003	沙米(14.4),沙拐枣(4.0),沙蒿(3.8),花棒(3.3),白榆(1.7),苦豆子(1.7),白榆(1.7),沙枣(0.5),柠条(0.5)	61.2	38.1	45.3	83.4
	2004	沙蒿(15.1),花棒(8.6),沙拐枣(7.1),白榆(3.8),苦豆子(3.8),沙地旋复花(3.3),沙米(2.0),柠条(1.0),沙蓝刺头(0.5),沙芥(0.5)	94.8	44.4	38.6	83.0
塑料沙障+沙蒿	2003	沙主(33.8),沙蒿(1.5)	32.7	36.8	20.4	37.2
	2004	沙蒿(14.2),沙米(3.6),冰草(2.3),沙芥(0.3)	38.8	19.1	45.2	64.3
封育区	2002	沙米(26.3),沙蒿(11.3),白刺(6.4),碱蓬(3.9)	35.2	47.9	0.6	48.5
	2003	沙米(38.9),沙蒿(10.7),白刺(6.5)	25.2	56.1	15.5	71.6
	2004	白刺(6.5),沙蒿(2.3),沙米(2.0)	39.5	10.4	60.9	71.3
流沙对照区	2002	沙米(20.8),沙蒿(8.6),白刺(4.0),碱蓬(2.0)	34.1	36.5	0	36.5
	2003	沙米(18.1),沙蒿(7.6),白刺(3.6)	24.3	29.3	10.4	39.7
	2004	沙米(5.5),沙蒿(4.0),白刺(1.5)	23.1	10.9	23.9	34.8

2.人工措施对土壤环境的影响

　　从景观上看,经治理后沙地完全改变了治理前流动、松散状态,地表覆盖度增加,处于稳定状态,结皮开始形成,地表土理化性质发生变化。从不同人工措施治理区地表土壤盐分及养分分析结果看(表 7-7)。草沙障+灌木固沙林治理区和塑料沙障+人工沙蒿治理区地表土壤全盐量较流沙对照区有所增大,而土沙障+灌木固沙林治理区和封育区表层土壤全盐量无明显变化。阴离子总量变化趋势与全盐量变化相一致。四种不同人工措施治理区地表土壤阳离子总量较流沙对照区均有所增大,其中 Ca 质量分数提高 20%～40%,K ＋ Na 提高 9.9%～119.1%,而 Mg 降低 25.9%～44.4%。不同人工措施治理区表层土壤的 pH 值与流沙区相比无明显变化,均呈偏碱性状态,pH 值在 8.0～8.2 之间。

从表 7-7 可看出,流沙区经人工干预治理后表层土壤的有机质、全 P 及全 N 质量分数明显提高。与流沙区相比较,草沙障＋灌木固沙林治理区、土沙障＋灌木固沙林治理区、塑料沙障＋人工沙蒿治理区和封育区表层土壤的有机质质量分数分别提高 2 倍、1.2 倍、0.4 倍和 0.2 倍,全 N 量分别提高 47.9%,95.9%,19.2%和 71.9%,全 P 量分别提高 46%,30.7%,15.3%和 30.7%。枯枝落叶在陪肥地力和成土过程中具有重要作用。据有关研究认为,枯枝落叶向土壤归还的有机质、N,P,K 的含量与地面植物凋落量、枯枝落叶层储量呈正相关关系。

表 7-7　不同人工措施治理区表层土壤盐分与养分

土壤理化性质	草沙障＋灌木固沙林地	土沙障＋灌木固沙林地	塑料沙障＋沙蒿林地	封育区	流沙对照区
pH 值	8.13	8.20	8.03	8.00	8.14
w(有机质)/%	0.301 09	0.228 0	0.149 6	0.176 2	0.103 6
w(全 P)/%	0.023 8	0.021 3	0.018 8	0.021 3	0.016 3
w(全 N)/%	0.021 6	0.028 6	0.017 4	0.025 1	0.014 6
w(全盐量)/%	0.065 9	0.050 6	0.061 8	0.051 1	0.051 1
w(HCO_3^-)/%	0.024 4	0.019 8	0.021 4	0.020 7	0.022 0
w(Cl^-)/%	0.007 1	0.008 0	0.008 0	0.007 1	0.007 1
w(SO_4^{2-})/%	0.015 6	0.008 4	0.015 6	0.008 4	0.008 4
(阴离子总量)/%	0.047 1	0.036 2	0.045 0	0.036 2	0.037 5
w(Ca^{2+})/%	0.006 0	0.006 0	0.006 2	0.007 0	0.005 0
w(Mg^{2+})/%	0.001 8	0.001 5	0.002 0	0.000 6	0.002 7
w($K^+＋Na^+$)/%	0.010 9	0.006 9	0.008 6	0.007 2	0.005 4
(阳离子总量)/%	0.028 7	0.014 4	0.016 8	0.014 8	0.013 1

流沙治理区地表土壤养分含量的增加主要来源于地面植物的枯枝落叶。不同人工措施治理区地表土壤有机质质量分数增加的大小次序与各区 2003 年枯枝落叶物覆盖率大小次序相一致(见表 7-8),因为 2004 年植物凋落物需要进一步的分解才能将其营养物质有效地归还给土壤。草沙障＋灌木固沙林区、土沙障＋灌木固沙林治理区和封育区植被恢复较快,枯枝落叶和地面总覆盖率较高,其表层土壤有机质、全 N 和全 P 的质量分数也相对较高;塑料沙障＋人工沙蒿治理区的

植被恢复较慢,地面枯枝落叶和地面总覆盖率较低,其表层土壤有机质、全 N 和全 P 的质量分数也相对较低。由于塑料沙障有沿边掏蚀的发生而引起该治理区地表的扰动,影响了其地表土壤养分的积累。

研究区域地表以砂粒(粒径 1～0.05 mm)和粗粉砂(粒径 0.05～0.01 mm)为主,占到了土壤颗粒总量的 90.4％～91.9％(表 7-8)。其次,流沙区通过人工干预治理后,地表土壤颗粒组成在不断发生演变,发展趋势为:砂粒的质量分数在减小,粉砂和黏粒的质量分数在增加。与流沙区相比较,草沙障＋灌木固沙林治理区、土沙障＋灌木固沙林治理区、塑料沙障＋人工沙蒿治理区和封育区表层土壤砂粒的质量分数分别减少了 10.1％,7.3％,5.6％和 7.3％,而粉砂和黏粒的总质量分数分别提高了 90.3％,65.2％,50.1％和 65.3％。

表 7-8 不同人工措施治理区表层土壤机械组成(质量分数/％)

粒径/mm	砂粒		粉粒		粘粒	
	1～0.25	0.25～0.05	0.05～0.01	0.01～0.005	0.005～0.001	<0.001
草沙障＋灌木固沙林地	3.305 1	77.583 9	2.500 1	0.500 0	0.000 0	7.450 2
土沙障＋灌木固沙林地	2.061 8	81.350 8	8.036 8	1.004 6	1.004 6	6.541 4
塑料沙障＋人工沙蒿地	1.172 6	83.751 3	6.026 1	0.502 2	1.807 8	6.740 0
封育区	1.130 0	82.271 0	7.036 4	0.804 2	1.206 2	7.552 2
流沙对照区	11.344 9	78.613 7	1.806 1	0.702 3	1.003 3	6.529 7

不同人工干预措施引起流沙区地表土壤机械组成演变快慢的顺序为:草沙障＋灌木固沙林治理区较快,土沙障＋灌木固沙林治理区和封育区次之,塑料沙障＋人工沙蒿治理区较慢。有关研究指出,地表土壤黏粒含量的增加主要是外来尘埃的沉积引起的黏粒沉积的多少又与地面的稳定的程度有关。

从植被恢复重建的效果来看,不同人工措施治理区地面总覆盖率由大到小依次:土沙障区、草沙障区、封育区和塑料沙障区。虽土沙障区地面覆盖率略高于草沙障区,但土沙障在设置前期容易被风蚀破坏引起地面新的扰动,其地面稳定性略低于草沙障,故土沙障＋灌木固沙林治理区地表黏粒的沉积速度较草沙障＋灌木固沙林治理区稍慢。塑料沙障沿四边掏蚀严重,地面稳定性较差,其地表黏粒的沉积也较慢。

3.人工措施对土壤水分状况的影响

人工固沙林地与流动沙地的水分变化趋势非常一致。由图 7-1 可看出,受环境降雨量减少的影响有逐渐降低的趋势,在植物生长期林地的水分含量(0～200 cm)低于流动沙地。但经方差分析,不同人工治理区林地水分与流动沙地水分之间差异不显著($P<0.05$),固沙林地0～200 cm 土壤水分平均值为 3.4%,仅比流沙地低 0.2%。这说明人工措施对流动沙地干预初期(1～3 a)因人工植被幼小而耗水量较小,区内水分仍保持原有相对平衡的状态。

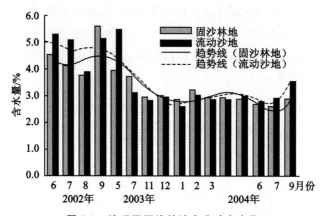

图 7-1　治理区固沙林地水分动态变化

　　人工固沙林地与流动沙地浅层土壤 0～40 cm 含水量的季节变化均明显(图7-2 和图 7-3)。越接近地表其变化越大,并且变化趋势相同,7 月份含水量较低,11 月份居中,3 月份较高,这主要是受地面蒸发量季节变化不同所致。该结果与钱鞠等研究的结果相一致,0～40 cm 是沙地水分强烈变化层。7 月份即植物主要生长期,人工固沙林地土壤垂直剖面40～160 cm 各层含水量明显低于 11 月份的含水量;正好相反,流动沙地 7 月份 40～160 cm 土壤各层含水量略高于其它各月份的含水量,这是因为这一时期正好是当地降雨量较多的季节,是土壤水分入渗补给阶段。3,11 月份,人工固沙林地和流动沙地土壤垂直剖面 40～160 cm 各层含水量随季节的变化均较小。人工固沙林地和流动沙地 160 cm 以下土壤含水量在全年随季节的变化较小。这说明人工花棒、沙拐枣、柠条和白榆等固沙植物介入后第 3 年,其对土壤水分影响的垂直深度加深至 160 cm。

　　因此,可以得出以下初步结论:流动沙地经四种不同人工措施干预治理后,其植被恢复与成土过程初期的效应变化表明:草沙障或土沙障+固沙林的沙漠治理措施优于塑料沙障+人工沙蒿和封育治理措施。四种不同措施治理区 0～200 cm 土壤平均含水量与流沙区土壤含水量相比差异均不显著,说明人工干预后治理区初期(前 3 a)的土壤的水分仍能保持原有的水分平衡状态。但随着治理区天然植被的恢复与人工固沙林生长,其对土壤水分的影响深度由干预前的 40 cm 加深至第三年的 160 cm。

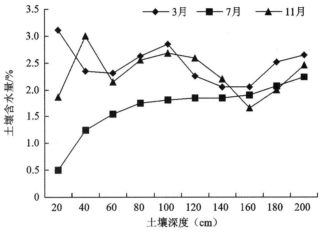

图 7-2　治理区林地水分垂直季节变化

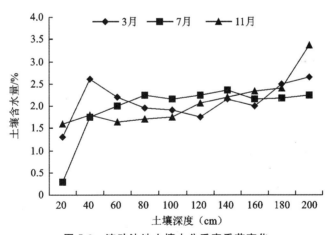

图 7-3　流动沙地土壤水分垂直季节变化

　　这样的结果表明:沙质荒漠生态系统经人工干预治理后其生态恢复始于人工措施(如草沙障、土沙障和塑料沙障等的设置)有效地增加了流动沙面的稳定性,为天然植物的迅速增殖和侵入、人工植被的建立、枯枝落叶的储存及流沙成土过程提供了适宜的环境条件。枯枝落叶层的形成又为土壤—植物系统物质交换建立了界面,并且有利于促进了流沙的成土过程和培肥地力。

人工措施(包括机械措施和生物措施)干预治理区后前两年植被仍以天然植被为主,占总盖度的90%以上。流动沙地经机械措施干预后沙面稳定性大大增加致使其在治理当年天然植被猛增,但从次年又开始衰退,这主要是因流动沙面趋于稳定后致使适宜于流动沙地生长的先锋植物(如沙米)退出所致。这一时期在天然植被衰退情况下其枯枝落叶在沙质荒漠生态恢复与重建中发挥着重要的生态功能与作用。到第三年,治理区人工植被盖度开始高于天然植被,而且群落高度大幅度增高,空间结构明显改变,已初步形成乔灌草相结合的防风固沙林,生态功能开始显现,随着人工固沙林的生长发育,其生态功能将不断加强。机械措施与生物措施相结合是流沙得以快速治理的有效途径和方法,机械措施是生物措施得以有效治理沙地的必需前提辅助措施。

第五节　毛乌素沙地植被恢复的支撑体系

毛乌素植被恢复不仅仅是一个技术问题,而是一项复杂的系统工程,需要建立一个稳定的支撑体系,使规则、技术、利益在这个体系中得到有机结合,才能取得良好的回复效果。除了天然林保护之外,国家和地方政府每年都要投入大量的资金、人力、物力营造人工林,但造林不管林的现象却普遍存在,人工林生长状况十分不好,林地生产力十分低下。由于没有建立有效的维持体系,责、权、利没有明确,国家的各种补贴似乎成了杯水车薪。

加之,生态的维持远不像林地管护那么简单。植被恢复的维持不仅要有技术输入、教育输入、物资输入、物种输入、信息输入、人员输入,还有赖于建立高效的自循环维持体系,通过对输入的吸收转化,对环境资源的优化与利用,才能提高系统自身的恢复功能。

1.支撑体系的建立

毛乌素沙区的植被恢复必须依靠规则体系、技术体系和利益体系三大体系的支撑。规则确保有序性,技术确保科学性,利益确保持续性。如果一个体系没有规则作保障,就会导致混乱、无序、崩溃;技术可以减少失误,提高系统运转效率;利益能驱动、诱导和限制个体行为,使其朝有利于系统的方向发展。图7-4勾绘出了毛乌素沙区生态恢复的支撑体系的基本框架。

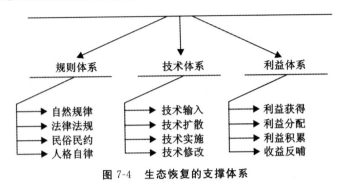

图 7-4　生态恢复的支撑体系

1.1　规则体系的建立

规则体系由自然规律、政府的法律法规、民俗民约和人格化自律等组成。实际上包括了三大部分:一部分是由自然界普遍存在的、无法逾越的、人们必须遵守的自然法规;一部分社会整体或部分对社会个体行为的规范和约束;一部分是由人格教化、自然和社会的惩戒、文明和进步引起的人格意识和修养的提高。

遵循自然规律包括两层含义,首先不能超越和违反自然规律,尤其不能破坏生态系统结构和顺序进行掠夺式经营。二是要树立科学的自然观,在自然面前不是却步不前,也不是肆意妄为,一切都要按科学规律办事。

政府的法律法规和民俗民约可以强制和规范社会个体的行为,使社会个体行为能够符合自然规律和社会群体利益。政府的法律法规属于强制规则,但对系统运行具有调节、疏导和纠偏功能,比如,国家实现计划生育的人口政策,可以有效限制人口增长,提高人口素质,减轻系统压力,平衡系统结构。再如,奖励和补贴政策,国家对退耕还林实行财政补贴,对有突出贡献的人和组织给予奖励,起到了极大的鼓励和引导作用。当然,法律法规涉及社会的各个方面,如土地利用法、森林保护法、义务教育法等等。

民俗民约是中华民族几千年来形成的文化、道德传统,如果加以选择、规范,使其转化为一种生态道德规范,乡村生态文化,就能完全成为生态恢复的重要支撑力量。在这一方面有许多值得尊崇的优秀典范。

自律行为的产生取决于文化教育的水平、受挫的频度和程度等。一般情况下,文化水平高的人更容易接受新思想、新知识;受挫是指人们破坏生态后面临的不良后果或大自然给予的报复性惩罚,当受挫的频度和程度越高,越容易产生自律行为,突发的、小范围事件容易产生悔悟和自律;累计渐进、大范围的事件容易被认知,形成一种意识惩戒。

1.2 技术体系的建立

技术体系由技术的输入、扩散、实施和修正构成。系统恢复需要技术支撑,多年来,关于毛乌素沙区方面的技术研究越来越深入,涉及的领域越来越广,但是,由于技术体系没有建立起来,使得技术的应用效率十分低下,效果不够理想。技术体系必须体现出技术的实际效应和效果,它应当是一个连续的、有机的、高效的技术运作体。

目前,有关毛乌素沙区方面的技术成果很多,成为毛乌素沙区的生态恢复的技术源。但是,技术的输入不仅需要技术源,同样需要输入的动力。需求是真正的技术输入动力。目前,许多技术的生成不是源于实际和市场的需求,造成技术的堆积和浪费。技术的输入体系就是要建立一种能够把技术市场和技术研究有效连接起来的机制,这种机制强调技术的生成应当是自下而上的,而不是自上而下的。

技术还需要的推广和转化,就目前实际情况来看必须从以下两方面建立技术推广体系。①构建多元化推广体系;②构建双层技术推广服务体系。

从长远看,技术推广的模式必须由自上而下行政指令式向以由下而上自愿参与咨询式为主转化,并与其他辅助模式共存;推广的组织体系必须进一步向多元化综合型方向发展,民间推广组织力量必须不断给以加强;推广的手段和方法必须随着推广的进程不断更新。随着计算机及大众传媒被广泛应用,技术信息的传播与沟通将成为技术推广咨询的基本方法。

双层技术推广服务体系是根据国情设计出来的。一是国家财政供养的公益性推广体系,二是由经营人员组成的自负盈亏的经营服务体系。两只体系各自独立运行且密切联系,共同承担本地区的农技推广和农资经营活动。

需要指出的是,建立这样一个技术推广体系是一项长远的任务。因为农民的科学文化素质还很低;技术推广的力量还比较薄弱;自上而下一元化推广体系仍然存在,行政指令在实践中还有一定效力;在近期内还不可能全面进行体系重建与人员培训。

同时还应当注意到,科技成果转化过程,并不是一个简单顺序的移接,而是一个复杂的转换过程。因此,要根据市场经济发展要求,结合毛乌素沙区地区发展现状和问题采取不同的模式。使技术体系的构建在不同地区间呈现明确的针对性和阶段性,这就需要按一定程序分类确定推广模式的优化组合。

在这个技术体系中,技术的实施的主体应当是技术的使用者,而不是技术的发明者和持有者,也不是技术的推广者。这就产生了一个疑问,对于众多的、分散的、不一致的技术使用个体来讲,怎样才能形成一个统一的实施体系。农户往往也更多地注重经济效益而忽视社会责任、生态效果,容易趋向于单一性经营和短期经营,为此,我们可以通过政府的经营政策,构建有效的利益奖惩机制,引导和鼓励农户建立利益共同体;对不同类型的农户进行分类引导,建立经营的伙伴机制和专业合作组织,逐渐形成不同层次和规模的利益共同体。

技术实施体系的稳固还有赖于经营权、产权的统一。就目前情况而言,可以实行灵活多样产权政策和经营方式,如股份合作制、承包、租赁、拍卖等。建立健全乡村集体经济组织和自主性联合经营组织,明确其林地所有权主体地位;强化林地使用权,使其具有占用、使用、收益、处分四大权能;制定林地流转的交易制度和规则;制定林地流转的相关配套政策。

实行经营一体化的政策也有利于稳固和强化技术实施体系。经营一体化政策主要倾向于:①支持基地化经营政策。对达到一定群体规模的农户经营给予一定的经济扶持,增加资金来源渠道,建立风险基金制度促使其开展基地化经营;②支持和扶持林业龙头企业政策。鼓励和支持龙头企业参与经营,对投资林业经营的龙头企业实行贴息与奖励政策、信贷优惠政策、用电用地优惠政策、税收优惠政策等;③鼓励建立林业专业合作经济组织政策;④完善林产品营销网络政策。

技术在实施过程中还要及时修正,为此,必须建立一个技术的反馈与修正体系,对技术内容和实施方略进行及时的修正和补充。

目前,技术供需信息和使用效果信息反馈不灵已经严重阻碍了新技术的研究与开发和新技术的扩散与推广。生产上所采用技术的扩散程度与信息的关系非常密切。信息畅通,可以使技术的供求信息迅速得到传播与反馈,从而使技术研究开发、推广、采用与各个环节密切联系,科技的潜力能够得到最大的发挥;相反,任何环节的脱节,都会延缓技术进步的速度和技术应用的效果。

另一方面,即使新技术能够迅速地到达千家万户,但新技术应用的效果的信息不能迅速反馈到决策机构和科研机构,必然会导致技术采用的不到位而降低技术效率,增加了技术采用的风险度。甚至由于技术没有得到及时的更新和修正,会导致系统的崩溃,产生无法挽回的负面结果。然而,截至目前为止,该问题仍未得到有效解决,其根本原因就是没有建立技术的反馈与修正体系。

1.3 利益体系的建立

利益体系是支撑体系不可缺少的部分,确保利益的公平性、合理性、是保障系统持续稳定的关键。在系统内部,利益必须是多赢的,单个或单方面的获利只能使系统更加混乱和不稳定。所以,在共同受益前提下,必须遵循付出获得、损者获益、受益付出机制。

毛乌素沙区的生态恢复不应该只是一个投入过程,也应该是一个获得性过程。经营性获得主要是指通过合法经营取得的产出性利益,如林产品收益、森林旅游收益等;补贴性获得是指政府为鼓励恢复作为实行的政策性补贴,比如,建立生态公益林补偿制度,以及政府正在执行的退耕还林补贴政策。在有利于生态系统稳定和环境优化的范围内,追求经济目标的最大化和应得收益,是保证恢复成功的关键,忽视经济目标,生态恢复就会失去动力。但是,如果超越生态系统所能承受的界限,一味追求自身的经济目标,则会失去生态恢复的基础;促进和保障与生态恢复密切相关的水利、旅游、渔业、运输、畜牧业等一大批产业的发展,提高相关产业的经济效益,提高国家、区域等不同尺度空间防灾减灾的经济目标,通过对可持续经营获得的多种林产品,带动区域经济发展,可以加快生态恢复的进程,保障恢复的效果。

凡是从系统中获益的集团、组织和个人都应该担负对系统反哺的责任,并且要以法律或法规的形式明确规定下来。《京都协议》是国际获益反哺体系的典例,它以法律的形式规定了受益国家对全球生态环境的一种回馈责任。在毛乌素沙区,同样可以以立法的形式规定获益者的回馈责任。通过这种获益反哺体系就可以平衡系统内部的利益分配,也可以争取从外系统得到应有的补偿。如东部发达地区从西部获得能源造成西部系统的减损造成的西部环境恶化,就必须强制其向西部地区回贴;又比如,煤矿等厂矿因局部获益而应交纳一定的补偿金。

这里就涉及反哺资金和物资的归属和使用问题,就目前的现状看,乱收费现象十分严重,一方面经营者不堪重负,另一方面所收取的费用并没用用于生态恢复建设,而是流向了其他渠道。

参考文献

[1]　季志平,苏印泉,刘建军.黄土高原的生态恢复与支撑体系初探[J].西北林学院学报,
　　　2005,20(4):9-13

[2]　刘建军,王得祥,雷瑞德,韩黎明,杨正礼.陕北黄土丘陵沟壑区植被恢复与重建技术对策
　　　[J].西北林学院学报,2002,17(3):12-15

[3]　李维,张强.毛乌素沙地植被恢复措施[J].林业调查规划,2007,32(5):76-78

[4]　姚建成,陈文庆,杨文斌.毛乌素沙地综合治理试验示范区综合治沙技术的研究与推广
　　　[J].内蒙古林业科技,2002,(2):27-28.

[5]　韩丽文,李祝贺,单学平,等.土地沙化与防沙治沙措施研究[J].水土保持研究,2005,12
　　　(5):210-213.

[6]　孙枫.三北四期工程防沙治沙策略与技术措施初探[J].防护林科技,2004,(1):58-60.

[7]　步兆东,陈范,迟功德,等.防沙治沙技术对策的探讨[J].世界林业研究,2003,16(2):59-
　　　61.

[8]　孙丽敏,侯旭光.干旱、半干旱地区植被治沙造林技术措施[J].防护林科技,2005,(4):90-
　　　91.

[9]　牛兰兰,张天勇,丁国栋.毛乌素沙地生态修复现状、问题与对策[J].水土保持研究,
　　　2006,13(6):240-246

[10]　王葆芳,王志刚,江泽平,等.干旱区防护林营造方式对沙漠化土地恢复能力的影响研究
　　　[J].中国沙漠,2003,23(3):236-241.

[11]　张广才,于卫平,刘伟泽,王富伟,黄利江,张德龙.毛乌素沙地不同治理措施植被恢复效
　　　果分析[J].林业科学研究 2004,17(增刊):53-57

[12]　王伯荪,彭少麟.植被生态学—群落与生态系统[M].北京:中国环境科学出版社,1997

[13]　马世威,秦诠.治沙学[M].呼和浩特:内蒙古教育出版社,1992

[14]　李滨生.治沙造林学[M].北京:中国林业出版社,1990

[15]　张奎壁,邹受益.治沙原理与技术[M].北京:中国林业出版社,1984

第八章　保水技术及保水剂生产技术

毛乌素沙地有限的降水和低效利用率已严重制约了人工植被的生存和发展，水分成为限制植物生长发育的主要因子，无灌溉造林的关键不是增加土壤水分含量而是保持土壤水分含量，提高土壤水分利用率。传统的造林方式易造成地表水分强烈蒸发，大量水分无效损失，有机质分解加快，生产成本加大等一系列问题的出现。因此，如何高效利用该地区有限的降水资源成为沙地造林成功的关键。新型节水保水材料保水剂的出现为解决这一难题提供了新的有效途径，一系列的保水造林技术应运而生，并迅速发展。除已经广泛应用的地膜覆盖和秸秆覆盖技术外，各种类型的保水剂也在农林业生产中开始应用。随着科技的不断发展，新型保水材料已经发展到了一个很高的水平，其吸水量能达到自身重量的几百倍。保水剂生产和应用技术将成为今后毛乌素沙地造林的不可缺少的内容。

第一节　保水剂与保水技术概述

1. 保水剂及抗旱保水技术的研发历史和现状

保水剂又称土壤保水剂、高吸水性树脂、高分子吸水剂。它是利用强吸水性树脂制成的一种具超高吸水保水能力的高分子聚合物。1969 年，美国农业部北部研究中心（NRRC）首先研制出保水剂，并于 20 世纪 70 年代中期将其应用于玉米和大豆的种子涂层、树苗移植等方面。随后，美国农业部林务局和一些大学采用 Terra2sorb（TAB）进行了一系列试验，发现 TAB 用于地面撒施可节约用水 50％ 。1974 年，保水剂在美国 Granprocessingo 公司实现了工业化生产。日本随后重金购买了其专利，并在此基础上迅速赶上并超过了美国，相继开发了聚丙烯酸盐等一系列新产品,成为目前生产和出口保水剂最多的国家。英国、德国等国家也投入大量资金进行保水剂的开发研究和工业化生产。

我国保水剂的研制始于 20 世纪 80 年代初期,但发展速度较快。至今全国已有 40 多个单位进行过研制和开发,但产品生产还比较落后,总产量不过 1 000 t。20 世纪 80 年代初,北京化学纤维研究所成功研制 SA 型保水剂,中科院兰州物理研究所研制成 LPA 型保水剂,中科院化学研究所、长春应用化学研究所也分别研制了 KH841 型和 IAC－13 型保水剂,并陆续应用于农林生产领域,但均未进行批量生产。20 世纪 90 年代以来,一批新型的保水剂产品陆续问世。

2006 年,西北农林科技大学从日本九州大学引进了新型保水材料——纳豆树脂及其生产技术(引进样品吸水率超过自身的 5 000 倍,对 0.9％NaCl 盐水吸收量为自身重量的 162 倍),同时引进了包括菌种、培养基组成等在内的纳豆树脂生产技术。

为了降低成本,提高保水材料性能,西北农林科技大学从良种菌种筛选入手,鉴定筛选出了一种具有合成 γ－聚谷氨酸的芽孢杆菌 XN01,现保存于中国典型培养物保藏中心(编号 CCTCC M208044)。进而利用此菌种成功合成出了 γ－聚谷氨酸,在合成 γ－聚谷氨酸的基础上,研究出了纳豆树脂的合成新技术,确定了合成纳豆树脂的最佳工艺条件和技术参数,并申请了国家发明专利。

在抗旱造林技术方面,研究和应用较广的主要是秸秆覆盖造林、地膜覆盖造林以及利用保水剂节水造林。

以秸秆覆盖和少免耕为特征的保护性耕作模式在 20 世纪 70 年代才出现于美国和澳大利亚,并迅速发展和推广,目前已成为美、澳两国农业生产的主体种植模式。秸秆覆盖的优势就是在自然条件下,避免了降水对地面的直接冲击,团粒结构稳定,土壤疏松多空,同时减少了土壤结皮效应,因而土壤的导水性强,降水就地入渗快,地表径流少,提高了降水的就地利用率。

自 20 世纪 80 年代初,我国引进地膜覆盖以来,地膜覆盖应用的范围已经扩散到所有可适用的地域和可适用的作物。地膜覆盖除具有秸秆覆盖的功能(避免了降水对地面的直接冲击,团粒结构稳定,土壤疏松多空等)外,还具有自身的特点。地膜可以阻止土壤水分的蒸发,使水分集于膜下,当外界温度低于膜内时又凝结成水滴渗入土壤中。用细土封严的开口处会使降雨流入膜内而不易被蒸发,从而使膜内水分保持多且相对稳定状态。所以地膜覆盖具有保水、节水和调水作用。覆盖地膜后提高了作物水分利用效率,使有限的水资源得到了合理的利用,改善了土壤的水、热状况,活化了土壤养分,有利于作物对土壤养分的吸收,提高了养分的有效性和水分利用效率。

采用保水剂达到节水增产、提高成活率的目的是旱作农林业研究的一种新途径和新方法。保水剂又称高吸水剂、保湿剂、高吸水性树脂、有机高分子化合物。它是利用强吸水性树脂制成的一种具有超强吸水保水能力的高分子聚合物。它能迅速吸收比自身重数百倍甚至上千倍的纯水,而且具有反复吸水功能,吸水后膨胀为水凝胶,在土壤中形成若干小水库,可缓慢释放水分供植物吸收利用,使植物根系一直处于水分适宜区域,减少水的深层渗漏和土壤养分流失,从而增强土壤保水性,提高了土壤水分利用率。同时保水剂也能调节土壤水、热、气状况,改善土壤结构,提高土壤肥力。

在无灌溉条件下,保水剂可以对降水在时间和空间上进行再分配。保水剂能在干旱季节里,吸收根系周围的土壤水分及降水为树木的生长发育创造出适宜的水分环境,使树木较为丰富的光热资源的生产潜力发挥出来,促使树木的生物量或产量达到或接近气候生产潜力,最终达到高产、稳产的目的。

研究表明,保水剂处理的土壤 $0 \sim 60$ cm 的含水率与对照相比提高了 $9.10\% \sim 10.95\%$,在雨季效果尤为明显,几乎提高了 24% 以上。

2. 保水剂的种类及特点

保水剂是一种交联密度很低、不溶于水、吸水膨胀的高分子化合物。按制品形态可分为粉末状、膜状和纤维状等;按研制原料可分为淀粉系(淀粉接枝、羧甲基化等)、纤维素系(纤维素接枝、羧甲基化)和合成聚合系(聚丙烯酸系、聚乙烯醇系等)3 种;按保水剂的成分可分为两大类:丙烯酰胺-丙烯酸盐共聚交联物(聚丙烯酰胺)和淀粉接枝丙烯酸盐共聚交联物(聚丙烯酸钠、聚丙烯酸钾、聚丙烯酸铵、淀粉接枝丙烯盐等)。

保水剂的性能要求稳定性强,凝胶强度高,持续时间要长。其吸水后还必须要有一定的形状,不易于解体,有利于土壤的透气,吸放水可逆性好。优良的保水剂应具备强力吸水、快速吸水、高度保水、缓慢释水、反复供水功能。施入土壤后,在阳光、水分、微生物的作用下降解成无毒、无害、无污染的物质。

一般来说,同样组成的聚合物交联度越低,吸水倍率和速率相对越高,其保水性、稳定性和凝胶强度就越低,反之亦然。所以,对于使用周期较长的保水剂自然需要较高的交联度,并不可片面追求吸水倍率和速率,凝胶程度高的保水剂吸水后有一定的形状,不易解体,吸放水的可逆性好,所吸水的 80% 至 95% 能够被植物利用,因其吸持和释放水分的胀缩性,可使周围土壤由紧实变为疏松,从而在一定程度上使土壤结构和水热状况得到改善。由于保水剂可能要渗入地下 5 cm 至 15 cm,国际上现在更强调加压下的吸水倍率,聚丙烯酰胺型加压下吸纯水倍率 150 倍～300 倍,淀粉接枝型可达 600 倍。保水剂可与肥料、农药和植物生长调节剂等复配使用,并使它们缓解释放。

聚丙烯酰胺呈白色颗粒状晶体,其特点是使用周期和寿命较长,凝胶强度高,颗粒状产品在土壤中的蓄水保墒能力可维持 4～5 年,在造林中当年的吸水倍率维持在 100～120 倍,但其吸水能力会逐年降低,第二年吸水倍率降低 20%～30%,第三年降低约 40%～50%,第四年降低更多。

丙烯盐是极为活泼的聚合单体,分为钾盐和钠盐 2 种,都含羧基,呈离子型,其聚合物交联物吸水能力强,但耐盐性和稳定性差。丙烯酰胺是具极性的而相对惰性的单体,其聚合物吸水率较聚丙烯盐差,但稳定性好。

聚丙烯酸钠为白色或浅灰色颗粒状晶体,其主要特点是:吸水倍率高(在造林中当年的吸水倍率为 130～140 倍),吸水速度快,但保水性能只能保持 2 a 有效。由于聚丙烯酸钠会造成土壤中钠离子含量的递增,导致土壤盐碱化,因此,对于应用于农林业的保水剂,目前生产厂家大多改为生产聚丙烯酸钾或聚丙烯酸铵。淀粉接枝丙烯酸盐为白色或淡黄色颗粒状晶体,本产品的特点是:吸水倍率和吸水速度等性状较好,用于造林时,吸水倍率为 150～160 倍,但使用寿命只有 1 a 左右。

淀粉接枝型保水剂的使用寿命最多能维持 1 年,但吸水倍率和吸水速度等性状极佳,该产品在遇水后的 15～20 分钟内可吸收自重的 150～160 倍的水分,吸水倍率最高可达其自身重量的 600 倍。

3.保水剂的吸水保水机理

保水剂的吸水是由于高分子聚合物中的离子排斥所引起的分子扩张和网状结构引起阻碍分子的扩张相互作用所产生的结果。在这种高分子化合物内分子链无限长地连接着,分子间呈复杂的三维网状结构,使其具有一定的交联度。在这种交联的网状结构上有许多羧基、羟基等亲水基团,当它与水接触时,其分子表面的亲水性基团电离并通过氢键与水分子结合,以这种方式吸持大量的水分。高分子的聚集态也同时具有线性和体型两种结构,由于链与链间的轻度交联,线性部分可自由伸缩,而体型结构却使之保持一定的强度,不能无限地伸缩,因此,保水剂在水中只膨胀形成凝胶而不溶解。当凝胶中的水分释放殆尽后,只要分子链未被破坏,其吸水能力仍可恢复。

4. 保水剂的使用方式

针对不同的造林方式,保水剂的使用方式各不相同,主要有拌土穴施/沟施、种子涂层、蘸根和保湿剂凝胶施用等方法。

拌土:分为直接拌和与其他成分复配拌。直接拌就是将纯保水剂按一定比例拌入基质或土中,一般按 0.1%～0.3% 比例拌入土中(干重),以 0.3～1 mm 粒径的保水剂拌入为好,而黏土宜用 0.5～3 mm 的保水剂拌入。复配拌一般是把保水剂与 NPK 肥、微量元素和植物生长调节剂复配成为土壤改良剂。复配时还可以掺沙子以提高改良剂的分散性和土壤的透气性。在复配时一般含 40% 左右原始粒径为 0.3～1 mm 和 0.5～3 mm 的保水剂。复配的效果是其他成分经保水剂吸收后,可连同水一起缓释,延长了时效。

在使用保水剂时,施入量一般占施入范围内干土重的 0.1% 为佳,最好根据保水剂的类型、土壤质地、栽培植物特性进行适当调整。从降低造林成本和经济合理的角度出发,高干植苗株施 20～30 g,低干植苗(幼树)株施 10～20 g 为最佳使用量。在北方地区,2 年～3 年生的上山造林成苗每株需保水剂约 25 克。保水剂造林可以节约用水 50%～70%,新植林可抵御 2～3 个月的干旱,生长量可提高 25% 左右。施入保水剂后植苗、盖土、踏实,后浇透水。

丙烯酰胺—丙烯酸盐共聚交联物适合于拌土栽植。

拌种、种子涂层、种子包衣。将保水剂吸足水成饱和凝胶状后,拌入种子、营养物质和辅助材料就叫拌种,这类种子主要用于液力喷播。将保水剂和水按 1∶100～2∶50 的比例混合配制成涂层液,将种子倒入其中进行搅拌,捞出后阴干就叫种子涂层。

种子包衣是先将保水剂吸水呈凝胶状后浸种,使种子表面增加黏着性,再向细土中加入质量分数为 0.5%～1.0% 的保水剂,混合均匀后,以种子与土壤质量比为 1∶3～1∶2 的比例在制丸机中包衣,包衣过程中不断用质量浓度为0.1%～

0.3%的保水剂溶液喷雾,以增强包衣种子的"外壳"强度。经过包衣的种子用于播种造林,可明显提高种子发芽率及成活率。粉末状保水剂适合于种子包衣。

对于直播造林来说,还可进行保水剂追施处理,即:种子出苗后,可在苗期进行保水剂溶液追施处理,浓度为 0.5%～1% 的保水剂溶液 150 mL/穴灌根追施,然后覆土压实。

蘸根、浸根法。为防止根系失水,在苗木起苗后和栽植前采用保水剂蘸根和浸根处理;即将 0.1～0.2 mm 粒径的粉粒状"淀粉接枝丙烯酸盐"类型的保水剂产品,按 0.1%～1% 浓度投入浸根容器中,充分搅拌均匀,20 min 后使用,裸根苗在保水剂浸液中浸泡 0.5 min 后即可取出,最后再用塑料薄膜包扎,这样完全可以保证苗木根系在 10 h 内不失水。经此处理后,造林成活率可相应提高 15% 以上。1 kg 保水剂可处理 2 000 株幼苗。

淀粉接枝丙烯酸共聚交联物只适合于幼苗蘸根栽植。

饱和凝胶法。在干旱少雨且灌溉困难的地区,土壤含水量不足 10% 时,可采用保水剂凝胶造林法。将保水剂倒入大容器中充分浸泡,使之充分吸水呈饱和凝胶后,再在植树穴内将保水剂饱和凝胶与土壤充分搅拌均匀后,然后进行造林。

根部涂层法。将保水剂加水配成水凝胶,质量浓度为 0.75% 或 1%。在进行根部涂层时应尽量均匀,并使水凝胶附着良好,涂层后须立即包装,出圃栽植,不能晾晒。在水凝胶中加入泥浆,用混有保水剂的泥浆涂层可增强凝胶在根部的附着力。

开沟施入法。对于已栽植苗木,可在苗木两侧开沟,按比例施入凝胶或保水剂粉末,然后浇水。沟深以利于植物根系吸水为度,保水剂施加后要浇透水。

育苗基质法。在扦插育苗中用植物纤维、腐殖质及轻体矿物质等纯天然无土材料与保水剂、复合肥等按一定比例制成基质。使用时喷湿基质,待完全膨胀后再停水 1～2 d 进行扦插。插条插入基质的深度一般在 3 cm 左右。容器育苗基质中也可拌入一定量的保水剂。

使用保水剂还需要注意以下事项:

使用保水剂时,浓度不要太高,浓度过高,根系周围水分就多,抑制植物呼吸,影响植物生长,一般以 1∶120 配比为宜,浓度太小,效果不明显;土壤类型不同,所使用的保水剂种类就不同,砂土适宜使用较大颗粒保水剂,黏土和壤土适宜使用粉末状保水剂。

以蓄纳雨水为目的,选用颗粒状、凝胶强度高的保水剂;以苗木蘸根、移栽、拌种等为目的,选用粉状、凝胶强度不一定很高的保水剂;以苗圃、树穴拌土为目的,选用 90 目以上的凝胶强度高、使用寿命长的保水剂。

保水剂不是造水剂,使用后一定要浇足水,气候特别干旱时,还要进行补充灌溉;保水剂只有在一定的土壤水分条件下才能发挥抗旱保水效果,在土壤含水量不低于 10% 的地块上使用保水剂效果较好;若土壤含水量低于 10%,则需要浇水来满足保水剂对水分的要求。

造林时还可把保水剂与氮磷钾肥、微量元素、植物生长调节剂混在一起作为土壤的改良剂。在圃地进行育苗作业时,可将保水剂与种子、营养辅料混拌。这样可为种子的发芽提供蓄水小环境,使其均匀供水供养,提高出苗率。

但是一定要注意,有的保水剂的质量还不是很高,其稳定性和耐盐性还有一定的差距,实践证明,有时还会造成土壤板结、盐渍化,有时还会影响植物的抗寒能力。因此,在含盐量较高的盐碱地区使用将会影响保水剂的保水能力。

一般情况下,聚丙烯酰胺的蓄水保墒能力 4 年～6 年。淀粉结枝型则最多为一年。在施用时,应注意保水剂的使用寿命;保水剂的有效保水量和保水剂对土壤和环境的危害性。

5. 保水剂应用中存在的问题及应用前景

我国是世界上水资源最缺乏的国家之一。保水剂作为一种新兴的高分子材料,在我国农林业上应用至今已有 20 多年,大面积造林等方面的应用也取得显著的效果。但在当前的研发、应用研究中还存在着诸多不足。

首先,增加了造林成本。目前农林用保水剂主要是聚丙烯酸类保水剂。该类保水剂具有较高的吸水性能,但市场价格较为昂贵。因此,一方面要进一步改进该类保水剂的合成工艺,降低生产成本,提高其市场推广价值。同时,也要加强淀粉、纤维素类保水剂的合成研究,尤其是纤维素类保水剂。纤维素是地球上最丰富的可再生资源之一,该类保水剂具有广阔的研究、应用价值,但该类保水剂吸收水倍率普遍不高,还需进一步研究改良。

第二,技术成果转化与推广滞后。我国从 20 世纪 80 年代就开始保水剂的农用研究,并取得了丰硕的研究成果,但目前保水剂应用范围主要集中在较为有限的几种农林作物上,更大规模、大范围的推广保水剂的应用尚缺乏基础性的应用研究。

第三,应用性研究还比较薄弱。大量的研究表明保水剂能有效地改善土壤、植株体内的水分状况,但应用性研究还比较薄弱,而且关于保水剂与其他物质,如营养元素、农药、生长促进物质、根瘤制剂等物质的配合应用研究还不够,另外,对于这一类物质的环境毒理学还缺乏研究,特别是它对土壤群居微生物、有益微生物的种类和数量的影响研究对开展大面积推广应用有重大价值的报道仍然十分有限。因此,积极探索保水剂与其他物质之间的互作关系,以及他们共同作用对苗木的促生效果,将为农林生产带来极大的益处。

目前关于保水剂的农林业应用研究主要集中在作物的生长性状、收获性状上,忽略了保水剂在其他方面的应用。由于保水剂能吸持大量的水分,吸持的水分能有效地降低植株的表面温度,水分的释放还能起到灭火的作用,因此在森林防火、制备防火材料中都有着潜在的应用价值。此外,保水剂在植物病害的防治中也有着潜在的应用价值,特别是在一些寄主主导性病害,通过使用保水剂可促进植物的生长,提高寄主的抗病性。

保水剂以其独特的吸水保水特性,使其在干旱半干旱地区的农林业生产中的应用前景十分广阔。借鉴现有的研究成果和经验,结合农林业生产特点,在改良保水剂吸水性能的同时,应积极探讨保水剂与其他生产措施配合应用的综合配套应用技术,以充分发挥吸水剂在我国开展西部大开发、改善生态环境中巨大的作用。

第二节　新型保水材料纳豆树脂的生产技术

作者从日本九州大学引进了新型保水材料——纳豆树脂(200 g)及其生产技术之后,为了降低成本,提高保水材料性能,项目组从良种菌种筛选入手,鉴定筛选出了一种具有合成 γ-聚谷氨酸的芽孢杆菌 XN01,现保存于中国典型培养物保藏中心(编号 CCTCC M208044)。进而利用此菌种成功合成出了 γ-聚谷氨酸,在合成 γ-聚谷氨酸的基础上,项目组进而研究出了纳豆树脂的合成新技术,总结出了合成纳豆树脂的工艺条件和技术参数。该项技术已经申请了国家发明专利(专利名称:枯草芽孢杆菌菌株制备 γ-聚谷氨酸的方法;公开号:CN101486977)。

1. 优良菌种分离、筛选、鉴定

首先从豆类制品中,分离得到能够合成 γ－聚谷氨酸的优良菌株。西北农林科技大学在引进日本 γ－聚谷氨酸合成和技术的同时,从豆制品中成功培养、筛选出了一株能在含有 L－谷氨酸或谷氨酸钠的发酵液中合成 γ－聚谷氨酸的芽孢杆菌 XN01。以 GenBank 所提供的基因序列为对比,27F(5'－AGAGTTT-GATCCTGGCTC AG－3')和 1527R（5'－AGAAAGGAGGTGATCCAGCC－3'）为扩增引物,经武汉大学国家典型培养物保藏中心(China Center for Type Culture Collection,CCTCC)对其 16s rRNA 基因测序和菌株鉴定。该分离所得菌种为枯草芽孢杆菌(Bacillus substilis)(编号 CCTCC M208044,保存在国家典型培养物保藏中心)。

2. 芽孢杆菌 B. subtilis XN01 的基本特性和性能分析

2.1　生理生化特性分析

通过对该菌株进一步分析研究,其生理生化特性符合枯草芽孢杆菌的基本生理生化特点(表 8-1)。

表 8-1　枯草芽孢杆菌 CCTCC M208044 的生理生化特性

检测项目	结果	检测项目	结果
革兰氏染色	＋	D－纤维二糖	＋/－
细胞形状	杆状	D－果糖	＋/－
形成内生孢子	＋	D－木糖	＋/－
芽孢着生位置	中生	D－半乳糖	＋
V－P 反应	＋	核糖	＋
过氧化氢酶	＋	D－棉籽糖	－
淀粉水解	＋	D－海藻糖	＋
硝酸盐还原	＋	蔗糖	＋
明胶	－	D－甘露糖	＋
L－阿拉伯糖	－	D－密二糖	＋/－
D－葡萄糖	＋	甘油	＋/－

注:＋阳性;－阴性。

2.2　芽孢杆菌 XN01 的基因序列测定

进一步对芽孢杆菌 XN01 的基因序列进行了分析测定(图 8-1),确立了该菌株的遗传特性,对于工厂化生产工艺标准化提供了遗传学基础。

ACGACTTCACCCCAATCATCTGTCCCACCTTCGGCGGCTGGCTCCTAAAAGGTTACC
TCACCGACTTCGGGTGTTACAAACTCTCGTGGTGTGACGGGCGGTGTGTACAAGGCC
CGGGAACGTATTCACCGCGGCATGCTGATCCGCGATTACTAGCGATTCCAGCTTCAC
GCAGTCGAGTTGCAGACTGCGATCCGAACTGAGAACAGATTTGTGGGATTGGCTTAA
CCTCGCGGTTTCGCTGCCCTTTGTTCTGTCCATTGTAGCACGTGTGTAGCCCAGGTC
ATAAGGGGCATGATGATTTGACGTCATCCCCACCTTCCTCCGGTTTGTCACCGGCAG
TCACCTTAGAGTGCCCAACTGAATGCTGGCAACTAAGATCAAGGGTTGCGCTCGTTG
CGGGACTTAACCCAACATCTCACGACACGAGCTGACGACAACCATGCACCACCTGTC
ACTCTGCCCCCGAAGGGGACGTCCTATCTCTAGGATTGTCAGAGGATGTCAAGACCT
GGTAAGGTTCTTCGCGTTGCTTCGAATTAAACCACATGCTCCACCGCTTGTGCGGGC
CCCCGTCAATTCCTTTGAGTTTCAGTCTTGCGACCGTACTCCCCAGGCGGAGTGCTT
AATGCGTTAGCTGCAGCACTAAGGGGCGGAAACCCCCTAACACTTAGCACTCATCGT
TTACGGCGTGGACTACCAGGGTATCTAATCCTGTTCGCTCCCCACGCTTTCGCTCCT
CAGCGTCAGTTACAGACCAGAGAGTCGCCTTCGCCACTGGTGTTCCTCCACATCTCT
ACGCATTTCACCGCTACACGTGGAATTCCACTCTCCTCTTCTGCACTCAAGTTCCCC
AGTTTCCAATGACCCTCCCCGGTTGAGCCGGGGGCTTTCACATCAGACTTAAGAAAC
CGCCTGCGAGCCCTTTACGCCCAATAATTCCGGACAACGCTTGCCACCTACGTATTA
CCGCGGCTGCTGGCACGTAGTTAGCCGTGGCTTTCTGGTTAGGTACCGTCAAGGTAC
CGCCCTATTCGAACGGTACTTGTTCTTCCCTAACAACAGAGCTTTACGATCCGAAAA
CCTTCATCACTCACGCGGCGTTGCTCCGTCAGACTTTCGTCCATTGCGGAAGATTCC
CTACTGCTGCCTCCCGTAGGAGTCTGGGCCGTGTCTCAGTCCCAGTGTGGCCGATCA
CCCTCTCAGGTCGGCTACGCATCGTcGCCTTGGTGAGCCGTTACCTCACCAACTAGC
TAATGCGCCGCGGGTCCATCTGTAAGTGGTAGCCGAAGCCACCTTTTATGTTTGAAC
CATGCGGTTCAAACAACCATCCGGTATTAGCCCCGGTTTCCCGGAGTTATCCCAGTC
TTACAGGCAGGTTACCCACGTGTTACTCACCCGTCCGCCGCTAACATCAGGGAGCAA
GCTCCCATCTGTCCGCTCGACTTGCATG

图 8-1　菌株 XN01 16S rRNA 基因序列

2.3　B. subtilis XN01 菌株生产性能分析

采用 B. subtilis XN01 菌株,培养 24 h 后,发酵液中 γ-聚谷氨酸的含量为 42.76 g/L,计算得出生产速率为 1.78 g/L·h,与国外几种典型合成 γ-聚谷氨酸的菌株,在营养组成、培养时间、产量和产率等方面进行了比较分析,结果显示(表 8-2),本菌株 B. subtilis XN01 合成 γ-聚谷氨酸的产量和国外已产业化生产的菌株 B. subtilis F-2-01 较为接近,一些实验显示具有超过菌株 B. subtilis F-2-01 的潜能,产率与 B. subtilis F-2-01 比较,有较大幅度提高。

表 8-2 B. subtilis XN01 菌株与国外典型 γ－聚谷氨酸产生菌生产性能的对比

菌株	碳源和氮源	培养时间/h	γ－PGA/g·L⁻¹	产率/g·L⁻¹·h⁻¹	主要特点
B. subtilis F－2－01	谷氨酸 70 g/L,葡萄糖 1 g/L	37℃,4d	48.0	0.5	产量高,产率一般
B. subtilis IFO3335	谷氨酸 30 g/L,柠檬酸 20 g/L,硫酸铵 20 g/L	37℃,2d	10～20	0.21～0.42	产量一般,产率低
B. subtilis TAM－4	果糖 75 g/L,氯化铵 18 g/L	30℃,4d	20	0.21	产量一般,产率低
B. licheniformis ATCC 9945	谷氨酸 20 g/L,甘油 80 g/L,柠檬酸 12 g/L	30℃,4d	17～23	0.18～0.24	产量一般,产率低
B. subtilis XN01	谷氨酸钠 80 g/L,葡萄糖 40 g/L,蛋白胨 8 g/L	37℃,1d	42.76	1.78	产量高,产率高

2.4 γ－聚谷氨酸的组成分析

将样品溶解后,按 1∶1(体积比)与 12 mol/L 的盐酸加入玻璃水解管中,真空封口后于 110 ℃水解 22 h,纯化,之后,用氨基酸分析仪(型号:121MB)分析 γ-PGA 样品的氨基酸组成,表明其纯度为 93.81%(见表 8-3 氨基酸分析报告)。

表 8-3 氨基酸分析报告

送样单位:2007.0648　　　　　仪器型号:Beckman 121 型

取样日期:2007 年 7 月 6 日　　收样日期:2007 年 7 月 11 日

样品批号:7176　　　　　　　样品名称:PGA－A

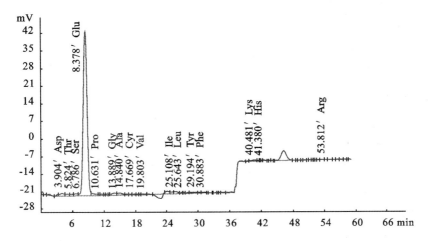

序号	保留时间	名称	浓度	校正因子	峰面积
1	3.904	Asp	0.314	6.27017e−005	60821
2	5.824	Thr	0.212	6.03582e−005	27248
3	6.786	Ser	0.174	4.83263e−005	42946
4	8.378	Glu	62.69	6.45625e−005	3373950
5	10.631	Pro	0.212	1.90162e−005	57454
7	14.840	Ala	0.174	5.85485e−005	58602
8	17.669	Cyr	0.13	4.21518e−005	11298
9	19.803	Val	0.45	8.74693e−005	14330
10	23.629	Met	0.549	5.36832e−005	0
11	25.108	Ile	0.353	8.68823e−005	36494
12	25.642	Leu	0.37	4.845e−005	59849
13	29.194	Tyr	0.28	5.4881e−005	46149
14	30.883	Phe	0.201	5.52168e−005	23146
15	40.481	Lys	0.162	4.70215e−005	40764
16	41.380	His	0.071	2.23905e−005	11251
17	53.812	Arg	0.177	5.86819e−005	9139
总计			66.83		3924951

含量单位:g/l00g　　　　　　　　检验部门:西北农林科技大学实验中心

检验:曹让　　　　　　　　　　　审核:张林生

2.5　γ−聚谷氨酸结构特征分析

采用红外光谱法(德国 EQUINOX−55 型傅立叶红外光谱仪)进行了 γ−PGA 样品的 FT−IR 分析(表 8-4)。结果表明提取所得的 γ−聚谷氨酸(钠盐型)样品含有明显特征基团——羧盐、酰胺基、羰基等(γ−PGA 红外光谱吸收图谱),同时,样品具有明显的酰胺基吸收带和羧酸盐典型吸收带,与日本明治制药株式会社制备的 γ−PGA 的 IR 图谱中特征吸收峰一致。说明提取所得的 γ−PGA 样品是谷氨酸通过酰胺键形成的谷氨酸聚合物。

采用核磁共振法(美国 INOVA−400MHz 型超导核磁共振仪),分析了所得 γ−聚谷氨酸的特征基团(测试溶剂为 D_2O,测试温度为室温),结果显示(表 8-5,图 8-2),所得样品中含有 β−CH_2、α−CH、−NH、γ−CH_2 等结构,质子的化学位移及峰数与他人研究结果相同,其中 β−CH_2 质子因与 α−CH 质子偶合而分裂为双峰,并且氨基质子因与氮原子和邻近碳原子上的质子去偶合而呈现单峰,邻近的 α−CH 中的质子也不会被氨基质子分裂而呈现单峰。表明所得样品为谷氨酸通过 γ−酰胺键连接而成的 γ−PGA。

表 8-4 γ−PGA 样品 FT−IR 图谱的解析

吸收峰（cm^{-1}）	官能团	振动方式	备注
3600 - 3200	−OH −NH−	O−H 的伸缩振动 N−H 的伸缩振动	
2921.22,2852.04	−CH2−	C−H 的伸缩振动	
1640.94	−CO−NH−	C−O 的伸缩振动	酰胺吸收带Ⅰ
1581.06	−CO−NH− 羧盐−COO -	NH 振动与 CN 振动的偶合羧盐− COO - 的（不对称）伸缩振动	酰胺吸收带Ⅱ 钠盐型
1453.46	−CH2−	C−H 的弯曲振动	
1402.75	羧盐−COO -	羧盐−COO - 的（对称）伸缩振动	钠盐型
1238.04	−C−C−	C−C 的伸缩振动	
1052.08	−CO−NH−	C−N 的伸缩振动	
900 - 500	−NH− −CH2−	N−H 的面外弯曲振动 C−H 的平面摇摆振动	

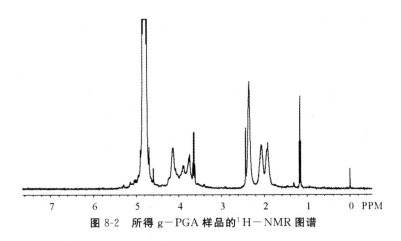

图 8-2 所得 g−PGA 样品的 ^{1}H−NMR 图谱

表 8-5 ^{1}H−NMR 谱图中各峰的归属

化学位移	归属	峰数
1.918,2.054	β−CH$_2$	2
2.350	γ−CH$_2$	1
4.132	α−CH	1
8.090	−NH	1
4.797	HDO	1

3. γ－聚谷氨酸提取及合成工艺技术

3.1 培养基组成及其配方

LB 斜面培养基：蛋白胨 1％，酵母膏 0.5％，NaCl 1％，琼脂 2.0％，pH 值为 7.0。种子培养基：葡萄糖 1％，蛋白胨 1％，酵母膏 0.5％，NaCl 1％，pH 值 7.1～7.2。基础发酵培养基：葡萄糖 4％，谷氨酸钠 5％，蛋白胨 0.4％，氯化钠 0.5％，$MgSO_4 \cdot 7H_2O$ 0.05％，$K_2HPO_4 \cdot 3H_2O$ 0.1％，$MnSO_4 \cdot H_2O$ 0.01％，pH 值 7.5。

3.2 菌体活化方法

取斜面菌种一环，接入装有 50 mL 液体种子培养基的 250 mL 三角瓶中，培养温度 37 ℃，转速 210 rpm，摇床振荡培养 18 h。

3.3 发酵培养技术

按 5％接种量将种子液接入发酵培养基，装液量 50 mL，培养温度 37 ℃，转速 210 rpm，培养 24 h。

3.4 γ－聚谷氨酸实验室提取技术

以 10 000 r/min 离心发酵液 15 min，收集上清液，加入 3～4 倍体积的预冷乙醇，置于低温处过夜，以 10 000 r/min 离心 15 min，收集沉淀物。沉淀物经适量蒸馏水溶解，离心除杂，透析除去上清液小分子物质，透析液冷冻干燥得 γ－聚谷氨酸样品。

4. 利用枯草芽孢杆菌生产 γ－聚谷氨酸的优化工艺

从培养基组成、pH 值、碳源、氮源及氯化钠、金属离子组成和含量等方面对枯草芽孢杆菌生产 γ－聚谷氨酸工艺参数进行了优化研究，初步取得了优化的工艺参数数据。

4.1 合成 γ－聚谷氨酸的培养条件的优化

通过对影响合成 γ－聚谷氨酸的因素——培养基 pH 值、碳源、氮源、氯化钠组成等 4 个条件研究，结果表明（表 8-6，8-7），4 个因素对 γ－聚谷氨酸产率影响程度依次为：谷氨酸钠＞葡萄糖＞氯化钠＞蛋白胨，谷氨酸钠影响极显著。合成 γ－聚谷氨酸的最佳工艺条件为 A2B1C2D3，即葡萄糖 4％，谷氨酸钠 8％，蛋白胨 0.8％，氯化钠 1.5％。继续增加谷氨酸钠的含量能进一步增加 γ－聚谷氨酸的产量。培养基 pH 值高于 8.0 或低于 6.5 不利于 γ—聚谷氨酸的合成,其中以 7.5 为最适。5%接种量可获得较高的产率。

表 8-6 γ—聚谷氨酸合成影响因子正交试验结果分析

| 试验号 | 葡萄糖/% | 谷氨酸钠/% | 蛋白胨/% | 氯化钠/% | γ—聚谷氨酸 /g·L⁻¹ |
	A	B	C	D	
1	1(2)	1(8)	1(1.2)	1(0.5)	33.25
2	1	2(5)	2(0.8)	2(1.0)	21.29
3	1	3(3)	3(0.4)	3(1.5)	8.46
4	2(4)	1	2	3	41.86
5	2	2	3	1	23.01
6	2	3	1	2	9.24
7	3(6)	1	3	2	37.32
8	3	2	1	3	20.82
9	3	3	2	1	6.98
k1	21.00	37.48	21.10	21.08	
k2	24.70	21.71	23.38	22.62	
k3	21.71	8.23	22.93	23.71	
R	3.73	29.25	2.28	2.63	

表 8-7 γ—聚谷氨酸合成影响因子正交试验方差分析

方差来源	离差平方和	自由度	方差	F	临界值
A	23.19	2	11.60	2.67	
B	1285.97	2	642.99	147.81 * *	$F_{0.05}(2,2)=19.00$
C(误差)	8.70	2	4.35		$F_{0.01}(2,2)=99.01$
D	10.50	2	5.25	1.21	

注:＊＊表示影响达极显著水平。

4.2 金属离子的优化选择

以上述碳源、氮源和氯化钠的正交试验结果为基础,选取 $K_2HPO_4 \cdot 3H_2O$, $MgSO_4 \cdot 7H_2O$,$MnSO_4 \cdot H_2O$ 和 $CaCl_2$ 四种金属盐为考察对象,采用正交实验[正交表 L9(34)],对影响枯草芽孢杆菌 CCTCC M208044 合成 γ—聚谷氨酸的 K^+、Mg^{2+}、Mn^{2+} 和 Ca^{2+} 进行了研究,初步结果显示 4 种金属盐对枯草芽孢杆菌 CCTCC M208044 合成 γ—聚谷氨酸的影响均未达显著水平。它们对 γ—聚谷氨酸产率的影响程度依次为:$K_2HPO_4 \cdot 3H_2O > MgSO_4 \cdot 7H_2O > MnSO_4 \cdot H_2O > CaCl_2$。合成 γ—聚谷氨酸的最佳工艺条件为 A3B2C2D1,即 $K_2HPO_4 \cdot 3H_2O$ 0.15%,$MgSO_4 \cdot$

$7H_2O\ 0.05\%$，$MnSO_4 \cdot H_2O\ 0.01\%$，$CaCl_2\ 0.06\%$（见表8-8,8-9）。

表8-8　影响γ—聚谷氨酸合成的金属离子正交试验结果分析

试验号	$K_2HPO_4 \cdot 3H_2O/\%$	$MgSO_4 \cdot 7H_2O/\%$	$MnSO_4 \cdot H_2O/\%$	$CaCl_2/\%$	γ—聚谷氨酸 $/g \cdot L^{-1}$
	A	B	C	D	
1	1(0.05)	1(0.025)	1(0.015)	1(0.06)	33.80
2	1	2(0.05)	2(0.01)	2(0.04)	39.20
3	1	3(0.075)	3(0.005)	3(0.02)	32.39
4	2(0.10)	1	2	3	34.11
5	2	2	3	1	39.28
6	2	3	1	2	30.20
7	3(0.15)	1	3	2	37.24
8	3	2	1	3	40.29
9	3	3	2	1	42.64
k1	35.13	35.05	34.76	38.57	
k2	34.53	39.59	38.65	35.55	
k3	40.06	35.08	36.30	35.60	
R	5.53	4.54	3.89	3.02	

表8-9　影响γ—聚谷氨酸合成的金属离子正交试验方差分析

方差来源	离差平方和	自由度	方差	F	临界值
A	55.18	2	27.59	3.06	
B	40.98	2	20.49	2.27	$F_{0.05}(2,2)=19.00$
C	22.99	2	11.50	1.28	$F_{0.01}(2,2)=99.01$
D（误差）	18.02	2	9.01		

5. 纳豆树脂的合成技术

将聚谷氨酸溶于一定量的蒸馏水中配成一定质量百分比浓度的溶液,用HCl调节pH值至5.0,加入一定比例的乙二醇缩水甘油醚,搅拌均匀,在一定温度水浴锅里反应48 h,可以制得黏弹性的聚谷氨酸吸水树脂(见图8-3)。

该新合成吸水性透明树脂,吸水率为650倍,0.9%NaCl盐水吸水率为50倍,其合成的工艺流程见图8-4。图8-5至8-7表明了自制的γ—聚谷氨酸的组成分析,以及与日本明治制药株式会制备的γ—聚谷氨酸的IR图谱的比较。

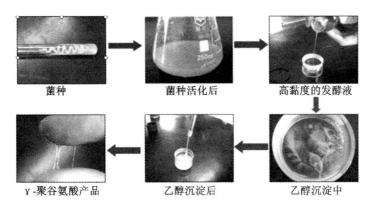

菌种　　　　　　　　菌种活化后　　　　　　高黏度的发酵液

γ-聚谷氨酸产品　　　　乙醇沉淀后　　　　　　乙醇沉淀中

图 8-3　γ-聚谷氨酸的合成

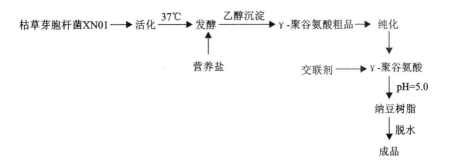

图 8-4　纳豆树脂的合成的工艺流程

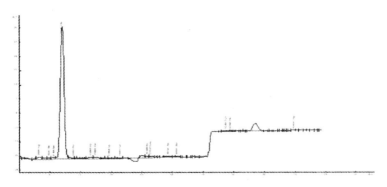

结果表明：主要由谷氨酸组成，纯度为93.81%。

图 8-5　γ-聚谷氨酸基酸组成分析

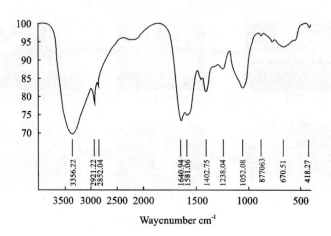

图 8-6　自制样品的 γ－PGA 样品的 IR 图谱

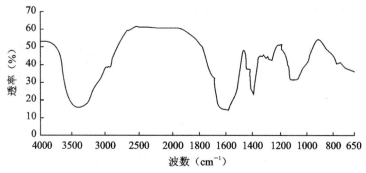

图 8-7　日本明治制药株式会社制备的 γ－PGA 样品的 IR 图谱

第三节　保水剂在沙地育苗、造林上的应用

1.保水剂对土壤理化性质的影响

1.1　保水剂对土壤水分含量和地温变率的影响

目前,保水剂对提高土壤水分含量的研究是应用研究中的热点。其中大量的研究集中在保水剂保持土壤水势及水分特征曲线的研究上。国内外研究表明,在林业生产中应用保水剂,土壤含水量能明显提高,但提高的程度,依保水剂的种类、土壤溶液的 pH 值、土壤中离子的类型及浓度、土壤质地的不同而有显著的差

异。一般来说,纤维素接枝改性型保水剂对土壤含水量的提高程度较淀粉接枝改性型的要高;离子性保水剂对土壤含水量的提高程度较非离子性的要高,而且保水剂的离子化程度越高,其对土壤含水量的提高程度也愈大。但随土壤溶液中盐分含量的升高,保水剂对土壤含水量提高的程度大打折扣。研究表明,土壤溶液中的 pH 值为 6~7 时,保水剂对土壤含水量的提高最有效。土壤溶液中的盐分种类、含量及 pH 值对离子性保水剂作用效果影响较大,而对非离子性保水剂的影响不显著。在粗质地的土壤中保水剂对土壤水分含量的提高效果最好。

在实际应用中,保水剂吸持的水分不能完全被植物吸收利用。有研究表明,吸水率低的保水剂在缓释所吸水分的 2/3 后,剩余水分很难再被根吸收。保水剂所吸收的水分的利用效率还取决于保水剂对水分的吸附力和植物的水分生理特征。因此,在研究保水剂所吸水分的有效性时,应把土壤水势特征与植物的水分生理特征结合起来进行研究。水的比热较土壤成分的比热大,由于保水剂提高了土壤的水分含量,从而降低了地温变率。试验表明,用保水剂处理的土壤,在 6 d 内,最高地温比对照低 3 ℃,最低地温却高出 1.5 ℃,地温日较差比对照缩小近 5 ℃。

1.2 保水剂对土壤蒸发的影响

保水剂吸收的水分在自然条件下蒸发速度明显下降,而且加压也不易离析。蔡典雄等在恒温条件下对美国 Polysort 公司生产的保水剂进行的蒸发试验表明,保水剂抑制水分蒸发的作用显著。这一结论得到了张敦论、任兆元等人的进一步证实。

1.3 保水剂对土壤结构的影响

保水剂能改善土壤的整体结构,增强其抗侵蚀能力。保水剂吸水后膨胀,而待其吸收的水分释放时,它又收缩,再吸水又膨胀。这一过程在土壤中反复发生,因此,造成土壤中三相比例的不断改变。保水剂吸水时,土壤中液相显著增加,气相和固相减少,而保水剂释放水分后,土壤中气相显著增加。因此,土壤中应用保水剂后,降低了土壤容重,提高了土壤总孔隙度、毛管孔隙度,增加了土壤团聚体,改善了土壤透气性。

1.4 保水剂对土壤养分的影响

土壤中加入保水剂后其对肥料的吸附作用增强,尤其对氨态氮,保水剂有明显的吸附作用。在保水剂用量一定时,其吸肥量随肥料的增加而增多。但保水剂的效果同时受到所施肥料的影响。李长荣等人研究认为尿素等非电解质肥料能使保水剂的保水保肥效果得到充分发挥,是水肥耦合的最佳选择,而 NH_4Cl , $Zn(NO_3)_2$ 等电解质肥料则降低了保水剂的吸水能力。

2.保水剂对苗木和植物生长的影响

保水剂在林业育苗中的应用可分为培育裸根苗和营养袋苗。用于培育裸根苗时,可使种子提前发芽、提高出苗率、增加出圃时的苗高和地径、减少人工浇水次数、降低育苗成本和用种量。任兆元等应用保水剂培育枸杞(*Lycium Chinese Mill.*)裸根苗后认为使用保水剂可改善苗床土壤的墒情,降低育苗成本。朱跃贤等将保水剂应用于培育马尾松(*Pinus massoniana* Lamb.)裸根苗,结果表明,使用保水剂可分别提高单位面积成苗株数24.8%、苗高11.3%、地径10.5%。保水剂用于培育营养袋苗,可提高苗木上山造林的成活率。

研究表明,保水剂施用得当,可促进植物根系发育,提高出苗率和移植成活率,促进植物生长发育,延缓凋萎时间。但保水剂用量过大,不仅不能促进根系发育,反而抑制根的伸长和降低根的生理机能,抑制种子萌芽,降低出苗率和移植成活率。

3.保水剂对植苗造林的影响

将保水剂应用于苗木移植过程中可分为根部涂层和拌土二类。根部涂层可以防止苗木从起苗到栽植过程中根部失水,保持苗木的根活力、延长苗木萎蔫期,提高造林成活率。同时也有利于苗木低成本长途运输。左永忠等研究表明,应用保水剂在苗木根部涂层可使苗木含水率明显提高,较好地保持苗木的根活力,显著提高造林成活率。王洪学等的研究也认为,应用保水剂处理苗木可显著提高干旱地造林成活率。王斌瑞等研究认为,裸根苗在保水剂凝胶中浸泡15 min后,可保证苗木根系在10 h内不失水。用这种苗木造林,其成活率可相应提高15%以上。将保水剂应用于大苗移植造林,成活率亦较对照高出近20%。保水剂拌土施用(种植沟撒施和穴施)亦能有效地提高造林成活率。王斌瑞等的研究表明,在年降水量400 mm的黄土半干旱区穴施质量分数为0.1%的保水剂可使造林成活率达到90%以上。张敦论等的研究认为,在沙质土壤中造林时,穴施10~20 g·株$^{-1}$的保水剂能显著提高黑松(*Pinus thumbergii* Parl.)的造林成活率。任兆元等在云杉(*Picea asperata* Mast.)造林中应用保水剂也使其成活率获得显著提高。滕元文等也认为,在沙地幼龄果树的栽植中应用保水剂可提高其成活率。国外亦有人研究认为,在干旱胁迫下,保水剂显著延长了新植苗木的存活期。

4.保水剂对林木生长的影响

保水剂施入土壤后,其作用过程为:吸水膨胀、释水收缩、再吸水膨胀。一方面,这使土壤疏松,容重降低,总孔隙度增加,从而改善土壤通气状况,增强土壤保肥能力。另一方面,在干旱胁迫下,保水剂吸收的水分被植物吸收后,保证了植物体内各种物质代谢仍能正常进行。从这两方面来看都十分有利于植物的营养生长和生殖生长。在国内,黄凤球等的研究表明,保水剂拌土可有效降低植物的蒸腾速率,提高植物的叶片水势,增加植物叶绿素含量,增加光合强度,降低叶片相对电导率。滕元文等的研究认为,保水剂处理的苹果(*Malus pumila* Mill .)幼树可显著提高其地上部分生物量、根系生物量、根冠比、株高、胸径、冠幅;保水剂处理的杏树(*Armeniaca vulgaris* Lam.)成花率提高。李秋梅等的研究表明,保水剂施于果树下的土壤能改善果树水环境,使单果质量增加,单株结果量提高。国外有人研究认为,施用保水剂促进了植物嫩枝和根系的生长,促使植物干物质质量增加,显著提高了植物的生物量和叶面积。

5. 新型保水剂在沙地育苗造林中的应用试验

保水剂在育苗造林中的应用研究比较多,目前,试验研究选用的保水剂类型和品牌也不相同,但主要是聚丙烯酸类保水剂。下面举几个试验实例。

保水剂在油松、侧柏、中槐育苗和造林上的应用效果。

2008 年,作者以西北干旱地区主要造林树种油松、侧柏、五角枫、中槐等作为研究对象,利用北京科达高效农业股份有限公司提供的旱露植保土壤改良剂进行了播种育苗和植苗造林中,观察在干旱条件下保水剂对育苗和造林苗木生长的影响,结果如下。

5.1 保水剂对造林成活率的影响

采用药剂和土壤混合施用和蘸根的方法进行试验,研究发现保水剂对造林成活率有着一定的影响(表 8-10)。

表 8-10　保水剂的对不同苗木类型造林成活率的影响(%)

处理方法	容器苗油松	容器苗侧柏	油松	侧柏	裸根苗中槐	君迁子
土施 10g/株	55.8	36.8	—	26.3	81.2	72.3
土施 20g/株	56.2	42.1	—	36.8	84.6	48.6
土施 30g/株	30.5	31.6	—	21.1	85.7	38.7
蘸根	—	—	32.8	57.9	85.6	56.4
对照	35.5	32.4	23.4	21.1	82.3	57.6

从表 8-10 中可以看出,施用保水剂后,油松和侧柏容器苗的成活率出现了不同的反应。油松和侧柏容器苗 30 g/株的使用量,造林成活率反而小于对照处理;

10 g/株和 20 g/株的使用量,造林成活率都不同程度地大于对照,也就是说,施用保水剂后,造林成活率有所提高。从表 8-13 中还可以看出,油松容器苗 10 g/株和 20 g/株的使用量其造林成活率基本一致;而侧柏容器苗 20 g/株的使用量,造林成活率比对照提高了近 30%。另外,油松和侧柏的容器苗的造林成活率要高于裸根苗,这符合其他树种造林的一般规律。施用保水剂后,油松和侧柏裸根苗的成活率不同程度地高于对照,经过蘸根处理的侧柏苗木,造林成活率有了明显的提高。在 10~30 g/株的范围内,油松和侧柏 20 g/株的施用量,其造林成活率相对较高。

保水剂对中槐成活率的影响不大,在保水剂处理后,苗木成活率没有明显的变化,而且,各种处理方法和施用浓度之间成活率变化不大。对君迁子而言,10 g/株的施用量造林成活率提高约 25.5%,但高于这个浓度后,成活率反而出现了下降的趋势,蘸根效果不明显。

5.2 保水剂对造林苗木生长的影响

造林地幼林苗木质量可以反应林地苗木的生长状况,苗木质量一般可以用苗木的形态指标来表示。方差分析表明,使用保水剂处理油松苗木,不同处理方法之间、保水剂施用浓度之间在苗高、地径、地上鲜重、根重、侧根长和茎根比等苗木质量指标方面存在显著差异,而主根长和高径比无差异(表 8-11)。

从表 8-11 可以看出,在栽植油松容器苗时施用保水剂,20 g/株和 30 g/株的施用量和对照相比,其树高基本没有发生变化;将保水剂按照 10 g/株的施用量与土混合施入苗木的根部和栽植时采用蘸根的方法,都可以增加树高的生长。在 5% 显著水平条件下,不同处理方法之间地径无明显差异;在 1% 极显著水平下,20 g/株和 30 g/株的保水剂施用量使油松地径生长略有下降。除 30 g/株的施用量外,其他处理方法都可以显著地提高油松苗木地上部分的鲜重,蘸根的效果非常明显,与对照相比,它可以使地上部分鲜重增加 130% 以上。施用保水剂后,油松的根鲜重和侧根长度有了不同程度的减小,保水剂的施用量越多,其根鲜重就越小;20 g/株和 30 g/株的施用量差异不明显。同时,与对照相比,保水剂不同使用方法都可以明显地降低油松苗木的茎根比,但土施方法之间没有明显差异。

保水剂对侧柏造林苗木质量也有影响。在侧柏苗试验中,根据试验方差分析的结果,容器苗和裸根苗在施用保水剂后苗木生长有不同的响应,苗木质量指标在不同的处理方法和试验浓度之间都出现了显著差异(表 8-12)。

从表 8-12 可以看出,将保水剂和细土混合施入根部的方法降低了苗木的高生长,除裸根苗蘸根处理外,其他处理方法都使侧柏的苗高、地上鲜重、侧根长度和高径比等指标有不同程度的减小。不论容器苗,还是裸根苗,施用 30 g/株的苗木高度反而比低浓度处理的苗木低,10 g/株和 20 g/株的保水剂施用量对苗高作用一致,没有明显差异。在地径方面,容器苗 20 g/株和裸根苗 10 g/株、20 g/株的保水剂用量与对照差异不明显,但与其他处理差异显著,栽植 1 年的侧柏地径一般在 0.7 cm 左右。对侧柏容器苗而言,保水剂低浓度的使用效果好于高浓度,裸根苗 30 g/株的施用量其地径生长效果最差。容器苗和裸根苗 10 g/株施用量的地上鲜重和对照苗木基本一致,达到 30 g/株,仅仅低于裸根苗蘸根处理,但比其他处理高。容器苗和裸根苗 10 g/株和 20 g/株的保水剂用量其地上鲜重无明显差异。

在 1% 极显著水平下,不同处理间的主根长度、高径比和根茎比等指标无差异,其主根长在 25.4～31.3 cm 间变化。在 5% 极显著水平下,10 g/株施用量的容器苗和裸根苗的高径比与对照差异不大;容器苗 30 g/株的根茎比和裸根苗蘸根基本一样,其他处理方法与对照没有大的差异。不同处理间的根重差异显著。侧柏容器苗 20 g/株和 30 g/株、裸根苗 20 g/株和 30 g/株、容器苗 10 g/株和对照以及裸根苗 10 g/株和蘸根之间的根重分别相似,但其间有一定的差异,其中,以裸根苗 10 g/株和蘸根处理根重最大,单株根重达到 13.3 g。

5.3 保水剂对播种苗木质量的影响

应用保水剂后苗木质量发生了较为明显的变化,使用效果较为明显,而且保水剂不同使用方法对苗木质量产生了一定的差异(表 8-13)。从表 8-13 可以看出,与对照相比,施用保水剂的苗木,除侧根长度以外,苗高、地径、地上鲜重、根重、根长、高径比和茎根比等形态指标都发生了明显的变化,苗木质量指标有了大幅度的提高和增加,说明施用保水剂可以明显地提高中槐旱地育苗质量。另外,试验发现,采用保水剂不同的使用方法,其播种苗苗木质量存在一定的差异。不同使用方法之间,地径、地上鲜重、根系重量、主根长度和高径比等形态指标差异显著,而苗高、侧根长度、高径比和茎根比等指标差异不显著。混合土覆盖和床面施用保水剂的方法,在 5% 显著水平下,对苗木的苗高、地径、地上鲜重、根重、主根长度和茎根比等形态指标并没有明显差异,也就是说,混合土覆盖和床面施用两种方法的育苗效果基本一致。1:10 拌种的方法使苗木的各项质量指标都有明显的增加,这可以说明,1:10 拌种是干旱地区播种育苗时保水剂使用的一种理想方法。

表 8-11　保水剂对油松苗木生长的影响

处理方法	苗高(cm)	地径(cm)	地上鲜重(g)	根鲜重(g)	主根长(cm)	侧根长(cm)	高径比	根茎比
土施10g/株	22.91±3.18aA	0.46±0.06abA	3.40±0.75bB	3.03±1.19abAB	17.25±4.72aA	24.30±6.27aA	50.48±9.90aA	0.52±0.18bB
土施20g/株	19.21±2.64bB	0.40±0.09bcA	3.58±0.69bB	2.13±0.87bcB	15.31±3.72aA	27.50±7.49aA	50.43±12.53aA	0.37±0.17bB
土施30g/株	19.05±1.00bB	0.39±0.06cA	2.15±0.38C	1.53±0.68cB	12.58±3.24aA	13.40±2.96bB	49.82±7.31aA	0.37±0.15bB
蘸根	22.08±2.47aA	0.47±0.07aA	4.89±0.55aA	2.78±1.43abcAB	16.31±9.06aA	21.48±9.49aAB	47.59±9.23aA	0.27±0.08bB
对照	19.40±1.59bB	0.46±0.10abcA	2.11±0.42cC	3.79±1.77aA	17.66±4.44aA	27.13±9.36aA	43.94±9.09aA	1.08±0.58aA

注:表中小写字母表示在5%极显著水平下多重比较的结果,大写字母表示在1%极显著水平表示多重比较的结果,字母相同表示该指标无差异,字母不同表示差异显著(下同。)

表 8-12　保水剂对侧柏苗木生长的影响

处理方法		苗高(cm)	地径(cm)	地上鲜重(g)	根鲜重(g)	高径比	根重(g)	根茎比
容器苗	10g/株	22.91±4.50bcAB	0.77±0.14aA	26.14±13.75abAB	29.23±6.93aA	30.67±8.48bA	15.48±5.97aA	0.51±0.19abA
	20g/株	26.26±10.58bcAB	0.61±0.15abcAB	21.44±9.02bAB	27.05±5.77aA	43.94±18.49abA	9.44±2.64bcAB	0.42±0.13abA
	30g/株	17.03±2.86cB	0.59±0.08bcB	12.11±5.59bB	25.35±5.65aA	29.13±6.09bA	9.08±4.20bcAB	0.58±0.16aA
裸根苗	10g/株	25.76±4.69bcAB	0.70±0.03abcAB	29.40±11.77abAB	28.6±6.41aA	36.86±6.33abA	13.24±4.97abAB	0.40±0.19abA
	20g/株	23.36±7.80bcAB	0.69±0.23abcAB	19.74±19.50bAB	28±6.20aA	36.77±17.12abA	7.68±4.13cB	0.47±0.30abA
	30g/株	21.08±3.20cB	0.52±0.14cB	10.55±7.85bB	6.03±6.58aA	41.43±6.30abA	6.70±4.58cB	0.50±0.10bA
	蘸根	36.54±12.64aA	0.71±0.09abAB	41.39±23.35aA	31.26±8.00aA	51.25±16.08aA	13.34±3.03abAB	0.32±1.00bA
	对照	29.93±13.39abAB	0.66±0.10abcAB	31.04±23.82abAB	27.23±4.76aA	44.88±16.56abA	15.94±10.13aA	0.48±0.21abA

表 8-13　保水剂对中槐播种苗生长的影响

处理	苗高(cm)	地径(cm)	地上部鲜重(g)	根鲜重(g)	主根长(cm)	假根长(cm)	高径比	径根比
播种	111.89±29.76aA	1.01±0.20aA	66.07±18.00aA	43.84±17.96aA	46.35±9.17aA	22.24±5.61aA	134.19±37.26aA	2.22±2.64aA
混合土覆盖	105.78±36.03aA	0.80±0.25bAB	42.62±5.74bAB	28.83±15.19bAB	40.68±10.62abAB	19.71±14.90abA	133.37±39.55aA	1.08±0.77bAB
床面	99.39±36.95aA	0.74±0.19bB	29.20±12.96bBC	22.54±17.68bcBC	34.11±12.13bcB	15.79±9.71bA	111.58±28.00abAB	1.06±0.4bAB
对照	47.95±21.01bB	0.52±0.11cC	9.41±1.35cC	11.16±4.85cC	31.79±5.87cB	15.34±6.45bA	91.24±30.92bB	0.95±0.41bB

参考文献

[1]　李云开,杨培岭,刘洪禄.保水剂农业应用及其效应研究进展[J].农业工程学报,2002

[2]　高鹏程,张国云,孙平阳,等秸秆覆盖条件下土壤水分蒸发的动力学模型[J],西北农林科技大学学报(自然科学版),2004,(32)10:55-58

[3]　周凌云.农田秸秆覆盖节水效应研究[J].生态农业研究.1996,4(3):49-52

[4]　徐福利,严菊芳,王渭玲.不同保墒耕作方法在旱地上的保墒效果及增产效应[J].西北农业学报,2001,10(4):80-84

[5]　许越先.节水农业研究[A].北京:科学出版社,1992

[6]　黄占斌,辛小桂,宁荣昌,等.保水剂在农业生产中的应用与发展趋势[J].干旱地区农业研究,2003,21(3):11-14

[7]　张富仓,康绍忠.BP保水剂及其对土壤与作物的效应[J].农业工程学报,1999,15(2):74-78

[8]　华孟,苏宝林.高吸水树脂在农业上的应用的基础研究[J].北京农业大学学报,1989,15(1):37-43

[9]　王砚田,华孟,赵小麦,等.高吸水性树脂对土壤物理性状的影响[J].北京农业大学学报,1990,16(2):181-187

[10]　蔡典雄,王小彬,KETTII Saxtan.土壤保水剂对土壤持水特性及作物出苗的影响[J].土壤肥料,1999,(1):13-16

[11]　Michael S, Johnson, Comelis J V. Structure and functioning of water storing agricultural polycrylamides [J]. J Sci Food Agri, 1985, 36:789-793

[12]　Janardan S J. Effect of stockosorb polymers and potassium levels on potato and onion J. Journal of Potassium Research, 1998(4):78-82

[13]　Mashingsidze, A. B. ,Chivinge, 0. A. and Zishiri, C. The effects of clear and black mulch on soil temperature, weed seed viability and seeding emergence, growth and yield of tomatoes[J]. J. of Applied Sci. in southern Africa,1996(2):6-14,126

[14]　赵聚宝,李克煌编.干旱与农业[A].北京:中国农业出版社,1995

[15]　中国地膜覆盖栽培研究会.地膜覆盖栽培技术大会[M].北京:农业出版社,1992

[16]　山仑,黄占斌,张岁岐.节水农业北京:清华大学出版社,2000

[17]　邹新禧.超强吸水剂[M].北京:化学工业出版社,1998

[18]　张军华,刘建军,康博文.枯草芽孢杆菌菌株制备g-聚谷氨酸的方法,2008(国家发明专利,公开号:CN101486977)

编 后 记

　　拙作《毛乌素沙地植被恢复技术》即将出版,既高兴,也忐忑,原因有三:一是总觉得言犹未尽,很多已经完成的技术没有总结到位,担心影响对毛乌素沙地植被恢复技术的全面总结与整体把握;第二,本书引用和吸收了前人的很多重要研究成果,由于我们的水平问题,不一定能够如实反映原作的思想和技术要点,难免有窥豹之虞;另一方面,有些研究成果和论著又十分贴近本书主题,为了本书结构的相对完整,避免断章取义,就较多引用了原作的有关内容,希望能得到原作者充分谅解,为此,我们谨向这些著作的作者以及所有从事毛乌素研究的同行专家一并表示尊敬和感谢;第三,本书只是对阶段性工作的一个总结,并不是结束,关于毛乌素沙地的植被恢复是一个长期而艰巨的任务,其研究工作还会继续下去。欢迎各位读者就本书不妥、错误之处批评指正,也希望能有机会与有同行专家合作,共同开展毛乌素沙地的植被恢复的研究工作。

编 者

2010 年 7 月